HEIGEL · WINCHESTER

Geschichte und Technik
Waffen und Munition

HANS J. HEIGEL

WINCHESTER
1866 bis heute

MOTORBUCH VERLAG STUTTGART

Einbandgestaltung: Siegfried Horn, unter Verwendung von 4 Dias des Autors.

Die Abbildungen des Einbandes im einzelnen:
Vorderseite oben: Winchester Modell 94 »US Bicentennial«. Es handelt sich um die Jubiläumsbüchse zum 200jährigen Bestehen der USA.
Vorderseite unten: Winchester Modell 70 »African« im Kaliber .458 Win. Mag.
Rückseite oben: Eine kleine Auswahl an Winchester-Munition.
Rückseite unten: Laufbeschriftung des Modells 94 »One of One Thousand«.

Gewidmet meinen Eltern, die mich stets bei meiner Arbeit unterstützt haben.

ISBN 3-613-01186-7

1. Auflage 1987
Copyright © by Motorbuch Verlag, Postfach 13 70, 7000 Stuttgart 1
Eine Abteilung des Buch- und Verlagshauses Paul Pietsch GmbH & Co. KG
Sämtliche Rechte der Verbreitung – in jeglicher Form und Technik – sind vorbehalten.
Satz und Druck: Rems-Druck, 7070 Schwäbisch Gmünd.
Bindung: Verlagsbuchbinderei E. Riethmüller, 7000 Stuttgart 1.
Printed in Germany.

Inhalt

Vorwort

Durch Lever-Action-Gewehre wurde der Name Winchester berühmt. Pionierarbeit hat Winchester aber auf zahlreichen weiteren Gebieten der Handfeuerwaffen-Entwicklung geleistet. Dies gilt sowohl für zahlreiche weitere Waffenmodelle, wie zum Beispiel die Winchester-Zylinderverschlußbüchse Modell 70, als auch für unzählige Munitionsentwicklungen. Man nehme da nur die Kaliberliste eines führenden Munitionsherstellers und zähle wie häufig eine Kaliberbezeichnung mit dem Zusatz »Win.« vorkommt.

Es ist dem Verfasser dieses Buches klar, daß man mit einem einzigen Buch diesem Thema vollständig nicht gerecht werden kann. Dieses Buch ist der Versuch, dem deutschsprachigen Waffenfreund, Schützen, Jäger und Wiederlader einen Überblick über die Geschichte und die Erzeugnisse von Winchester zu geben.

Dabei wurde versucht, zwischen den historischen Entwicklungen und den modernen Nachkriegswaffen eine vernünftige Ausgewogenheit herzustellen. Ein Bindeglied zwischen diesen beiden großen Bereichen stellen die Jubiläumswaffen dar. Ihnen wurde ein besonderes Kapitel gewidmet, da sie besonders anschaulich auf die Verknüpfung von Waffengeschichte und Zeitgeschichte hinweisen.

Bann/Pfalz im Sommer 1987 Hans J. Heigel

Danksagung

Dieses Buch könnte nur entstehen, weil mich viele Freunde, Waffenliebhaber und Firmen unterstützt haben. Insbesondere die Beschaffung des Bildmaterials war teilweise schwierig. Mein herzlichster Dank gilt daher zunächst den Personen und Firmen, die Fotos zur Verfügung gestellt haben:
Herr Wolfgang Dicke
Frankonia-Jagd, Würzburg
GFI-Verlag, Köln
Paul Jaeger, Inc., Grand Junction, USA
Olin Corporation, East Alton, USA
Safari Club International, USA
Herr H. J. Stammel
U.S. Repeating Arms Company, New Haven, USA
Winchester GmbH, Ratingen
Zeughaus-Hege GmbH, Überlingen
Mein Dank gilt den Mitarbeitern der Firma Winchester GmbH sowie der Olin Corporation und U.S. Repeating Arms Company, die mich mit Informationen versorgt haben. Hier gilt mein besonderer Dank Herrn Udo Zorn, der als Ansprechpartner bei der Winchester GmbH stets Verständnis für meine Wünsche hatte und sich nach besten Kräften für dieses Projekt eingesetzt hat.

Einen wesentlichen Beitrag leistete H. J. Stammel für dieses Buch. Er stellte mir den größten Teil der Fotos der historischen Winchester-Gewehre von 1866–1895 zur Verfügung. Dafür an dieser Stelle meine aufrichtige Danksagung. Ebenso Herrn Wolfgang Dicke, der mit den Fotos zur Volcanic-Rifle und Henry-Rifle zum Gelingen dieses Buches beitrug. Bedanken möchte ich mich auch bei Herrn Friedrich Hebsacker vom Zeughaus in Überlingen. Er stellte ein Foto der im Zeughaus befindlichen Henry-Rifle zur Verfügung.

Bedanken möchte ich mich weiter bei Herrn Dietrich Apel, Herrn Holt Bodinson, Herrn Willi Frank, Herrn Karlfranz Perey, Herrn Heinz Sander, Frau Margaret Spindler und Herrn Tom Turpin. Sie gaben mir wertvolle Informationen und halfen bei der Beschaffung von Fotos. Herzlich bedanken möchte ich mich auch bei meinem Freund Dirk Ruhland, der mir als Büchsenmachermeister stets mit waffentechnisch fachkundigem Rat zur Seite stand.

Dem Motorbuch-Verlag sage ich besten Dank für die Veröffentlichung sowie die schöne Gestaltung dieses Buches. Hans J. Heigel

8

Die Vorgeschichte

In der Mitte des 19. Jahrhunderts begann einer der wesentlichsten Abschnitte in der Entwicklungsgeschichte der Handfeuerwaffen. Sowohl in Europa als auch in Nordamerika beschäftigte man sich mit Patronenmunition sowie mit Mehrladewaffen für diese neuen Patronentypen. Zunächst kam bei diesen Versuchen für die rauhe Praxis wenig Brauchbares zustande. Die meisten Neuentwicklungen von Mehrladegewehren konnte man zu dieser Zeit wohl mehr als gefährliches Spielzeug, denn als Waffen bezeichnen.

Walter Hunt und seine Erfindungen

Walter Hunt wurde am 29. Juli 1796 in Martinsburg im Bundesstaat New York geboren. Von Beruf war er Mechaniker. Als er 1859 im Alter von 63 Jahren starb, hatte er für zahlreiche Erfindungen auf allen möglichen Gebieten Patente erhalten. Allerdings war er als Geschäftsmann weniger erfolgreich. Er verstand es nicht, aus seinen Erfindungen wirklich Kapital zu schlagen. Im August 1848 erhielt Hunt sein erstes Patent auf dem Gebiet der Handfeuerwaffen. Mit dem US-Patent Nr. 5701 wurde für Hunt ein geladenes Geschoß patentiert. Dieses geladene Geschoß, Rocket Ball genannt, war ein Bleigeschoß, das auf der Rückseite eine Aushöhlung hatte. Diese Höhlung diente der Aufnahme der Treibladung, die aus Schwarzpulver bestand. Durch ein Plättchen wurde die Treibladung in ihrer Lage festgehalten. In der Mitte dieses Plättchens war ein Luftloch angebracht, so daß das Pulver durch einen äußeren Zünder zur Entzündung gebracht werden konnte. Hunt hatte damit eine Erfindung gemacht, deren Grundidee die Munitionsexperten noch heute beschäftigt, nämlich die hülsenlose Munition. Bereits beim ersten Betrachten wird dem Fachmann klar, daß die ballistischen Leistungen der Hunt-Patrone mehr als mäßig sein mußten, denn die Treibladung, die im Geschoß untergebracht werden konnte, war im Verhältnis zum Geschoßgewicht äußerst gering. Sinn hatte die neue Entwicklung natürlich nur in Verbindung mit einer entsprechenden Waffe. Diese wurde Walter Hunt am 21. August des Jahres 1849, also rund ein Jahr nach der Patronenentwicklung, patentiert. Der mit US-Patent 6663 patentierte Volition Repeater war ein extrem störanfälliges Mehrladegewehr für die Hunt-Patrone. In diesem von Hunt entwickelten Gewehr ist der Urvater der Lever Action-Waffen von Winchester zu sehen. Sicherlich hatte das merkwürdige Gebilde des Volition Repeater noch wenig mit der Winchester des Jahres 1866 zu tun, aber vorhanden war bereits das bis heute für diesen Waffentyp prägende Röhrenmagazin unter dem Lauf. Es ist nicht genau bekannt, ob Hunt ein oder zwei Gewehre seines Volition Repeaters gefertigt hat. Jedenfalls für den privaten Sammler stehen keine Waffen dieses Typs zur Verfügung. Das Hunt-Gewehr wurde nie in eine Serienfertigung übernommen. Dazu waren noch einige Verbesserungen erforderlich. Hunt hatte aber dazu nicht die notwendigen Mittel. Daher übernahm George Arrowsmith die Hunt-Patente. Arrowsmith, Modellbauer und Mechaniker, hatte in New York eine kleine Werkstatt. Bei Arrowsmith beschäftigt war der Büchsenmacher Lewis Jennings. Er wurde von Arrowsmith mit der Verbesserung der Hunt-Waffe betraut. Jennings löste die gestellte Aufgabe und konnte am Hunt-Gewehr einige Verbesserungen vornehmen, die Vorteile für eine Produktion hatten. Jennings erhielt für seine Verbesserungen das US-Patent Nr. 6973 vom 25. Dezember 1849. Nach Fertigstellung der Mustergewehre durch Jennings begann Arrowsmith mit Verkaufswerbung. Es gibt keine genauen Informationen auf welche Weise für das neue Gewehr geworben wurde.

Verschiedene US-Waffenexperten nehmen jedoch – was als wahrscheinlich anzusehen ist – an, daß Arrowsmith nach der üblichen Weise mit Vorführungen auf das neue Produkt aufmerksam machte.

Man muß bedenken, daß sich zu diesem Zeitpunkt auch die Vereinigten Staaten bereits mitten in der industriellen Revolution befanden und moderne Verfahren der Serienfertigung auch bei der Waffenfertigung Eingang fanden. Arrowsmith gelang es, den New Yorker Finanzmann Courtlandt C. Palmer von den Vorteilen des Hunt-Jennings-Gewehrs zu überzeugen. Palmer, erfolgreicher Eisenwarenhändler und Präsident der Stonington & Providence Railroad, erwarb 1850 von Arrowsmith alle das Hunt-Jennings-Gewehr betreffenden Patente mit der Absicht, das neue Gewehr in Serie herzustellen. Palmer besorgte dies jedoch nicht in eigenen Werkstätten, sondern beauftragte die angesehene Firma Robbins & Lawrence in Windsor im Staat Vermont mit der Fertigung von 5000 Hunt-Jennings-Gewehren.

Berühmte Namen tauchen auf

Im Zusammenhang der Auftragsvergabe von Palmer an Robbins & Lawrence tauchen in der Folge einige der ganz großen Namen in der amerikanischen Waffengeschichte auf. Die Ereignisse und Entwicklungen verliefen in den nächsten zehn Jahren unwahrscheinlich schnell. Nicht immer kann man genau feststellen, welche Verbindungen zwischen den einzelnen beteiligten Personen bestanden haben. Als der Auftrag von Palmer an Robbins &

Lawrence gegeben wurde, arbeitete dort Benjamin Tyler Henry. Henry, ein begabter Büchsenmacher, war am 22. März 1821 in Claremont, New Hampshire, geboren und arbeitete bei Robbins & Lawrence als Vorarbeiter.

Das Jennings-Gewehr konnte sich als Repetierer wegen der zahlreichen Funktionsschwierigkeiten nicht richtig durchsetzen. Mit Horace Smith taucht dann ein weiterer bedeutender Name auf. Smith beschäftigte sich im Auftrag von Palmer mit dem Hunt-Jennings-Gewehr. Wahrscheinlich ist zu dieser Zeit Smith auch mit seinem späteren Partner Daniel B. Wesson, der ebenfalls bei Robbins & Lawrence beschäftigt war, in Berührung gekommen.

Smith verbesserte das Jennigs-Gewehr und erhielt am 26. August 1851 das Patent Nr. 8317, das er an Palmer übertrug. Die Jennings-Gewehre wurden dann etwa ab der zweiten Jahreshälfte 1851 mit den Smith-Verbesserungen in der Robbins & Lawrence-Fertigung ausgestattet. Der von Palmer erteilte Auftrag über 5000 Gewehre wurde im Jahr 1851 erfüllt. Es folgten seitens Palmer keine weiteren Aufträge, da sich die Jennings-Gewehre nur schlecht verkauften.

Smith & Wesson

Daniel B. Wesson und Horace Smith arbeiteten jedoch am Repetiermechanismus weiter. Auch mit Palmer müssen sie wohl weiterhin in Verbindung gestanden haben. In das Jahr 1852 geht die erste Partnerschaft zwischen Smith und Wesson zurück. Am 14. Februar 1854 erhielten H. Smith und D. B. Wesson das US-Patent Nr. 10.535 für eine Pistole mit einem gegenüber dem früheren Hunt/Jennings/Smith-System verbesserten Repetiersystem. Ursprünglich sollte diese Pistole die 1853 von D. B. Wesson und H. Smith verbesserte Flobert-Patrone verschießen. Smith und Wesson erhielten dafür auch unter der Nr. 11.496 am 8. August 1854 endlich ein Patent. Wahrscheinlich funktionierte diese Kombination von Patrone und Waffe jedoch nicht richtig. Es fehlte an den Patronen und so ist es zu erklären, daß man dazu überging, die Pistolen für die alte geladene Kugelpatrone einzurichten. Jedoch wurde die ursprüngliche Hunt-Patrone verbessert und Smith & Wesson sahen in der neuen Patrone einen Zünder im Boden vor. Für diese neue geladene Kugelpatrone wurde der Patentantrag 1855 gestellt. Erteilt wurde das Patent am 22. Januar 1856 unter der Nummer 14.147. Für die Fertigung der am 14. Februar 1854 mit der Patent-Nr. 10.535 patentierten Waffe gründeten Courtlandt Palmer, Horace Smith und Daniel B. Wesson am 20. Juni 1854 eine Firma mit der Bezeichnung Smith & Wesson. Die neue Firma verfügte nun über die von Palmer eingebrachten Hunt-, Jennings- und Smith-Patente sowie über die Smith & Wesson-Patente. Die neue Firma hatte ihren Sitz in Norwich, Connecticut, und fertigte die neuen Pistolen in verschiedenen Ausführungen. Die Firma bestand in dieser Form jedoch nur etwa ein Jahr.

Die Volcanic Repeating Arms Company

Die noch junge Firma Smith & Wesson hatte bereits im Juli 1855 ihr Ende gefunden. Man gründete eine neue Firma mit der Bezeichnung Volcanic Repeating Arms Company. Wieder beteiligt waren Palmer, Smith und Wesson. Insgesamt hatte die neue Firma 40 Gesellschafter bei einem Stammkapital von 150 000 US-Dollar. Einen kleinen Anteil hatte auch ein Hemdenfabrikant aus Boston. Sein Name war Oliver F. Winchester. Horace Smith sowie Courtlandt Palmer verließen bald die neue Firma.

Die Volcanic-Gewehre und -Pistolen wurden zunächst in der alten Smith & Wesson-Fabrik in Norwich gefertigt, wo Wesson die Betriebsleitung hatte. Im Februar 1856 wurde die Produktion nach New Haven verlegt. Von diesem Zeitpunkt ab, schied auch Wesson aus und William C. Hicks übernahm die Funktion des Betriebsleiters. Smith und Wesson beschäftigten sich dann, wie jedem Waffenliebhaber bekannt ist, mit der Herstellung und Entwicklung von Metallpatronen und Revolvern und bauten die gleichnamige Firma auf.

Zwei der heute noch größten amerikanischen Waffenhersteller waren also für die Zeit von 1850 bis 1856 miteinander verknüpft.

Gesamtansicht des Volcanic-Gewehres. (Foto: Wolfgang Dicke)

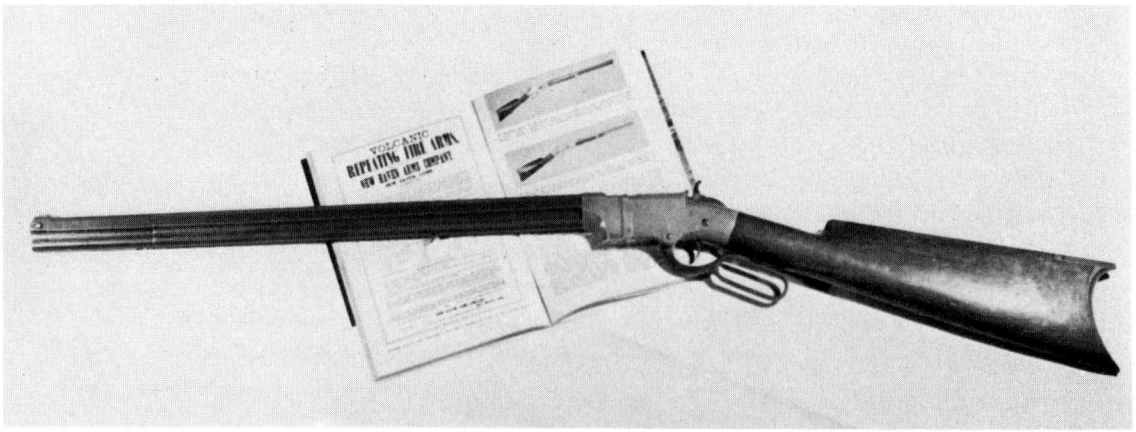

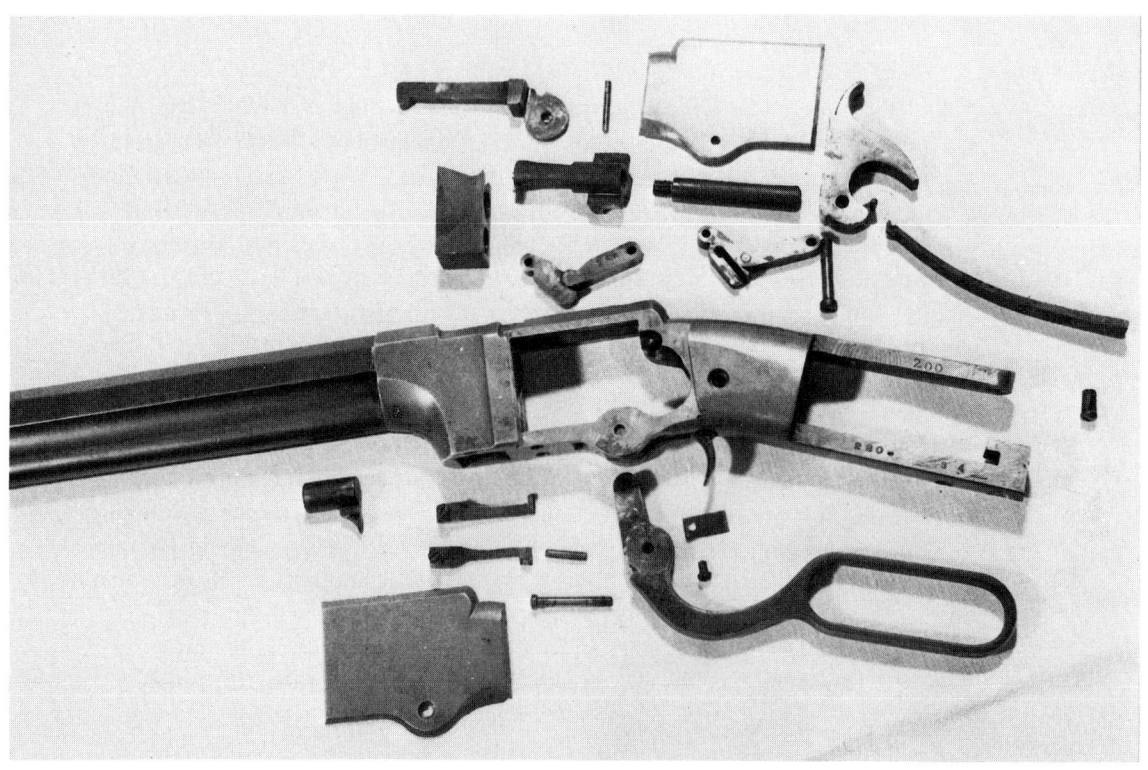

Die Einzelteile des Volcanic-Verschlußsystems. (Foto: Wolfgang Dicke)

Das größte Problem der Volcanic-Waffen, man fertigte sowohl Pistolen als auch Gewehre, war die schwache Leistung der geladenen Kugelpatrone. Ferner gab es auch mit dem Ausziehen einige Probleme. Es dauerte nicht lange und auch die neue Volcanic Repeating Arms Company war in Schwierigkeiten. Am 18. Februar 1857 war es soweit, der Konkurs war da. Winchester einigte sich mit der Tradsman's Bank und kaufte für 39 000 US-Dollar am 15. März 1857 die Rechte und das Inventar der Volcanic Repeating Arms Company.

New Haven Arms Company

Am 3. April 1857 wurde die neue Firma New Haven Arms Co. gegründet, und am 1. Mai 1857 wurde der Betrieb offiziell in New Haven eröffnet. Das Stammkapital betrug 50 000 US-Dollar, aufgeteilt in 2000 Aktien zu je 25 US-Dollar. Die neue Gesellschaft hatte 11 Aktionäre, von denen sieben auch bereits bei der Volcanic Repeating Arms Co. dabei gewesen waren. Winchester selbst übernahm 800 Aktien und hatte damit den Löwenanteil der neuen Firma sowie deren Leitung. Als einen der ersten wichtigen

Schritte holte er B. T. Henry als neuen Betriebsleiter in seine Firma. Unter der technischen Leitung von Henry wurde das Fertigungsprogramm der Volcanic Repeating Arms Co. fortgeführt. Man fertigte zwei Pistolen mit 4″ und 6″ langen Läufen sowie Gewehre mit den Lauflängen 16″, 20″ und 24″.

Winchester erkannte, daß das Problem weiterhin bei der Munition lag, denn die Verkaufszahlen waren nicht berauschend. Er beauftragte daher B. T. Henry mit der Entwicklung einer neuen leistungsstarken Randfeuerpatrone. Ende 1858 hatte Henry eine neue Patrone im Kaliber .44 fertig. Grundlage für die neue .44er Randfeuerpatrone war ein früheres Smith & Wesson-Patent. Henry konnte in seiner neuen Patrone nichts erkennen, was ein eigenständiges Patent hätte einbringen können und meldete daher seine Entwicklung auch nicht zum Patent an. Die erste Ausführung der Randfeuerpatrone .44 Henry hatte ein konisches 216 grains schweres Bleigeschoß. Die Treibladung bestand aus 26 grains Schwarzpulver. Ein Jahr später wurde die Geschoßform zur bekannten Flat Nose geändert. Auch das Geschoßgewicht wurde geringfügig verändert. Die .44 Henry Flat hatte später ein nur 200 grains schweres Flachkopfgeschoß. Die .44 Henry und die .44 Henry Flat erhielten entsprechend ihrem Erfinder als Bodenstempel ein »H«, das man auch heute noch in Erinnerung an Henry auf den Winchester-Randfeuerpatronen findet. Gegenüber der alten Volcanic-Patrone bedeutete die neue .44 Henry Flat eine wesentliche Steigerung der ballistischen Leistung. Das geladene Geschoß der Volcanic erreichte eine Vo von 500 feet per second (152 m/s), mit der .44 Henry Flat wurden etwa 1200 feet per second (365 m/s) erzielt. Es war jedoch nicht nur die Leistungssteigerung, die die Henry-Patrone zum Erfolg führen sollte. Wichtig war auch die mit der neuen Patrone verbundene Funktionssicherheit. Die Metallhülse mit Rand, in dem die Zündmasse verteilt war, erlaubte auch ein sicheres Repetieren, da man mit einer Metallhülse die Ausziehprobleme der alten Volcanic-Munition abstellen konnte.

Das Henry-Gewehr

Mit der neuen Patrone war es jedoch nicht getan. Das Volcanic-Gewehr mußte jetzt der neuen .44 Henry-Randfeuerpatrone angepaßt werden. Auch diese Aufgabe wurde von B. T. Henry gelöst. Zunächst vergrößerte Henry den Systemkasten der Volcanic so, daß die neue größere Patrone untergebracht werden konnte. Für die neue Patrone mußte auch ein Auszieher konstruiert werden. Im Gegensatz zur hülsenlosen Patrone des Volcanic-Gewehres mußten bei der neuen Henry-Patrone die leeren Hülsen ausgezogen werden.

14

Henry Rifle mit H-Stempelung in der Gesamtansicht. (Foto: Wolfgang Dicke)

Auch der Schlagbolzen wurde völlig neu gestaltet. Technisch war man um das Jahr 1860 noch nicht soweit, daß die Zündmasse im Patronenrand rundum gleichmäßig verteilt werden konnte. Henry wählte daher für sein neues Gewehr einen vorne geteilten Schlagbolzen mit zwei Nasen, die links und rechts auf den Patronenrand schlugen. Durch diese Anordnung konnte man Zündversager fast ausschließen, denn daß beide Schlagbolzenspitzen auf Patronenbodenstellen ohne Zündmasse auftrafen war relativ unwahrscheinlich. Henry ging also einfach nach dem System »Doppelt genäht hält besser« vor. Für das neue Gewehr wurde am 16. Oktober 1860 unter der Nummer 30446 Henry ein Patent erteilt.

Im Hintergrund eine im Zeughaus in Überlingen befindliche Henry Rifle. Im Vordergrund der HEGE-Nachbau einer Henry. Wichtigste Abweichung beim Nachbau ist das Kaliber. Mit Rücksicht auf die Schützen wählte man beim Nachbau nicht das Ursprungskaliber .44 Henry Flat, sondern die heute noch erhältliche Zentralfeuerpatrone .44−40.

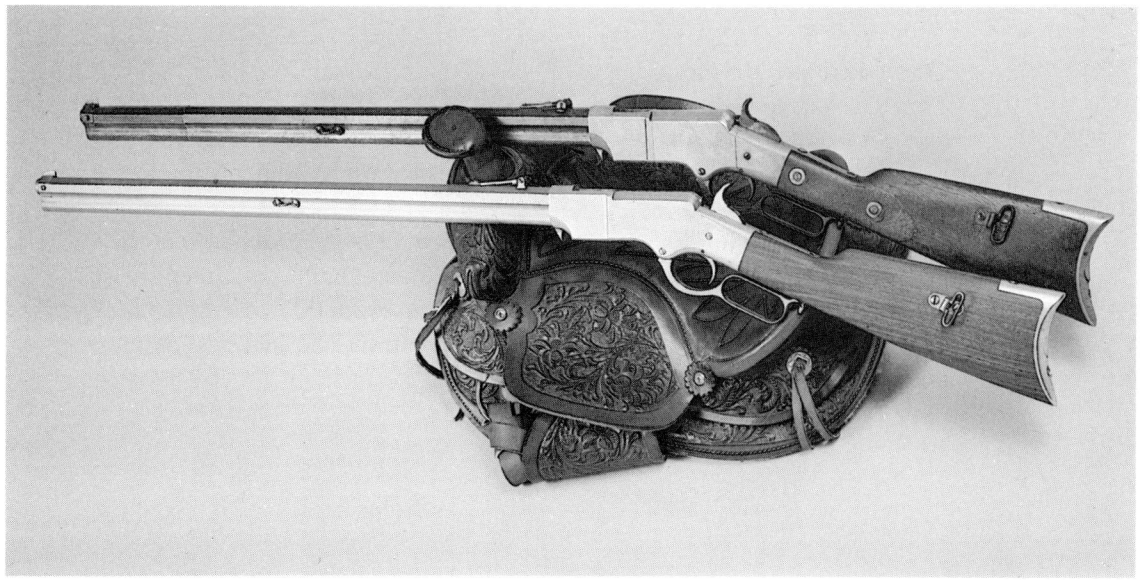

Es dauerte noch fast zwei Jahre, bis das Henry-Gewehr in die Serienproduktion ging. Während der Entwicklungszeit und der Zeit der Produktionsvorbereitungen für die neuen Waffen, bewegte sich die New Haven Arms Co. ständig am Rande des Konkurses. Vermieden wurde dieser nur durch die guten Geschäfte des Hemdenfabrikanten Winchester, der so die erforderlichen Mittel für den Aufbau seiner Waffenproduktion beschaffen konnte.

Während beim Beginn der Serienproduktion des Henry-Gewehres um 1862 die Pleite noch in Sicht war, konnte man durch den Erfolg der Henry-Waffe bis zum Jahre 1865 wieder auf eine solide wirtschaftliche Basis zurückfinden.

Die Henry Repeating Rifle wurde nur in der Rifle-Ausführung und nur im Kaliber .44 Henry Randfeuer hergestellt. Das unter dem Lauf befindliche Röhrenmagazin nahm 16 Patronen auf. Der Lauf war achtkantig und 24″ (61 cm) lang. Das Röhrenmagazin erstreckt sich über die gesamte Lauflänge. Auf der Unterseite ist die Magazinröhre geschlitzt. Aus diesem Schlitz ragt ein Knopf heraus, mit dessen Hilfe die Magazinfeder mit dem darauf befindlichen Stempel in Richtung Laufmündung gedrückt werden kann. Zum Laden muß die Magazinfeder ganz in den vorderen seitlich abschwenkbaren Magazinteil gebracht werden. Die dadurch freigegebene Magazinröhre kann nun mit den 16 Patronen geladen werden. Wird das Magazin wieder geschlossen, drückt der vor den Patronen sitzende und federbelastete Stempel die Patronen in Richtung Systemkasten und sorgt damit dafür, daß der Ladeblock stets mit einer neuen Patrone während des Repetierens versorgt wird. Bedingt durch die Konstruktion, daß der Hahn automatisch beim Durchladen gespannt wurde, erreichte die Henry bereits die Feuerkraft der späteren Lever Action-Waffen. Die Wirkungsweise des Henry-Mechanismus wurde in den Grundzügen auch für die späteren Modelle 1866, 1873 und 1876 beibehalten und ist daher für den Winchester-Kenner nichts besonderes.

Hergestellt wurden von der Henry Rifle insgesamt etwa 13 000 Stück. Genau läßt sich dies nicht sagen. Die Nummern beginnen zwar mit der »1«, aber die auslaufende Produktion der Henry Rifle ging 1866/67 in das neue Modell 1866 über. So ist es nach Meinung des Winchester-Experten G. Madis möglich, daß Henry Rifles Seriennummern bis in den Bereich von 14 000 haben.

Die frühen Waffen der Jahre 1861/62 hatten noch Systemkästen aus Eisen. Dies sind die seltensten Henry Rifles. Ferner fehlte bei diesen Gewehren auch die zusätzliche Halterung für den Unterhebel. Die Seriennummern dieser mit Eisenkästen ausgestatteten Henry Rifles liegen im Bereich von 1 bis ungefähr 280. Die nächste wichtige Änderung kam mit der Fertigung der Systemkästen aus Messing. Auch die am Anfang etwas runde Schaftkappe wurde geändert und erhielt die typische spitze Form der späteren Winchester-Rifles. Etwa ab der Seriennummer 5000 wurden auch Riemenbügel angebracht. Die Produktion der Henry Rifle war recht interessant gestaltet. Henry war innerhalb der New Haven Arms Co. als Subunternehmer tätig. Er lieferte die von ihm als Subunternehmer gefertigten Waffen zu einem Festpreis an die New Haven Arms Co. Der Unterschied zwischen den Herstellungskosten und dem vereinbarten Festpreis war sein Gewinn. Ferner erhielt er noch ein festes Gehalt. Die von Henry hergestellten und abgenommenen Henry-Gewehre tragen auf der Vorderseite des Systemkastens ein »H«. Etwa um das Jahr 1865 verließ Henry die Firma und Winchester übernahm die Rolle des Subunternehmers. Die Stempelung wurde in ein »W« geändert. Man kann also annehmen, daß mit »W« gestempelte Henry-Gewehre aus dem letzten Fertigungsabschnitt stammen. Aber hier ist Vorsicht geboten, denn man verwendete auch ältere Teile. Eine klare Grenze der Seriennummer ist daher nicht möglich.

Die Winchester Repeating Arms Co. entsteht

Im Jahre 1865 begann man bei der Geschäftsleitung der New Haven Arms Co. über eine Namensänderung nachzudenken. Es gab auch Überlegungen, den Namen in Henry Repeating Arms Co. umzuändern. Es kam jedoch anders. Am 30. Dezember 1866 wurde die Winchester Repeating Arms Co. gegründet. Am 20. Februar 1867 wurde das neue Direktorium bestellt, und am 30. März 1867 war der Übergang von der New Haven Arms Co. zur neuen Firma vollständig abgewickelt. Auch waffentechnisch ging es weiter. Die neue Gesellschaft startete mit dem Modell Winchester 1866. Die Produktion wurde für drei Jahre in größere angemietete Räumlichkeiten nach Bridgeport verlagert. 1870 wurde dann in New Haven Land gekauft, und der Bau einer eigenen neuen Fabrik begann. Im April 1871 kam die Produktion der Winchester-Waffen wieder nach New Haven zurück. Bereits zu den Zeiten der New Haven Arms Co. verstand es Winchester durch großzügige Werbung auf seine Waffen aufmerksam zu machen. Entsprechend erfolgreich verlief die weitere Entwicklung.

Es folgten die bekannten Modelle 1873 und 1876. Als Oliver F. Winchester am 10. Dezember 1880 in New Haven starb, hinterließ er eine der größten Waffenschmieden Nordamerikas. Zwar wechselten in den folgenden Jahrzehnten teilweise die Eigentümer, aber bis heute blieb der Name Winchester prägend für die Fertigungsstätte in New Haven, die seit 1982 von der U.S. Repeating Arms Co. betrieben wird.

Die Zeit der Henry Rifle

Die Entwicklung der Vorläufermodelle der Henry Rifle erfolgte in einem der interessantesten Geschichtsabschnitte der noch jungen Vereinigten Staaten. In den Nordstaaten hatte nach europäischem Vorbild die industrielle Entwicklung riesige Fortschritte gemacht. Dagegen stand der Süden der USA. Dort hielt man an der Sklaverei fest und setzte auf die traditionelle Plantagenwirtschaft. Immer größer wurde der Graben zwischen Nord und Süd.

Als dann wegen handfester wirtschaftlicher Interessen nach der Abspaltung der Südstaaten am 12. April 1861 der amerikanische Bürgerkrieg begann, war man in New Haven gerade dabei, die Serienproduktion der Henry Rifle anlaufen zu lassen.

Bewaffnet war die amerikanische Armee bei Kriegsausbruch mit einer 1855 eingeführten Muskete im Kaliber .58. Geladen wurde dieses Gewehr mit einer Papierpatrone von der Mündung aus. Die Ladung bestand aus 60 grains Schwarzpulver hinter einem 500 grains schweren Bleigeschoß.

Die Kriegsereignisse kamen der aufstrebenden Waffenindustrie wie gerufen. Sah man darin doch die Möglichkeit, gerade bei den Neuentwicklungen die teilweise beträchtlichen Entwicklungskosten wieder einzufahren und gute Gewinne zu erzielen. Daß Oliver F. Winchester ein Stück von diesem Kuchen haben wollte, liegt auf der Hand. So war er auch mit Geschenken an führende Persönlichkeiten nicht gerade sparsam. Aber auch andere Waffenhersteller hatten Neuentwicklungen vorzuweisen und auch Beziehungen zu den Beschaffungsstellen. Zunächst machte bei den neuen Repetiergewehren das von Christopher Spencer entwickelte Spencer-Gewehr das Rennen. Winchester hatte das Nachsehen. Es begannen sich jedoch einzelne Einheiten auf eigene Kosten mit Henry-Gewehren zu bewaffnen. Schließlich konnte sich die Regierung den Vorteilen der Henry-Waffen nicht ganz verschließen und so wurden etwa ab 1863 insgesamt 1731 Henry Rifles an die Truppen geliefert, wo sie durchweg mit großem Erfolg eingesetzt wurden.

Neben den Soldaten hatte Winchester auch eine Reihe ziviler Kunden, die auf die Feuerkraft der Henry bauten, insbesondere in den Frontgebieten, wo man mit Indianern zu tun hatte.

Als am 26. April 1865 der Bürgerkrieg zwischen Norden und Süden beendet wurde, ging zunächst auch die Nachfrage nach Repetiergewehren zurück.

Die Henry und das Nachfolgemodell 1866 zeigten sich auf lange Sicht gegenüber der Spencer-Rifle als überlegen. 1869 ging die Spencer Company in Konkurs und Oliver F. Winchester kaufte die Konkursmasse und setzte damit den Schlußpunkt unter die kurze Geschichte der Spencer-Gewehre.

Die geschichtliche Entwicklung sorgte jedoch bald wieder für riesigen Bedarf an Repetierwaffen in Nordamerika. Bereits am 1. Januar 1863 war das Heimstättengesetz in Kraft getreten. Jedem Siedler wurde in den neuzuerschließenden Westgebieten eine Fläche von rund 65 ha Land gegen 14 US-Dollar Eintragungsgebühr geschenkt. Eigentümer wurde er jedoch erst nach fünf Jahren, wenn er das Land urbar machte. Nach dem Ende des Bürgerkrieges nahmen die nach Westen strömenden Siedlerscharen immer mehr zu. Es begann die von Mythos und Legenden umwobene Zeit des Wilden Westens.

Vom Farmer bis zum Glücksritter und jede Menge ausgemusterter Soldaten suchten im Westen ihr Glück. In den neuen Siedlungsgebieten lebten jedoch die verschiedenen Indianerstämme. Es begann die Zeit der Indianerkriege, eines der berüchtigsten Kapitel in der Geschichte der US-Armee. Bedarf an Winchester-Gewehren gab es also genug. Der Indianer schätzte die Winchester-Büchse ebenso wie die Siedler und die Gesetzeshüter der neuen Städte. Die Zeit der Viehtriebe begann und wurde bald durch den Bau der großen Eisenbahnlinien abgelöst. In den Jahren von 1860 bis 1890 vollzog sich eine Entwicklung, die man sich mit dieser Geschwindigkeit in Europa kaum vorstellen konnte.

Man verlangte nach immer besseren Waffen. Bedingt durch den hohen Zivilmarkt, orientierte sich die Entwicklung in einem hohen Maß an diesem Markt. Anders als in Europa, wo die großen Stückzahlen dem Militär vorbehalten waren, konnte man in Nordamerika Jagd- und Verteidigungswaffen in großen Mengen verkaufen. Neben Winchester waren es besonders die Namen Colt, Sharps, Remington, Smith & Wesson sowie Marlin, die diesen kurzen, aber bewegten Zeitabschnitt für einige der genialsten Waffenentwicklungen zu nutzen verstanden. Neben diesem inländischen Markt bot sich auch in Europa ein breites Betätigungsfeld für die amerikanischen Waffenbauer. So konnten insbesondere Colt aber auch Winchester in Europa teilweise gute Geschäfte tätigen.

Es gibt unzählige Geschichten, die von den verschiedenen Waffen wahre Wunderdinge berichten. Wie weit diese alle der Wahrheit entsprechen, kann man nur schwer sagen. Tatsache ist jedoch, daß die Feuerkraft der neuen Mehrladewaffen teilweise bei Gegnern, die noch mit einschüssigen Waffen kämpften, böse Überraschungen verursachte. Aber bedenken muß man auch bei all diesen Geschichten, daß auch eine Winchester nur so gut sein konnte, wie der Mann, der sie führte.

Der nächste große Geschichtsabschnitt in der Entwicklung der Feuerwaffen beginnt am Ende des 19. Jahrhunderts, als neue rauchschwache Treibladungspulver erhebliche Leistungssteigerungen brachten. Auch bei dieser

Entwicklung befand sich Winchester wieder an der Spitze der Bewegung, als es um den Zivilmarkt ging und brachte die heute noch beliebte .30—30 Win. mit dem Modell 1894 auf den Markt, davon aber in einem anderen Kapitel mehr.

Geprägt wurde das Bild der Winchester-Büchse als Verteidigungswaffe. Erst in den 70er Jahren des 19. Jahrhunderts setzte man auch verstärkt auf den Bereich Jagdbüchsen.

Die frühen Lever Action-Waffen

Mit der 1866 vorgenommenen Firmengründung der Winchester Repeating Arms Company war auch die Namensgebung für die weiteren Waffenmodelle entschieden. Bereits 1866 begann die Produktion des Modells 1866, eine Weiterentwicklung aus der Henry Rifle. Die grundlegende Arbeitsweise des Repetiermechanismus blieb bei den drei ersten Lever Action-Büchsen von Winchester – Modelle 1866, 1873 und 1876 – gleich und unterscheidet sich kaum von der des Henry-Gewehres. Hauptmerkmal ist der senkrecht bewegte Ladeblock, der eine Patrone aus dem Röhrenmagazin aufnimmt und in dem die Patrone dann ähnlich wie in einem Fahrstuhl vor den Lauf gebracht wird. Diese Konstruktion wurde erst für das Modell 1886, das von Browning entwickelt worden ist, geändert.

Winchester Modell 1866

Der Übergang von der Henry Rifle zum Modell Winchester '66 ist fließend und fällt in das Jahr 1866. Man kann dies auch an der Seriennummerngestaltung erkennen. Es wurden nämlich einfach die Nummern der Henry Rifle weitergeschrieben. So ist es zu erklären, daß in dem Bereich von 12 000 bis etwa 14 000 sowohl Henry Rifles als auch die ersten Winchester '66 auftauchen.

Die wichtigste Änderung von der Henry Rifle zur Winchester '66 ist die Ladevorrichtung. Das Magazin der Henry Rifle war aufgrund des Lademechanismus offen. Dies ermöglichte eine rasche Verschmutzung, was zu Funktionsstörungen führen konnte. Ferner war das Fehlen eines Vorderschaftes nicht gerade angenehm während des Schießens, konnte man doch die Waffe an Lauf und Magazin nicht richtig greifen. Gelöst wurde das Problem von Nelson King, der für eine neue Ladeklappe auf der rechten Systemkastenseite am 22. Mai 1866 das US-Patent 55012 erhielt. Bereits am 29. März 1866 hatte King die Rechte an dieser Entwicklung auf Oliver F. Winchester übertragen. Es wurde dadurch möglich, bei der Winchester '66 das Röhrenmagazin rundum zu schließen und so das Eindringen von Schmutz zu verhindern. Ferner war auch das Laden durch die Klappe auf der rechten Kastenseite wesentlich einfacher als die umständliche Handhabung bei der Henry Rifle. Auch einem Vorderschaft stand nun nichts mehr im Weg. Die Produktion des Modells '66 lief richtig 1867 in den größeren Produktionsstätten in Bridgeport an und erreichte ihren Höhepunkt Anfang

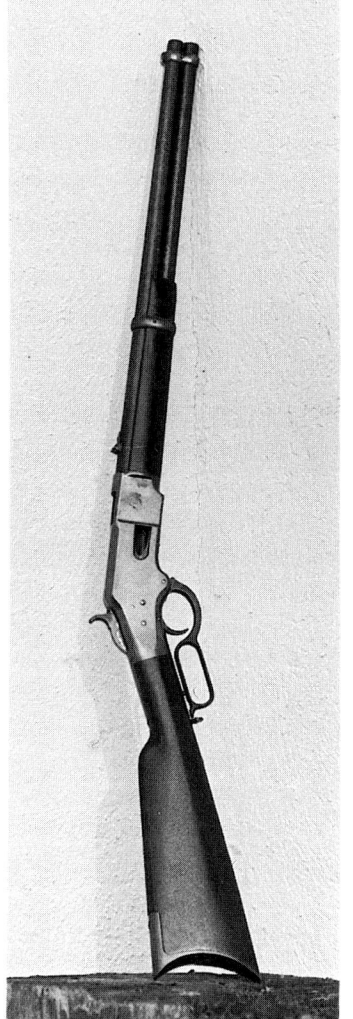

Rechts: Winchester Carbine 1866. Wichtigste Verbesserung gegenüber der Henry Rifle war die beim Modell 1866 auf der rechten Systemkastenseite vorhandene Ladeklappe, die das Nachladen wesentlich vereinfachte und es ermöglichte, das Magazin geschlossen zu gestalten. Die Ladevorrichtung der Henry Rifle erforderte ja einen Schlitz auf der Magazinunterseite.

Links oben: Blick auf den Systemkasten einer Winchester 1866.

Links unten: Geöffneter Verschluß einer Winchester 1866.

der 70er Jahre, als man wieder nach New Haven in die neuerrichtete Winchester-Fabrik umzog.

Die Winchester '66 wurde die Waffe der nach Westen ziehenden Siedler. Aber auch die Indianer schätzten den »Yellow Boy«, wie sie das Modell '66 wegen seines Messingkastens nannten. Wenn auch nicht in den USA so doch in Europa interessierten sich die Militärs für das neue Winchester-Gewehr. Hauptabnehmer war die Türkei, die im Krimkrieg gegen die Russen die Überlegenheit von Repetierern vorführte. Auch Frankreich soll Aufträge an Winchester zur Zeit des Krieges mit Deutschland 1870/71 vergeben haben. Ob es zu Lieferungen kam, ist nicht genau bekannt. Schließlich kam das Kriegsende 1871 relativ schnell.

Die frühen Winchester '66 unterscheiden sich von den Waffen etwa ab 1867 in der Form des Systemkastens, der bei den frühen Waffen noch dem Henry-Kasten ähnlich war. Ferner wurde auch für das spätere Modell die seitliche Ladeöffnung sowie die Hahnform geändert.

Das Modell 1866 wurde bis zum Jahre 1898 in einer Stückzahl von rund 170 100 hergestellt. Die größten Erfolge lagen vor dem Erscheinen des Modells 1873, das durch die neue Zentralfeuerpatrone eine wesentliche Verbesserung vorzuweisen hatte. Eingerichtet wurde die Winchester '66 für die .44 Henry Flat RF.

Die drei wichtigsten Modellvarianten der Winchester '66 waren: die Sporting Rifle, die Carbine-Ausführung und die Muskete. Die Sporting Rifle verfügte über einen 24″ (61 cm) langen Lauf, der sowohl achtkantig als auch rund zu haben war. Der Karabiner Modell '66 wurde mit rundem 20″ (51 cm) langem Lauf angeboten. Diese beiden Zivilversionen kamen 1866/67 ins Programm. Ab 1869 kam noch eine Musketenausführung mit 27″ (69 cm) langem Rundlauf dazu. Die Muskete hatte einen weit nach vorne gezogenen Vorderschaft und wurde auch für die Aufnahme eines Bajonetts eingerichtet. Später gab es auf Sonderwunsch auch Halbachtkantläufe sowie extrem lange Läufe. Bei der Rifle und der Muskete nahm das Magazin 17 Patronen auf. Beim Karabiner waren es noch beachtliche 13 Patronen .44 Henry Flat, die Platz im Röhrenmagazin hatten.

In den letzten Jahren der Produktion des Modells 1866 wurde auch eine Version für die zur Zentralfeuerpatrone abgeänderte .44 Henry Flat gebaut. In dieser ab 1891 durchgeführten Maßnahme ist zu erkennen, daß die Zeit der Winchester '66 dem Ende entgegen ging. Der Markt verlangte nach leistungsstärkeren Zentralfeuerkalibern und hier hatte Winchester bereits seit 1873 einen seiner größten Erfolge im Rennen.

Winchester Modell 1873

»The gun that won the west«, das war die Winchester '73. Zusammen mit dem Colt SAA, der im gleichen Jahr auf den Markt kam, eroberte sie den Westen. Obwohl sie auch im Ausland große Erfolge verbuchen konnte, blieb die Winchester '73 die Waffe des Wilden Westens. Sie beherrschte die Zeit der Indianerkriege und wurde erst durch das Modell 1892 abgelöst, als die große Zeit der Erschließung des Westens bereits dem Ende entgegen sah. Soweit bekannt ist, ist die Winchester '73 auch das einzige Gewehr, dem ein eigener Film »Winchester '73« gewidmet wurde.

Technisch betrachtet ist das Modell 1873 die Weiterentwicklung des Modells 1866. Wesentliche Verbesserungen liegen insbesondere in der Verstärkung des Systems für den Gebrauch neuer und leistungsstärkerer Zentralfeuerpatronen vor. Der Messingkasten der 66er Winchester wurde für die 73er Winchester durch einen Eisenkasten ersetzt. Ein Staubschutzdeckel wurde eingeführt und weitere Detailverbesserungen folgten. Ähnlich wie bei der Henry Rifle kam der Erfolg der neuen Waffe in Zusammenwirkung mit einem neuen Kaliber. Die für das Modell 1873 entwickelte .44−40 brachte gegenüber der .44 Henry Flat eine deutliche Leistungssteigerung und was man nicht übersehen darf, die Zentralfeuerpatrone konnte wiedergeladen werden. Winchester bot auch dazu die nötigen Werkzeuge an. Dieser Gesichtspunkt ist sowohl wirtschaftlich als auch von der Versorgung in entlegenen Gebieten her von großer Bedeutung. Die Winchester '73 war die erste Zentralfeuerwaffe im Winchester-Programm. Es gab aber auch eine Randfeuerversion im Kaliber .22 (siehe dazu im Kapitel über KK-Büchsen).

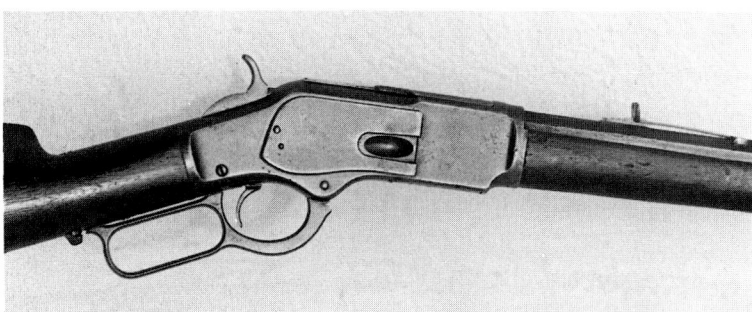

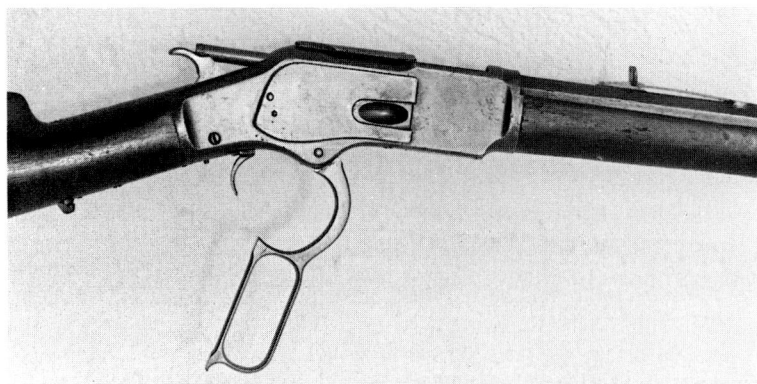

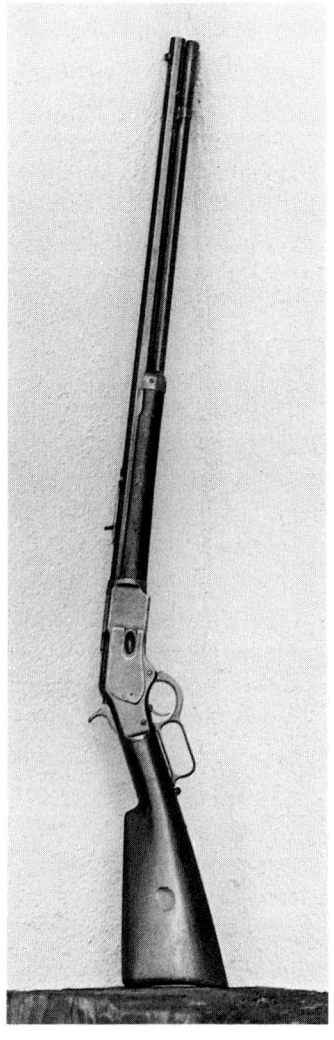

Rechts: Winchester Modell 1873 im Kaliber .38−40 mit langem Achtkantlauf.

Oben: Systemkasten der Winchester '73.

Unten: Geöffneter Verschluß einer Winchester '73.

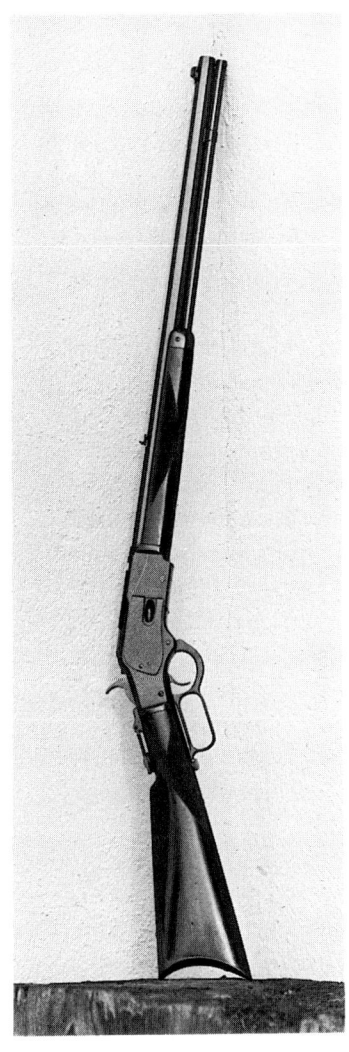

Oben: Systemkasten einer Winchester '73 mit Diopter auf dem Kolbenhals.

Links: Winchester '73 mit Achtkantlauf und umklappbarem Diopter. Es handelt sich um eine aufwendig gefertigte Jagdausführung.

Zum Ruhm des Modells '73 trugen natürlich auch zahlreiche mehr oder auch etwas weniger wahre Geschichten über erfolgreiche Einsätze bei. Werbewirksam war auch die Verwendung durch bekannte Persönlichkeiten, wie zum Beispiel Buffalo Bill Cody, der eine 73er Winchester in den Westgebieten führte.

Wie bei vielen Winchester-Modellen wurden nach der Erstvorstellung weitere Verbesserungen und kleine Konstruktionsänderungen vorgenommen. So erhielt das Modell '73 etwa ab der Seriennummer 29 000 eine Abzugsblockierung. Die Form der Staubdeckel änderte sich öfters und später verschwanden die bis dahin nach außen sichtbaren Bolzen für Abzug und Hahn aus der Seitenansicht des Systemkastens. Ab 1884 wurde der geschmiedete Eisenkasten durch einen qualitativ besseren Stahlkasten ersetzt.

Weitere kleine Veränderungen bezogen sich auch auf die Gestaltung der Schäfte und der Schaftbeschläge. Zum Kaliber .44 W.C.F. (.44−40) kamen später noch die Kaliber .38 W.C.F. (.38−40) und .32 W.C.F. (.32−20) dazu. Der Erfolg wurde insbesondere im Kaliber .44−40 durch die Übernahme dieser Patrone für den Colt SAA im Jahre 1878 gefördert. Man konnte nun in Gewehr und Revolver die gleiche Patrone verwenden, was in der Wildnis von großem Vorteil bei der Versorgung ist.

Neben den zahlreichen technischen Änderungen im Laufe der Jahre gab es das Modell '73 auch in unzähligen Ausführungen und Ausstattungen. Es gab die Büchsenausführung mit 24″ (61 cm) langem Lauf. Wahlweise konnte man einen runden oder achtkantigen, aber auch einen halbachtkantigen Lauf bekommen. Weiter gab es von der Rifle-Version eine Ausführung mit 20″ (51 cm) langem Achtkantlauf. Die übliche Karabinerlauflänge war der 20″ (51 cm) lange Rundlauf. Die ebenfalls gefertigten Musketen hatten einen fast bis zur Laufmündung reichenden Vorderschaft sowie einen 30″ (76 cm) langen Lauf. Teilweise waren die Musketen auch für die Aufnahme eines Bajonetts vorgesehen. Neben diesen Standardlauflängen gab es jede Menge an Sonderausführungen, die bis zu Lauflängen von nur 14″ (36 cm) führten. Es gab aber auch extrem lange Läufe. Der übliche Abzug war der Direktabzug. Auf Sonderwunsch gab es für die Büchsen aber auch besonders feine Stecherabzüge. Neben den verbreiteten geraden Schäften gab es ab 1887 auch Schäfte mit Pistolengriffen. Wählen konnte man auch zwischen bis zur Laufmündung reichenden Vollmagazinen sowie Halbmagazinen. Die Rifle nahm bei Ganzmagazin 15 Patronen auf. Bei Halbmagazin konnten noch 6 Patronen geladen werden. Das Karabinermagazin war für die Aufnahme von 12 Patronen ausgelegt und bei der Muskete können sogar 17 Patronen geladen werden.

Gefertigt wurden vom Modell 1873 insgesamt 720 610 Stück. Eingestellt wurde die Fertigung bereits 1919, aber noch bis 1924/25 wurden aus vorhandenen Teilen fabrikneue 73er Waffen hergestellt. Bei den Kalibern herrschte eindeutig das Kaliber .44−40 vor. Ebenso waren Rifle- und Carbine-Ausführung gegenüber der Muskete wesentlich stärker vertreten. Aus der Sicht der gefertigten Stückzahlen lag die große Zeit des Modells 1873 vor der Verbreitung des späteren Modells 1892. So waren bis zum Erscheinen des Modells 1892 im Jahre 1892 bereits rund 440 000 Waffen des Modells 1873 hergestellt worden. Und dann gab es noch die berühmte »1 of 1000«, davon aber in einem eigenen Abschnitt nach der Vorstellung des Modells 1876 mehr.

Winchester Modell 1876

Mit dem Modell 1876 wollte man drei Jahre nach dem Erscheinen der Winchester '73 den Jägern eine Waffe für leistungsstarke Kaliber, so wie sie in den einschüssigen Blockbüchsen, zum Beispiel der Sharps, zur Verwendung kamen, anbieten. Für starkes Wild und weite Schüsse war nämlich die Winchester '73 mit ihren kurzen Patronen wenig geeignet, ihre Stärke lag in der Feuergeschwindigkeit bei kurzer bis mittlerer Entfernung. Technisch betrachtet handelt es sich beim Modell 1876 um eine rundum vergrößerte und verstärkte Winchester '73. Insbesondere der Systemkasten mußte den größeren Patronen angepaßt werden. Wie beim Modell 1873 gab es auch beim Modell 1876 zahlreiche Verbesserungen und Vereinfachungen während der laufenden Serie. So findet man zum Beispiel frühe Winchester '76 ohne Staubdeckel.

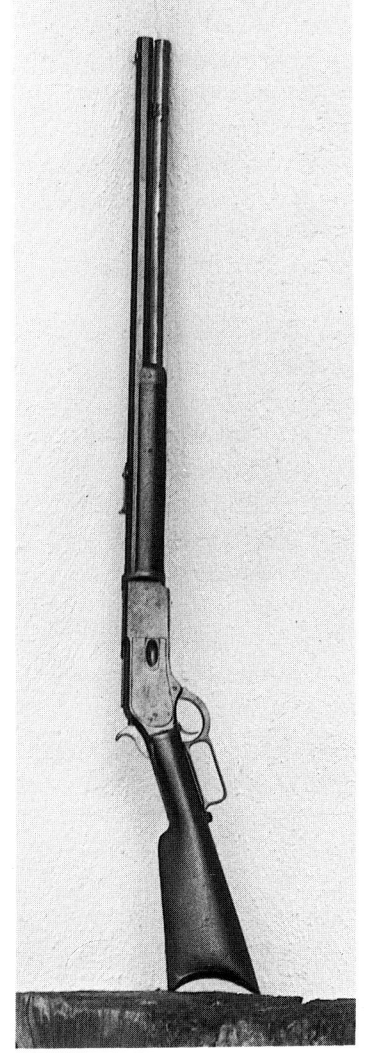

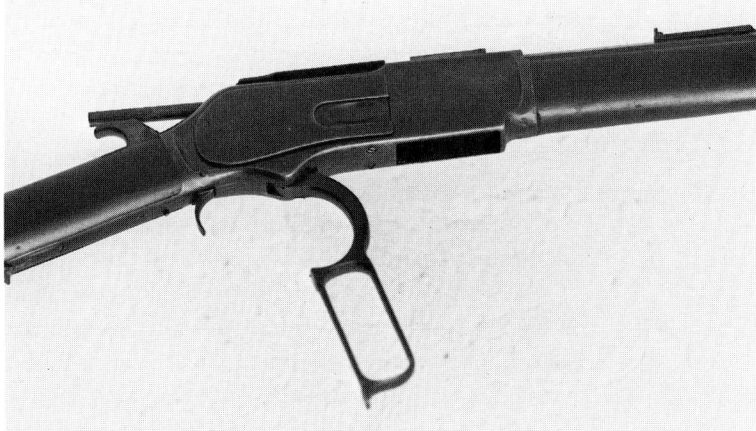

Links: Winchester-Büchse Modell 1876 mit Achtkantlauf. Beim Modell 1876 handelt es sich praktisch um eine für stärkere Patronen vergrößerte 73er Winchester.

Oben: Blick von oben auf den geöffneten Verschluß einer Winchester '76.

Unten: Blick auf den geöffneten Verschluß einer Winchester '76.

Ursprünglich eingerichtet wurde das Modell 1876 für die Patrone .45−75 Win., die mit 75 grains Schwarzpulver hinter einem 350 grains schweren Geschoß geladen war. Mit diesem Kaliber wurde die Winchester '76 übrigens auch die Dienstwaffe der kanadischen Royal Northwest Mounted Police. Größere Mengen gingen auch nach England, wo man das Modell 1876 für den Einsatz in Indien und Afrika schätzte. Auch Theodore Roosevelt führte eine Winchester 1876. Die Kaliberauswahl wurde 1879 um die .45−60 W.C.F. und .50−95 Express erweitert. Im Jahr 1884 kam dann noch die .40−60 W.C.F. dazu. Trotz aller Verstärkungen, die damalige Armeepatrone der USA, die .45−70 mit ihren schweren 405 grains Geschossen, konnte im 76er System nicht untergebracht werden. Dies verhinderte sicherlich eine größere Verbreitung innerhalb der Vereinigten Staaten.

Neben den verschiedenen Sonderausführungen und Extraausstattungen gab es die Winchester '76 als Rifle mit 28″ (71 cm) langem Lauf in runder, achtkantiger und halbachtkantiger Form. Die Express-Rifle hatte einen 26″ (66 cm) langen Lauf, den es ebenfalls in den drei genannten Formen gab. Die 76er Karabiner hatten 22″ (56 cm) lange runde Läufe und bei den Musketen verwendete man sogar einen 32″ (81 cm) langen Lauf in runder Form. Sofern bis zur Laufmündung reichende Magazine verwendet wurden, betrug die Magazinkapazität bei der Sporting Rifle 12 Patronen, beim Karabiner 9 Patronen und bei der Muskete 13 Patronen.

Gefertigt wurde die Winchester '76 bis zum Jahre 1897. Bis zu diesem Zeitpunkt waren 63 871 Stück gebaut. Damit erreichte das Modell 1876 weniger als 10 Prozent des Modells 1873.

Winchester '73 und Winchester '76 – 1 of 1000 –

Der Traum aller Winchester-Sammler ist eine Winchester '73 oder '76 in der Ausführung »One of One Thousand«. Es gibt dazu auch zahlreiche interessante Geschichten, die sich schön lesen, aber die leider nicht der Wahrheit entsprechen. Falsch ist auch die Annahme, daß jede Waffe, deren Seriennummer mit drei Nullen endet, zu einer »One of One Thousand« verwendet worden ist.

Einen der interessantesten Pläne zur Steigerung der Verkaufszahlen nahm man 1875 bei Winchester in New Haven in Angriff. Im Katalog des Jahres 1875 bot man Schützen und Jägern, die besonders hochwertige Waffen verlangten, sinngemäß folgende Möglichkeit an:

»Um den verschiedenen Anforderungen, die Jagd, Sport und Verteidigung an Waffen stellen, Rechnung zu tragen, hat man sich bei Winchester entschlossen, Spezialanfertigungen des Modells 1873 anzubieten. Die höchsten Anforderungen werden von den Schützen bei der Präzision gestellt. Winchester kann durch das ausgezeichnet geschulte Fachpersonal und die erstklassigen Präzisionsmaschinen für die Qualität aller Läufe garantieren. Jeder Lauf wird einzeln auf Schußleistung geprüft und die beschossene Scheibe mit der gleichen Nummer versehen und dem Lauf beigefügt. Die so ermittelten besonders gut schießenden Läufe werden in besonders sorgfältig gearbeiteten Waffen mit Sonderausstattung bezüglich Schaft, Finish und Abzug eingebaut und unter der Bezeichnung ›One of One Thousand‹ zum Preis von 100 Dollar angeboten. Weiter werden gegen einen Aufpreis von 20 Dollar Waffen mit ebenfalls ausgesuchten Läufen unter der Bezeichnung ›One of One Hundred‹ angeboten. Die Präzision steht nur wenig der der Ausführung ›One of One Thousand‹ nach.« Später wurde beim Erscheinen des Modells 1876 dieses Angebot auch sinngemäß für die Winchester '76 ab dem Jahr 1877 gemacht.

Die Markierung »One of One Thousand« wurde auf dem Lauf zwischen Systemkasten und Visier angebracht. Bei den ersten Waffen erfolgte die Angabe in Ziffern »1 of 1000«, bei den späteren Ausführungen wurden die Worte »One of One Thousand« ausgeschrieben.

Nach den Aufzeichnungen der Firma Winchester sollen in der Ausführung »One of One Thousand« 136 Stück des Modells 1873 gefertigt worden sein. Beim Modell 1876 sind 47 Stück »1 of 1000« und 7 Waffen »One of One Hundred« gebaut worden. Die Auslieferung erfolgte in der Zeit zwischen 1877 und 1900. Diese Zahlen verdeutlichen, daß das Programm »One of One Thousand« zur damaligen Zeit einen recht bescheidenen Anklang unter den Käufern fand. Bereits 1878 verschwand das Angebot übrigens aus dem Winchester-Katalog. So vielversprechend der Plan auch war, man gab damit aber auch zu, daß von Lauf zu Lauf geringe Qualitätsunterschiede bestehen. Eine Tatsache, die auch heute noch Gültigkeit bei der Lauffertigung hat.

Der heutige Ruhm der »One of One Thousand« gründet sich auf die nach dem Zweiten Weltkrieg von W. H. Depperman betriebenen Nachforschungen. Die dabei bekannt gewordene Seltenheit dieser Waffen, ließ ihren Sammlerwert in ungeahnte Höhen steigen. Als Depperman 1950 mit seiner Arbeit begann, war von 124 Stück des Modells 1873 die Rede. Später wurde dann die heutige allgemein anerkannte Zahl von 136 angegeben. Es sollen von 36 dieser Büchsen die Besitzer bekannt sein. Jeder Winchester-Sammler hofft daher auf das Glück, auf eine der restlichen Waffen per Zufall zu stoßen.

Revolver von Winchester

Auch das gab es. Allerdings wurde nie ein Revolver von Winchester in die Serienproduktion übernommen. Man kam mit keinem der drei Konstruktionsversuche auf den Markt. Wie ernst es den Winchester-Leuten mit ihren Revolvern tatsächlich war, ist heute schwer zu sagen. So wollen wir uns auf die technische Beschreibung sowie die geschichtliche Entwicklung an dieser Stelle beschränken.

Mitte der 70er Jahre des vorigen Jahrhunderts kam der deutsche Waffenkonstrukteur Hugo Borchardt zur Firma Winchester. Zuvor hatte er bei der Firma Colt gearbeitet. 1876 hatte Borchardt einen ersten Revolver für die neue Versuchspatrone .38 fertig. Die Lauflänge betrug 7½″ und die Trommel nahm 6 Patronen auf. Statt eines Entladestiftes befand sich beim ersten Winchester-Borchardt-Revolver eine Auszieherkralle hinter der Trommel. Der Griffrahmen samt der Abzugsvorrichtung ist dem von Smith & Wesson gefertigten russischen Dienstrevolver sehr ähnlich.

Ein Jahr später, 1877, hatte Borchardt einen weiteren Versuchsrevolver für die Winchester-Patrone .44−40 fertig. Diese Waffe verfügt über einen 7″ langen Lauf und gleicht im Griffstück dem Smith & Wesson »Russian«. Sehr fortschrittlich war Borchardt bei seinem SA-Revolver von 1877 mit der ausschwenkbaren Trommel, die bei den großen Revolverherstellern Smith & Wesson sowie Colt erst später in die Serie kam. Winchester legte dieses Modell dem amerikanischen Heeresbeschaffungsamt zur Prüfung vor, erhielt aber keinen Regierungsauftrag. Weiter wurde Kontakt zur russischen Regierung aufgenommen, aber auch dort zeigte man kein Interesse an einem Winchester-Revolver. Warum Winchester nun nicht auf den zivilen Markt ging, kann man nicht sicher sagen. Hugo Borchardt wechselte 1880 von Winchester zu Sharps.

1883 nahm man einen weiteren Anlauf mit einem von William Mason entwickelten SA-Revolver, der viele Merkmale des Colt SAA aufwies. Dies war kein Wunder, denn William Mason war vor seiner Anstellung bei Winchester wesentlich an der Entwicklung des Colt SAA beteiligt. Mit diesem Revolver hatte man bei Winchester die Antwort auf ein 1883 von Colt in die Serienfertigung genommenes Lever Action-Gewehr nach einer Burgess-Entwicklung. Die Colt-Burgess-Büchse hatte das Winchester-Kaliber .44−40 und bedrohte den Markt der Winchester-Büchse Modell 1873. Im Gegenzug hatte nun Winchester mit dem Mason-Revolver im Kaliber

.44—40 mit 7¹/₂″ langem Lauf einen Mitbewerber für den Colt SAA, dem er sehr ähnlich sah. Wie man sich genau einigte, ist nicht bekannt. Jedenfalls ging bei Winchester der Revolver nicht in die Serie und Colt stellte nach kurzer Zeit die Fertigung der Lever Action-Gewehre ein. Winchester hat danach keine Versuche mehr mit Kurzwaffen gemacht.

Single Shot Rifle – Modell 1885

Die einschüssige Blockbüchse Modell 1885 (Single Shot Rifle Model 1885) gehört zu den geschichtlich interessantesten und auch wichtigsten Waffen der Firma Winchester. Erstmals verließ man mit diesem Modell den bis dahin ausschließlich verfolgten Weg der Repetierbüchse.

Insbesondere bei den Jägern sowie den Scheibenschützen stand man dem Repetierer kritisch gegenüber. Für ihn sprach in erster Linie seine Feuergeschwindigkeit. Diese Eigenschaft machte den Repetierer mit Lever Action-System besonders interessant für Verteidigungszwecke. Auf kurze bis mittlere Entfernungen konnte man auch jagdlich noch gut auf die meisten Wildtiere schießen, aber für extrem präzise Schüsse auf größere Entfernung sowie auf starkes Wild war der Lever Action-Repetierer, wie er in der Form der Modelle 1866, 1873 und 1876 vorlag, wenig geeignet. Es gab keinen Zweifel, um 1880 war für Scheibenschießen sowie für die Jagd auf starkes Wild die einschüssige Blockbüchse, wie zum Beispiel die Sharps, eine hervorragende, wenn nicht sogar die beste Alternative unter den verschiedenen Waffensystemen. Man muß bedenken, der Zylinderverschluß, wie er heute vorherrscht, stand erst am Anfang der Entwicklung und hatte noch jede Menge Kinderkrankheiten, die erst grundlegend kurz vor der Jahrhundertwende verschwanden.

Im Wissen um diese Marktsituation muß man das Interesse der Firma Winchester an einer einschüssigen Blockbüchse sehen. In welchem Umfang Zufälle eine Rolle beim Auffinden dieser Waffe spielten, kann man heute mit Sicherheit nicht bestimmen. Tatsache ist jedoch, daß mit dem Modell 1885 eine lange und äußerst erfolgreiche Zusammenarbeit zwischen John M. Browning und der Firma Winchester begann.

Am 7. Oktober 1879 erhielt John M. Browning das US-Patent Nummer 220.271 für eine einschüssige Blockbüchse. Zu diesem Zeitpunkt betrieben die Brüder Browning in Ogden im US-Bundesstaat Utah ein kleines Waffengeschäft. Man fertigte auf handwerklicher Basis in guter Qualität Jagdbüchsen. Es sollen auf diese Weise etwa 600 Single Shot Rifles in den verschiedenen Kalibern nach dem Patent vom Oktober 1879 von den Browning-Brüdern in Ogden, Utah, gefertigt worden sein.

Bei Winchester wurde man zu Beginn der 80er Jahre auf diese Waffe aufmerksam und fand daran Interesse. Man begann mit Browning zu verhandeln und erwarb schließlich die Herstellungs- und Vertriebsrechte. Bei Winchester kam die neue Single Shot Rifle 1885 ins Programm, woher auch die Modellbezeichnung übernommen wurde. Gefertigt wurde diese Modell-

32

reihe bis zum Jahre 1920. Rund 140 000 Single Shot Rifles wurden bis zu diesem Zeitpunkt hergestellt. Die höchsten Produktionszahlen pro Jahr wurden in den frühen Jahren etwa 1887, 1888 und 1889 erreicht. Das Modell 1885 war die einzige Blockbüchse im Winchester-Programm und bildet somit eine Ausnahmeerscheinung.

Wie bei der berühmten Sharps-Büchse wird der Lauf durch einen senkrecht bewegten Block verschlossen. Mittels eines Unterhebels, der gleichzeitig Abzugsbügel ist, wird dieser Block nach unten bewegt und so der Lauf zum Laden freigegeben. Jedoch anders als bei der Sharps aus dem Jahre 1874 sitzt der Hahn bei der Winchester 1885 nicht seitlich, sondern direkt mittig hinter dem Verschlußblock. Beim Schließen bleibt der Hahn gespannt und die Waffe ist somit feuerbereit. Dieses System eignete sich von der .22er Randfeuerpatrone bis zur starken Express-Patrone im Kaliberbereich .50. Es würde den Rahmen dieses Buches sprengen, wollte man all die Varianten aufzählen, die es vom Modell 1885 gab. Allein vom Systemkasten gab es mehrere verschiedene Ausführungen, was teilweise durch die recht unterschiedlichen Kaliber bedingt war. Die wichtigste Trennung erfolgt in die High Wall- und Low Wall-Typen.

Die Kaliberauswahl umfaßt weitgehend alle Kaliber, die damals verbreitet waren. Es begann mit den Randfeuerpatronen im .22er Bereich und reichte bis zur .50—110. Die Schwarzpulverpatronen aus der Entstehungszeit dieses Modells waren genauso vertreten wie die um die Jahrhundertwende aufkommenden Nitropatronen. So gab es das Modell 1885 in Kalibern, wie zum Beispiel .25—35 Win., 30—40 Krag, .303 British und .32 Win. Special. Auch eine Ausführung mit einem 20er Flintenlauf wurde zeitweilig gefertigt.

Bei den Laufformen findet man sowohl achtkantige als auch runde Läufe. Ebenso gibt es die verschiedensten Lauflängen von 15″ (38 cm) beim Carbine-Modell bis zu 36″ (91 cm) bei Express-Büchsen. Die üblichen Lauflängen betrugen 26″, 28″ und 30″ (66 cm, 71 cm und 76 cm). Man unterschied weiter zwischen verschieden starken und somit auch im Gewicht sehr unterschiedlichen Laufformen. Diese verschiedenen Laufformen wurden mit Nummern von 1 bis 5 bezeichnet. Während die Nr. 1 der leichteste Lauf war, stand mit Nr. 5 der schwerst mögliche gegenüber. Die Laufwahl erfolgte in erster Linie nach dem Kaliber sowie dem Verwendungszweck der Waffe. Für viele Kaliber standen auch mehrere Laufformen zur Auswahl. Später kamen dann noch die Formen mit der Nr. $\frac{1}{2}$ sowie $3\frac{1}{2}$ dazu. Beim Lauf Nr. $\frac{1}{2}$ handelt es sich um eine extrem leichte Ausführung. Die Nr. $3\frac{1}{2}$ liegt – wie die Bezeichnung aussagt – zwischen den Nrn. 3 und 4.

Vielfältig waren auch die für die verschiedenen Verwendungszwecke angebotenen Modellvarianten. Es gab einfache Rifles mit halbem Vorderschaft, feinste Luxusmodelle, Musketen mit fast bis zur Laufmündung reichenden Schäften, Schuetzen-Rifles mit speziellen Scheibenschäften usw. Auch beim Abzug konnte man zwischen dem normalen Direktabzug und einem Stecherabzug wählen. Letzteren findet man hauptsächlich bei den aufwendig gearbeiteten Schuetzen-Rifles.

Eine neue Lever Action-Generation

Die zweite Generation der Winchester Lever Action-Büchsen geht auf die Zusammenarbeit zwischen Winchester und Browning zurück, die bereits mit der Single Shot Rifle 1885 begonnen hatte. Sämtliche ab 1886 von Winchester auf den Markt gebrachten Lever Action-Zentralfeuerbüchsen beruhen auf Patenten von John Browning. Einzige Ausnahme bildet die zum Schluß dieses Kapitels besprochene Winchester Modell 88, eine moderne nach dem Zweiten Weltkrieg entwickelte Lever Action-Büchse. Die Browning-Reihe beginnt mit dem Modell 1886, das gegenüber den frühen Lever-Action-Gewehren von Winchester eine neue Systemkonstruktion aufweist, deren Grundkonstruktion auch auf die Nachfolgemodelle 1892 und 1894 übertragen wurde. Als das Röhrenmagazin dem Kastenmagazin weichen mußte, lieferte Browning wieder die Grundpatente für das neue Modell 1895.

Winchester Modell 1886

Mit dem Modell 1876 hatte man zwar versucht, eine Lever Action-Büchse für die aus damaliger Sicht leistungsstarken Jagdkaliber zu entwickeln, aber das Ziel wurde nur bedingt erreicht. Man darf schließlich nicht übersehen, daß das System für die .45−70, die zu dieser Zeit die US-Armeepatrone war, nicht stark genug war. Bei Winchester suchte man daher nach einer Lever Action-Jagdbüchse, die modernen und leistungsstarken Kalibern ohne Einschränkungen gewachsen war. Winchester konnte zwar mit dem Hotchkiss-Gewehr ab 1879 einen Repetierer (Bolt Action-System) im Kaliber .45−70 anbieten, aber dieses Modell fand wenig Anklang bei der Jägerschaft. Erfolg konnte nur das winchestertypische Lever Action-System bringen. Als Thomas G. Bennett 1883 wegen der Patentrechte für die Single Shot Rifle zu den Brüdern Browning nach Ogden, Utah, reiste, fand er dort auch das Modell eines neuen Lever Action-Systems vor, das geeignet war, die geschilderten Probleme zu lösen. Mit dem US-Patent Nummer 306.577 erhielten John M. Browning und Matthew S. Browning am 14. Oktober 1884 das Patent für eine Lever Action-Büchse zum Verschießen von Patronen in der Leistungsklasse der .45−70. Die Patentrechte wurden auf Winchester übertragen. Bei Winchester machte man sich dann an die Weiterentwicklung der Browning-Konstruktion zur Serienreife. Ein weiteres wichtiges Patent wurde unter der Nummer 311.079 am 20. Januar 1885 an den

Winchester Modell 1886 mit Halbmagazin.

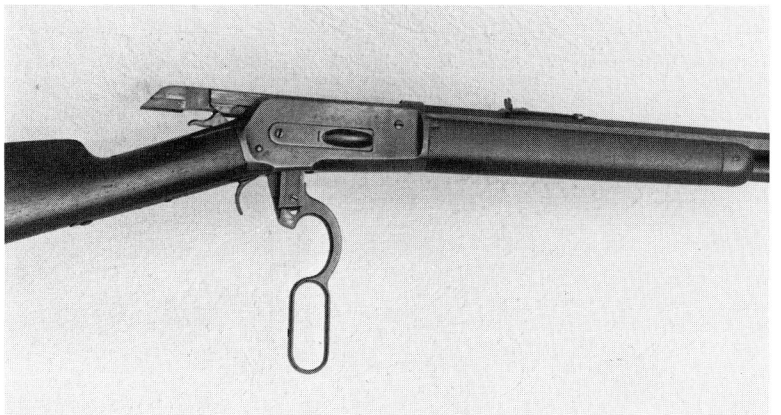

Rechts: Winchester 1886 in der Rifle-Ausführung mit Halbmagazin.

Geöffneter Verschluß einer Winchester '86.

Unten: Systemkasten der Winchester '86.

Winchester-Chefkonstrukteur William Mason für eine Verbesserung des Patronenzufuhrmechanismus erteilt, der dieses an Winchester übertrug. Es handelt sich übrigens um den gleichen William Mason, dem wir bereits bei den Winchester-Revolvern begegnet sind.

Im Sommer 1886 war man soweit und konnte mit der Auslieferung der ersten Winchester-Gewehre Modell 1886 beginnen. Gegenüber den alten Lever Actions hatte sich in erster Linie die Verriegelung sowie die Patronenzufuhr geändert. Wie bereits bei den Vorgängermodellen gab es auch vom Modell 1886 unzählige Sonderausführungen. Die Sporting Rifle hatte einen 26″ (66 cm) langen Lauf, den es in runder, achtkantiger und halbachtkantiger Form gab. Eine Fancy Sporting Rifle gab es mit 26″ langem Achtkantlauf, wie es sich für eine Luxusbüchse zur damaligen Zeit gehörte. Eine Light Weight Rifle mit 22″ (56 cm) langem rundem Lauf kam 1897 ins Programm. Neben den Magazinen bis zur Laufmündung konnte man auch Halbmagazine bekommen. Die Karabiner hatten beim Modell 1886 im Normalfall 22″-Läufe. Auf Sonderwunsch wurden auch Musketen gefertigt. Ebenso gab es auf Sonderwunsch und gegen Mehrpreis kürzere, längere, schwerere und leichtere Läufe sowie verschiedene Magazinformen. Als das Modell 1886 im Jahr 1935 aus dem Programm genommen wurde, waren rund 160 000 Stück davon gefertigt worden. Das Modell 1886 war die erste perfekte Winchester-Hochwildbüchse mit einem Lever Action-System. Kenner loben besonders die extreme Zuverlässigkeit der Winchester 86 sowie den weichen Schloßgang, der ein sehr schnelles Repetieren erlaubt. Bedingt durch die starken Kaliber handelt es sich bei der Winchester '86 um eine reine Jagdwaffe. Weniger verwendet wurde diese schwere Büchse für Verteidigungszwecke. Dafür war 1886 noch in erster Linie das Modell 1873 im Programm.

Kaliber	Einführungsjahr
.45–70	1886
.45–90 W.C.F.	1886
.40–82 W.C.F.	1886
.40–65 W.C.F.	1887
.38–56 W.C.F.	1887
.50–110 Express	1887
.40–70 W.C.F.	1894
.38–70 W.C.F.	1894
.50–100–450	1895
.33 W.C.F.	1903

Hinweise:

Aus den Waffen des Kalibers .45−90 W.C.F. konnten auch die Patronen .45−85 und .45−82 verwendet werden.

Aus den Waffen des Kalibers .40−82 W.C.F. konnte auch die .40−75 verschossen werden.

Mit der Produktionseinstellung im Jahre 1935 hatte das System Modell 1886 jedoch noch nicht ausgedient. Es folgte auf der gleichen Grundkonstruktion mit geringfügigen Verbesserungen die wohl perfekteste Winchester 1886, das neue Modell 71.

Winchester Modell 71

Nach der Produktionseinstellung des Modells 1886 im Jahre 1935 kam im gleichen Jahr das Nachfolgemodell Winchester 71. Es handelt sich um das System 1886 speziell hergerichtet für die neue Patrone .348 Win. Vom Modell 71 gab es eine Standard- und eine Luxusversion der Rifle mit 24″ (61 cm) langem rundem Lauf ab 1935/36. Ab 1937 konnte man auch diese Ausführungen mit 20″ (51 cm) langen Läufen erhalten. Die 20″-Läufe wurden 1947 aus dem Programm genommen. Das Halbmagazin der Winchester 71 nimmt 4 der riesigen .348 Win.-Patronen auf. Bis zum Jahr der Produktionseinstellung 1957 wurden 47 254 Stück gefertigt.

Das Modell 71 ist eine reine Hochwildjagdbüchse, die einen traumhaft weichen Schloßgang aufweist. Für den Autor gehört das Modell 71 zu den besten Lever Action-Waffen aller Zeiten.

Winchester Modell 1892

Zu Beginn der 90er Jahre suchte man bei Winchester nach einem Nachfolgemodell für die Winchester '73. Es sollte sich um eine leichte Lever Action-Waffe, eingerichtet für die typischen Verteidigungspatronen, die meist auch in Revolvern verwendet wurden, handeln. Es lag nahe, das neue Modell an der erfolgreichen Konstruktion der Winchester '86 anzulehnen. So ist denn das neue Modell 1892 nichts anderes als eine verkleinerte und teilweise etwas vereinfachte 86er Winchester. Die Größe des Systemkastens wurde an der .44−40 orientiert. Zunächst kam das Modell 1892 in den Kalibern .44−40, .38−40 und .32−20 ins Programm. 1895 folgte dann noch das Kaliber .25−20 Win. Eine kleine Stückzahl soll auf Sonderwunsch um das Jahr 1938 auch im Kaliber .218 Bee gefertigt worden sein.

Oben: Winchester '92 in der Rifle-Version mit Pistolengriffschaft und Fischhaut an Pistolengriff und Vorderschaft. In dieser Ausführung ist das Modell 92 selten.

Links: Winchester Modell 1892.

Geöffneter Verschluß der Winchester '92. Die Ziernägel am Vorderschaft wurden nachträglich angebracht.

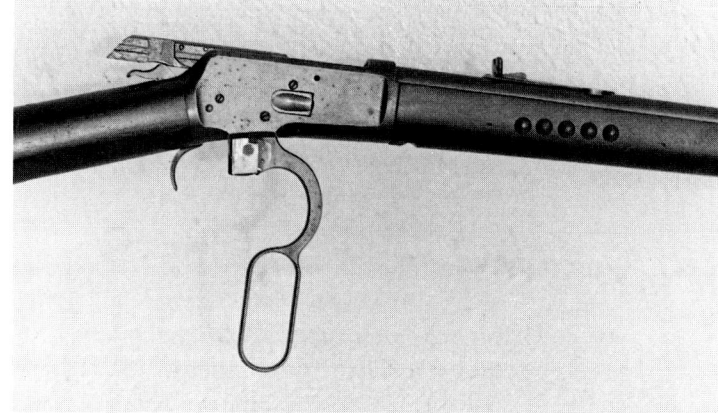

Geliefert wurde das Modell 1892 in den Ausführungen: Sporting Rifle, Fancy Sporting Rifle, Carbine und Musket. Die Rifles gab es mit 24″ (61 cm) langen Läufen in runder, achtkantiger und halbachtkantiger Form. Die Karabiner hatten den typischen 20″ (51 cm) langen Rundlauf. Musketen, die ab 1898 gebaut wurden, hatten 30″ (76 cm) lange Rundläufe. Ferner gab es wie bereits bei den Vorläufermodellen auf Sonderwunsch extrem lange Läufe bis zu 36″ (91 cm). Beliebt waren aber auch die Karabiner mit besonders kurzen Läufen, die es in den Ausführungen 18″, 16″, 15″ und 14″ gab. Bei den Magazinen herrschte das Ganzmagazin bis zur Laufmündung vor. Geliefert wurden aber auch 1/2- und 2/3-Magazine. Das Ganzmagazin der Rifle-Version nahm 13 Patronen auf. Der normale Karabiner faßte 11 Patronen, mit Halbmagazin waren es nur fünf Schuß. Die wenig beliebte Muskete konnte mit 17 Patronen geladen werden. Insbesondere in Südamerika waren die extrem kurzen Karabiner im Kaliber .44−40 sehr beliebt.

Die Produktion des Modells 1892 in der Rifle-Ausführung wurde 1932 eingestellt. Den Karabiner gab es bis zum Jahr 1941. Insgesamt wurden 1 004 067 Waffen des Modells 1892 hergestellt. Die Waffe mit der Seriennummer 1.000.000 im Kaliber .32−20 wurde graviert und dem Kriegsminister, Patrick Hurley, am 17. Dezember 1932 übergeben. Auch Admiral Robert E. Peary führte bei seiner Nordpolreise eine Winchester '92.

Winchester Modell 53

Vom Modell 1892 gab es zahlreiche Sonderausführungen. Mitte der 20er Jahre war es nicht mehr wirtschaftlich, auch die seltensten Varianten zu fertigen. Die Linie des Modells 1892 wurde auf die Standard-Ausführungen beschränkt. Daher bot man ab 1924 eine weitere Waffe auf der Basis des Systems 1892 als Winchester 53 an. Das Modell 53 hat einen 22″ (56 cm) langen runden Lauf sowie einen Schaftkolben mit Pistolengriff. Das Halbmagazin nimmt sechs Patronen auf. Angeboten wurden die Kaliber .44−40, .32−20 und .25−20. Das Modell 53 fand bei den Käufern wenig Begeisterung und wurde bereits 1932 wieder aus dem Programm genommen. Gefertigt wurden vom Modell 53 nur 24 916 Stück.

Winchester Modell 65

Im Jahr 1933 wurde das Modell 65 als Nachfolgemodell für die Winchester 53 vorgestellt. Ausgangsbasis ist auch für das Modell 65 das System 1892 mit einigen Verbesserungen gegenüber dem Modell 53. Ursprünglich wurde das Modell 65 mit 22″ (56 cm) langem Lauf in den Kalibern .32–20 und .25–20 geliefert. Das Halbmagazin nimmt 7 Patronen auf. Der Schaft hatte einen Pistolengriff. Im Jahr 1939 kam das Kaliber .218 Bee mit einem 24″ (61 cm) langen Lauf dazu. Das Modell 65 wurde bis zum Jahr 1947 in einer Auflage von 5704 gefertigt.

Winchester Modell 1894

Zwei Jahre nach dem Erscheinen des Modells 1892 startete Winchester zum erfolgreichsten Modell in der Firmengeschichte, dem ebenfalls von Browning entwickelten Modell 1894, das mit einigen Änderungen bis zum heutigen Tag in zahlreichen Ausführungen im Programm von Winchester ist. Neben den unzähligen Varianten des Modells 94 gibt es die bei Sammlern besonders beliebten Commemorative-Waffen auf der Basis des Modells 94. Diese Sondermodelle werden in einem eigenständigen späteren Kapitel gesondert behandelt und bleiben daher an dieser Stelle ohne weitere Berücksichtigung.

Das Modell 1894 kann innerhalb des Winchester-Programms gleich mehrere Superlative für sich behaupten. Zunächst ist es die mit Abstand am häufigsten gefertigte Winchester. Die Grenze von 5 000 000 ist überschritten und die 6 000 000 werden wohl bis zum 100. Geburtstag 1994 erreicht, wenn die Entwicklung wie in den letzten Jahren weiterläuft. Als erstes Winchester-Modell erreichte die 94er im Jahre 1927 die Grenze von 1 000 000. So beliebt und verbreitet die Winchester 94 auch ist, kaum eine andere Waffe war mehr der Kritik ausgesetzt. Hochgelobt in der Anfangszeit, begann im Laufe der Jahre der Glanz etwas zu schwinden. Viele Jäger beklagten die schwache Leistung der angebotenen Kaliber, manche die Präzision und zeitweilig ließ auch die Verarbeitung in der Mitte der 60er Jahre Wünsche offen. All diese Höhen und Tiefen hat die Hollywood-Winchester überstanden. Warum Hollywood-Winchester? Nun, kaum ein Western kommt ohne dieses Modell aus und das gleichgültig, ob die Handlung kurz nach dem amerikanischen Bürgerkrieg spielt oder um die Jahrhundertwende. Als das Modell 94 auf den Markt kam, war die Zeit der Eroberung des Westens vorbei.

DIE ENTWICKLUNG DES MODELLS 1894

Als zu Beginn der 90er Jahre verstärkt die rauchschwachen Pulver in die Praxis kamen, stand man bei Winchester vor dem Problem, die beliebten Lever Action-Modelle für die neuen Patronen einzurichten. Das bisherige Erscheinungsbild der Winchester Lever Action-Waffe sollte erhalten bleiben. Angestrebt wurden Kaliber im mittleren Leistungsbereich aus damaliger Sicht.

Winchester '94 mit achtkantigem Lauf. Es handelt sich um die typische Rifle-Ausführung.

Winchester '94 in der beliebten Karabinerausführung.

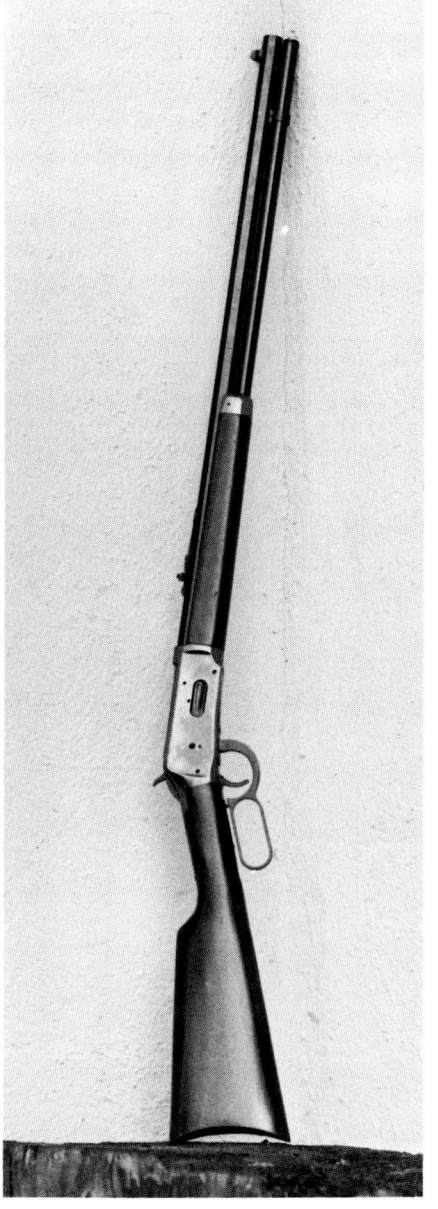

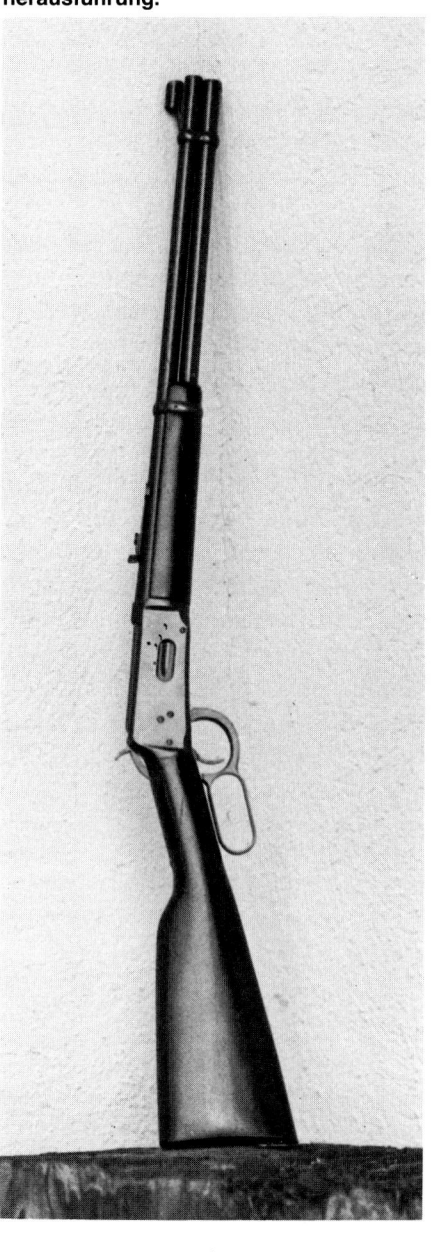

Die Konstruktion der neuen Waffe besorgte wie bei den vorherigen Modellen 1886 und 1892 John M. Browning. Am 21. August 1894 erhielt er das US-Patent 524.702, das an Winchester übertragen wurde. Im November des Jahres 1894 erschien das neue Modell mit der Bezeichnung »Winchester 1894« erstmals im Katalog. Browning hatte weitgehend die von ihm entwickelte Winchester 92 fortgeführt. Für die neuen längeren Patronen wurde die Verriegelung im hinteren Bereich des Systemkastens angeordnet. Dort stützt der Verriegelungsblock den Verschluß auf seiner rückwärtigen Seite ab. Weiter bedingte dies noch einige Änderungen am Repetiermechanismus. Im übrigen ist das Modell 1894 weitgehend mit dem Modell 1892 in der Konstruktion übereinstimmend.

Entgegen den ursprünglichen Plänen, daß das Modell 1894 für rauchschwache Patronen gedacht war, wurde es 1894 bei der Vorstellung für die beiden Schwarzpulverpatronen .32–40 und .38–55, die aus den Jahren 1885 und 1886 stammten, angeboten. Um die neuen Nitropulver auf die Dauer verschießen zu können, mußten zuerst neue Läufe aus besserem Stahl entwickelt werden. Die neuen nickellegierten Stahlläufe tauchten erst-

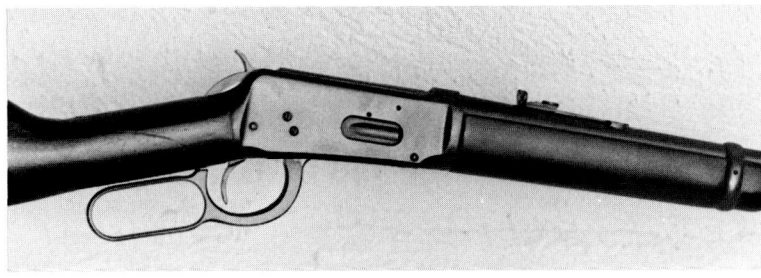

Systemkasten der Winchester '94.

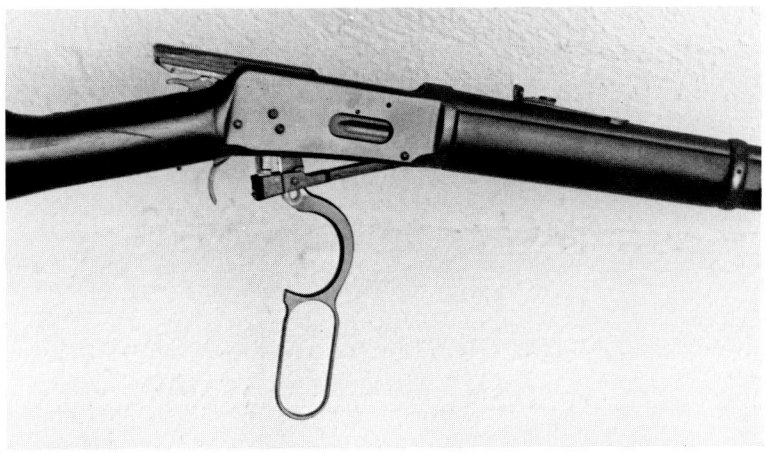

Der geöffnete Verschluß einer 94er Winchester von der Seite.

43

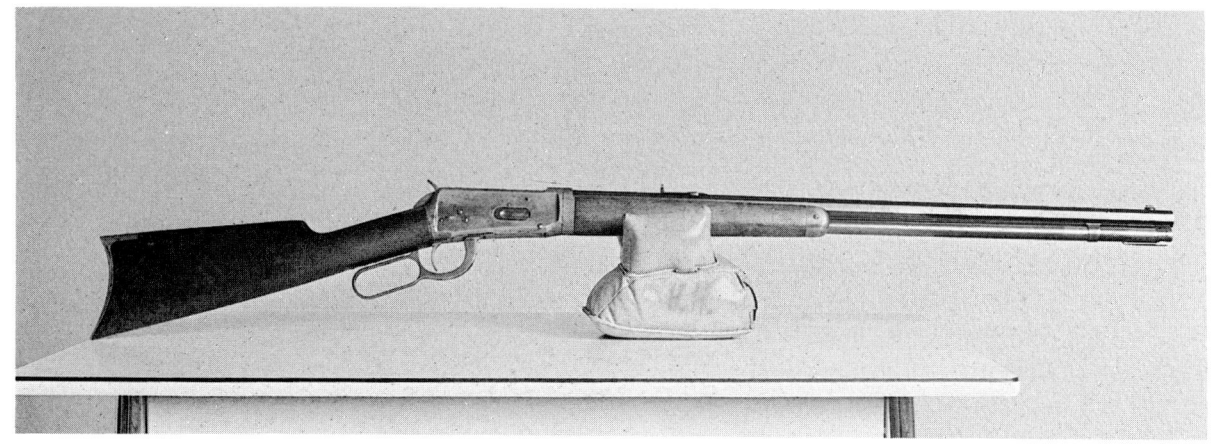

Frühe Winchester Rifle Modell 94 mit achtkantigem Lauf.

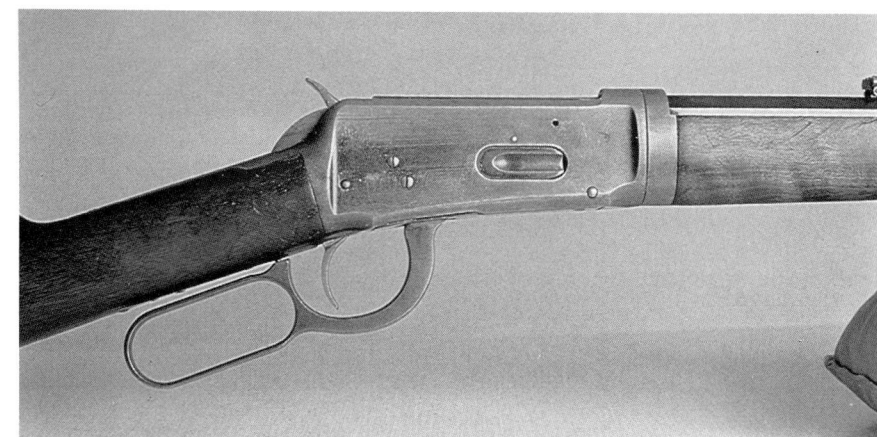

Rechte Systemkastenseite in der frühen Ausführung des Modells 94.

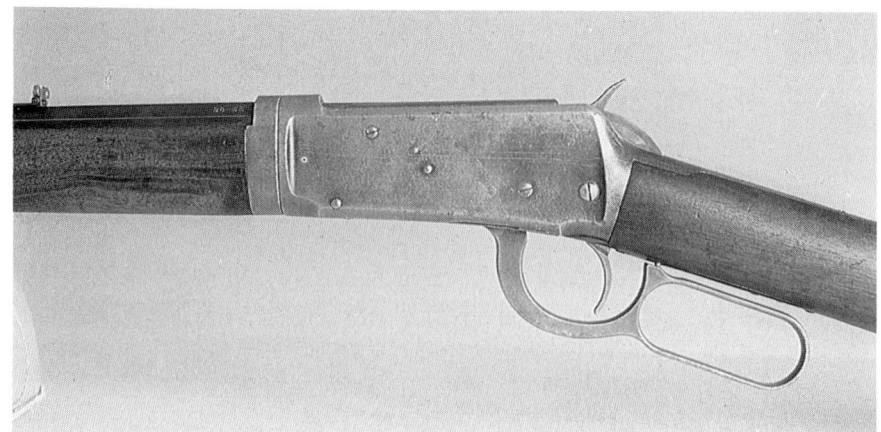

Linke Systemkastenseite in der frühen Ausführung des Modells 94.

44

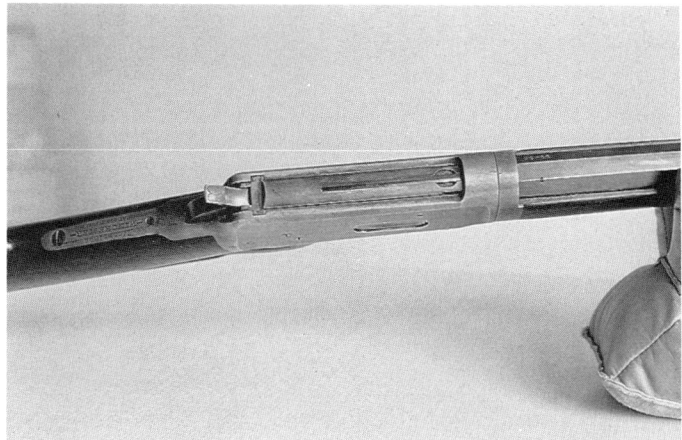

Blick von oben auf den Verschluß des Modells 94.

Blick von oben auf den geöffneten Verschluß der 94er Winchester.

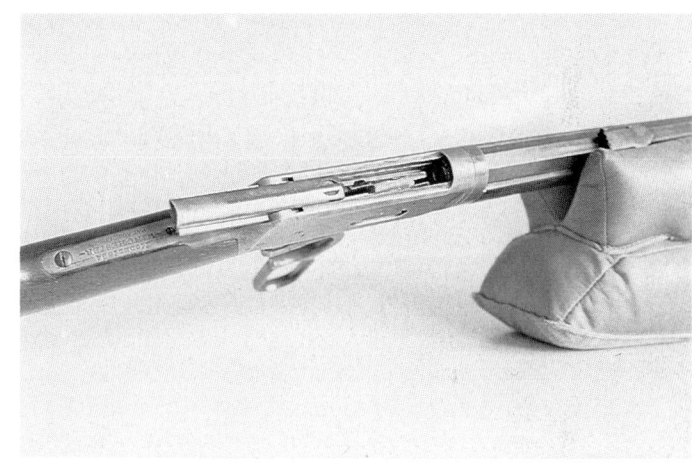

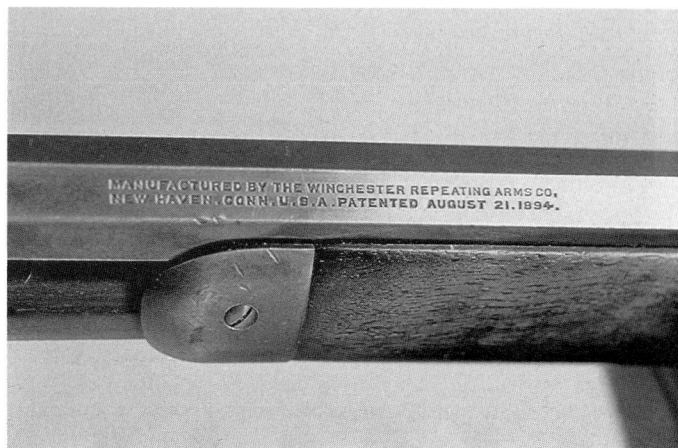

Laufbeschriftung des Modells 94 in der frühen Ausführung.

Beschriftung des Systemkastens auf der Verlängerung in den Kolbenhals.

mals 1895 auf. Im August 1895 wurde die erste Version für Nitromunition vorgestellt. Angeboten wurde die Winchester '94 in den beiden neuentwikkelten Kalibern .30—30 Win. und .25—35 Win. Im Jahre 1902 kam mit der .32 Win. Special eine weitere neue Nitropatrone dazu.

Gefertigt wurde das Modell 1894 wie seine Vorgänger in unzähligen Varianten. Die wichtigsten Grundtypen waren die Rifle-Ausführung in Standard und Fancy sowie die Carbine-Version. Aber auch Musketen und eine Light Weight Rifle waren zeitweilig im Programm. Es gab auch wieder wahlweise extrem lange und besonders kurze Läufe. Vertreten waren auch wieder die verschiedenen Laufformen vom Rundlauf bis zum Achtkantlauf. Wählen konnte man auch zwischen den verschiedenen Magazinformen. Neben den normalen bis zur Laufmündung reichenden Magazinen, die beim Karabiner sechs Patronen aufnehmen, gab es auch 1/2-Magazine und 2/3-Magazine. Bereits ab dem Jahr 1895 war wie auch bei den Vorläufermodellen eine Takedown-Ausführung im Programm. Die frühen Sporting Rifles hatten eine Standardlauflänge von 26″ (66 cm). Die von 1897 bis 1918 gefertigten Extra Light Weight Rifles konnte man wahlweise mit 22″ (56 cm) und 26″ (66 cm) langen runden Läufen bestellen. Die klassische Lauflänge für den Karabiner ist bis zum heutigen Tag bei 20″ (51 cm) geblieben.

Im Jahr 1936 wurde das Programm des Modells '94 gekürzt. Es gab für einige Zeit nur noch Karabiner in den Kalibern .30—30 Win. und .32 Win. Special. Die Patrone .25—35 Win. war gestrichen worden. In den Jahren von 1940 bis 1950 war die .25—35 Win. dann wieder vertreten.

Wie bereits ausgeführt, erreichte die Winchester '94 im Jahre 1927 die Grenze von 1 000 000. Die Waffe mit dieser Seriennummer erhielt Präsi-

46

dent Calvin Coolidge. Am 8. Mai 1948 wurde die 94er mit der Seriennummer 1 500 000 Präsident Harry S. Truman überreicht. 1953 wurde die Waffe mit der Seriennummer 2 000 000 Präsident Dwight Eisenhower geschenkt. Die Waffe mit der Nummer 2 500 000 wurde im Jahr 1961 hergestellt.

Ähnlich wie beim Bolt Action-Modell 70 kam das Jahr 1964 mit Produktionsumstellungen. Auch das Modell '94 mußte diesen neuen Voraussetzungen durch Konstruktionsänderungen angepaßt werden, allerdings sah man dies im äußeren Erscheinungsbild sehr wenig, anders als bei der Winchester 70. Die Waffen in der neueren Ausführung haben Seriennummern ab 2 700 000.

DIE JAHRE VON 1964 BIS 1978

In den 60er Jahren begann die große Zeit der Erinnerungsmodelle. Bei den Standardwaffen wurde 1967 das Revolverkaliber .44 Magnum ins Programm genommen. Auch geringfügige technische Änderungen folgten in den kommenden Jahren. Als Beispiel für den Zeitraum von 1964 bis 1978 betrachten wir das Angebot im Katalog des Jahres 1970. Den Standardkarabiner mit 20″ (51 cm) langem Lauf, einer Gesamtlänge von 96 cm und einem Gewicht von rund 2,94 kg gab es in den Kalibern .30−30 Win. und .32 Win. Spec. Das Magazin nimmt in diesen beiden Kalibern jeweils 6 Patronen auf. Mit gleicher Lauflänge, aber mit 10schüssigem Magazin gab es den Karabiner auch im Kaliber .44 Magnum. Eine weitere Ausführung des Ka-

Winchester Modell 94 im Kaliber .30−30 Win. mit 20″-Lauf. Es handelt sich um die typische Standard-Waffe.

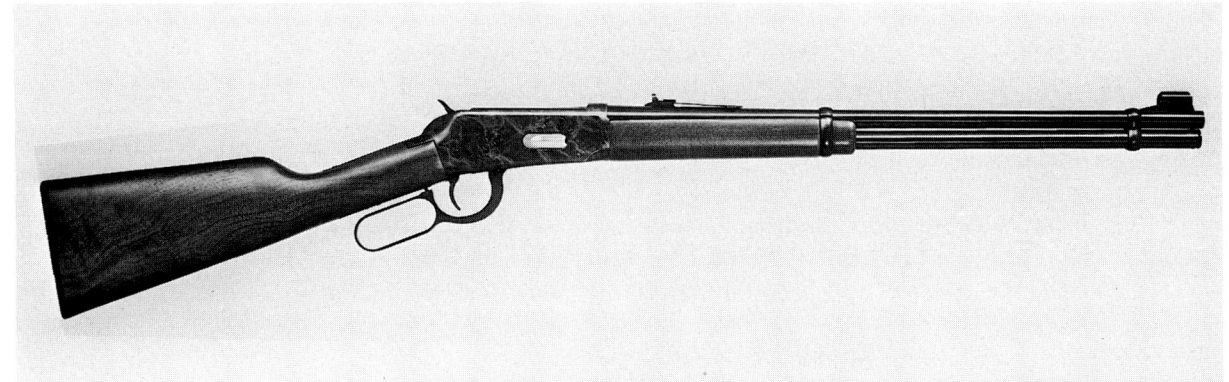

Die Winchester 94 »Antique« im Kaliber. .30—30 Win. hat die typische Karabinerform mit 20″ langem Lauf. Die Bezeichnung »Antique« bezieht sich auf den buntgehärteten Systemkasten mit kleinen Gravuren. Diese Ausführung erfreute sich in den 70er Jahren großer Beliebtheit.

rabiners wurde unter der Bezeichnung »Antique« im Kaliber .30—30 Win. angeboten. Das Modell '94 »Antique« hatte einen buntgehärteten Systemkasten und eine kleine Rollgravur. Für den Liebhaber feiner Lever Action-Büchsen gab es die »Classic«-Linie mit achtkantigen Läufen. Die Büchse hatte einen 26″ (66 cm) langen Lauf. Die Magazinkapazität betrug 8 Patronen. Der Karabiner in der »Classic«-Ausführung hatte einen 20″ (51 cm) langen Achtkantlauf. Das Magazin nahm die üblichen 6 Patronen auf. Erhältlich waren diese beiden Modelle nur im Kaliber .30—30 Win.

Es folgten Anfang der 70er Jahre weitere Programmkürzungen. 1974 gab es zum Beispiel nur noch den Standardkarabiner in .30—30 Win. und .44 Magnum sowie das Modell »Antique« in .30—30 Win. Dieses Angebot blieb unverändert bis zum Jahr 1978, als das Modell '94 im Kaliber .44 Magnum gestrichen wurde.

DAS JAHR 1979

Die beiden Karabiner »Standard« und »Antique« bekamen durch einen weiteren Karabiner im Kaliber .30—30 Win. Gesellschaft. Der dritte Karabiner hatte das neue XTR-Finish, was polierte Brünierung und Fischhaut an Vorderschaft und Kolbenhals bedeutete. Die eigentliche Neuheit des Jahres 1979 war die Vorstellung der Winchester '94 XTR »Big Bore« im neuen Kaliber .375 Win. mit 20″ (51 cm) langem Lauf. Für dieses Modell wurde der Systemkasten im hinteren Bereich verstärkt. Man versprach sich von der

In den Jahren 1978/79 wurde bei den meisten Winchester-Waffen das neue XTR-Finish eingeführt. Der 94er Karabiner in der XTR-Version hat an Vorderschaft und Pistolengriff sauber geschnittene Fischhaut.

.375 Win. eine Belebung des Geschäfts mit der Winchester '94. Es sollte damit zur oft kritisch betrachteten .30—30 Win. eine Alternative geschaffen werden.

DIE FRÜHEN 80ER JAHRE

Das Jahr 1980 brachte als weitere '94er Alternative das Modell »Trapper«, einen Karabiner im Kaliber .30—30 Win. mit nur 16″ (41 cm) langem Lauf. Die Jahre 1981 und 1982 brachten in der '94er Linie keine Veränderungen.

Das Modell »Trapper« ist eine besonders führige Ausführung des Modells 94 im Kaliber .30—30 Win.

Das Jahr 1983 brachte zunächst einen weiteren Karabiner mit einem großen Unterhebel im Kaliber .32 Win. Spec. und 16″ (41 cm) langem Lauf. Der Systemkasten hatte eine ansprechende Gravur, die Bezeichnung dieser Ausführung »Wrangler«.

Im Zeitalter der Zielfernrohre hatte die Winchester '94 mit ihrem Hülsenauswurf nach oben einen großen Nachteil. Es war nur sehr umständlich möglich, ein Zielfernrohr anzubringen. Noch interessanter wurde dieser Gesichtspunkt, wenn man sich die Waffen vom Mitbewerber Marlin ansah, wo der zielfernrohrfreundliche seitliche Hülsenauswurf seit vielen Jahren Standard war. So ging man 1983 bei Winchester dieses alte und auch bekannte Problem an. Geboren wurde das Modell XTR Angle Eject. Man fertigte zunächst das am Systemkasten verstärkte Modell »Big Bore« mit dem neuen seitlichen Auswurf im 1979 vorgestellten Kaliber .375 Win. sowie in zwei neuen Kalibern, der .307 Win. und der .356 Win. Alle drei Waffen hatten 20″-Läufe und Schäfte ohne Pistolengriff aber mit Monte-Carlo-Rücken. Ich muß zugeben, technisch ein richtiger Schritt, aber persönlich empfand ich den Monte-Carlo-Rücken als Stilbruch für eine '94er.

DER SEITLICHE AUSWURF SETZT SICH DURCH

Im Jahr 1984 stellte man dann die gesamte Linie des Modells '94 auf den neuen seitlichen Auswurf »Angle Eject«, kurz als »AE« bezeichnet, um. Das Programm sah nun wie folgt aus:

In den letzten Jahren wurde der Hülsenauswurf des 94er Modells umkonstruiert. Die neuen Gewehre werfen die Hülsen seitlich aus. Die neue zusätzliche Bezeichnung für diese Waffen lautet »Angle Eject« oder einfach abgekürzt »AE«. Die Abbildung zeigt das Modell »Trapper« in der AE-Version.

50

Es gab die aus dem Vorjahr bekannten Waffen in den Kalibern .375 Win., .307 Win. und .356 Win. mit den verstärkten Systemkästen. Vom Modell Standard '94 AE mit 20″ langem Lauf gab es vier Ausführungen in den Kalibern .30−30 Win., .44 Rem. Mag., .45 Colt und .444 Marlin.

Das Modell XTR '94 AE mit 20″-Lauf stand im Kaliber .30−30 Win. zur Verfügung. Mit 16″-Läufen gab es im Kaliber .38−55 die »Wrangler II« AE und das Modell »Trapper« AE im Kaliber .30−30 Win. Neu war auch eine Rifle-Version mit 24″ (61 cm) langem rundem Lauf im Kaliber 7×30 Waters.

Winchester 94 Angle Eject Wrangler II. Eigenart dieser Ausführung ist der große Unterhebel sowie die Gravuren auf dem Systemkasten.

Im Jahr 1985 wurde aus den '94er XTR Big Bore Modellen wieder eine Standardausführung ohne Fischhaut. Beim Modell »Trapper« kam das Kaliber .45 Colt neu ins Programm. Ferner kam eine Ranger-Version des Modells '94 AE im Kaliber .30−30 Win., die etwas einfacher und damit etwas preiswerter ist. Der 1984 ins Programm genommene Standardkarabiner in .444 Marlin und .45 Colt ist im Katalog des Jahres 1985 nicht mehr aufgeführt.

Das Jahr 1986 brachte eine weitere Ausführung des Modells »Trapper« AE, eingerichtet für das Kaliber .44 Rem. Mag. Den .44-Magnum-Karabiner mit 20″-Lauf gibt es im Katalog 1986 nicht mehr.

Im Katalog des Jahres 1987 tauchen wieder sehr interessante Neuheiten beim Modell '94 auf. Nachstehend wird ein Gesamtüberblick über die Fertigung im Jahre 1987 gegeben:

Das Modell XTR gibt es im Kaliber .30−30 Win. mit 20″-Lauf. Ebenso das Modell Standard im Kaliber .30−30 Win. Neu ist eine Deluxe-Ausfüh-

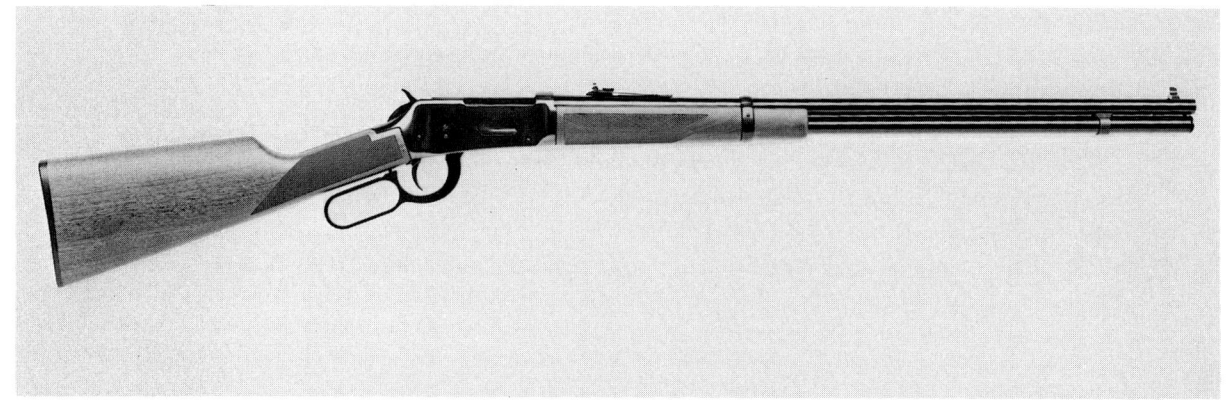

Winchester 94 AE im Kaliber 7 mm × 30 Waters.

Winchester 94 AE mit XTR-Finish.

Eine besonders preiswerte Version ist das Modell 94 Ranger.

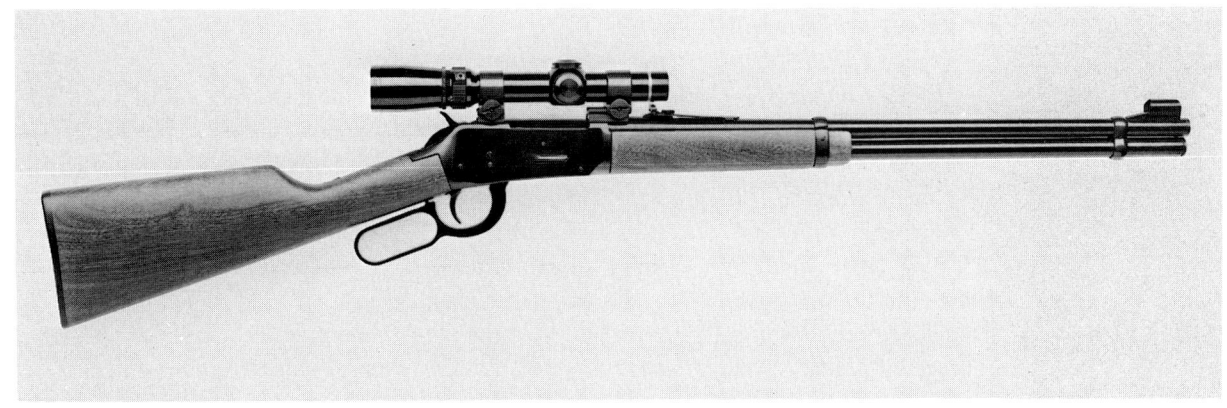

Der neue seitliche Hülsenauswurf erleichtert die Anbringung eines Zielfernrohres. Die Abbildung zeigt das Modell 94 Standard AE.

rung im Kaliber .30–30 Win. mit 20″-Lauf. Gutes Nußbaumholz und feine Fischhaut in klassischem Muster zeichnen dieses Modell aus. Mit dem Modell Win-Tuff gibt es im Kaliber .30–30 Win. mit 20″-Lauf eine Ausführung mit Schichtholzschaft, die ebenfalls 1987 neu ins Programm genommen wurde. Die XTR Rifle mit 24″-Lauf im Kaliber 7×30 Waters ist bereits aus den Vorjahren bekannt. Neu ist eine Standardrifle mit 24″-Lauf im Kaliber .30–30 Win. Das Modell »Trapper« mit seinem kurzen 16″-Lauf kann man in den Kalibern .30–30 Win., 45 Colt und .44. Rem. Mag. bekommen. Big Bore-Gewehre gibt es 1987 nur noch im Kaliber .307 Win. Ferner findet man im Katalog des Jahres 1987 auch die Ranger-Ausführung mit 20″-Lauf.

Winchester Modell 55

Winchester strich 1924 beim Modell '94 die zahlreichen Sondermodelle. Es kam zur Ergänzung des gekürzten Programms 1924 das Modell 55 auf den Markt. Ausgangsbasis ist das System '94. Geliefert wurde sowohl eine Normalausführung als auch eine Takedown-Ausführung. Die Lauflänge beträgt 24″ (61 cm). Das Magazin reichte nur bis zum Abschluß des Vorderschaftes und nahm drei Patronen auf. Angeboten wurden die Kaliber .30–30 Win., .25–35 Win. und .32 Win. Spec.

Ferner konnte man verschiedene Schaftausführungen bekommen. Bis zur Produktionseinstellung im Jahr 1932 wurden 20 580 Waffen des Modells 55 gefertigt.

Winchester Modell 64

Das Modell 64 kam 1933 als Nachfolgemodell für die Winchester 55 auf den Markt. Typisch für das Modell ist das Halbmagazin sowie der Schaft mit Pistolengriff. Das Halbmagazin nimmt fünf Patronen auf. Es gab die Sporting Rifle wahlweise mit 24″ und 20″ langen Läufen. Ebenso eine Deer Gun-Ausführung. Zunächst wurde das Modell 64 in den Kalibern .30−30 Win., .32 Win. Spec. und .25−35 Win. angeboten. In den Jahren 1938 bis 1941 gab es mit 26″-Lauf auch eine Sporting Rifle im Kaliber .219 Zipper. Bis zur Produktionseinstellung im Jahre 1957 wurden 66 783 Stück gefertigt. In den Jahren 1972 und 1973 gab es im Kaliber .30−30 Win. nochmals eine Neuauflage in einer Stückzahl von 8251. Das Modell 64 war eine typische Jagdausführung.

Winchester Modell 64. Halbmagazin und Pistolengriffschaft sind die typischen Merkmale dieses Gewehres.

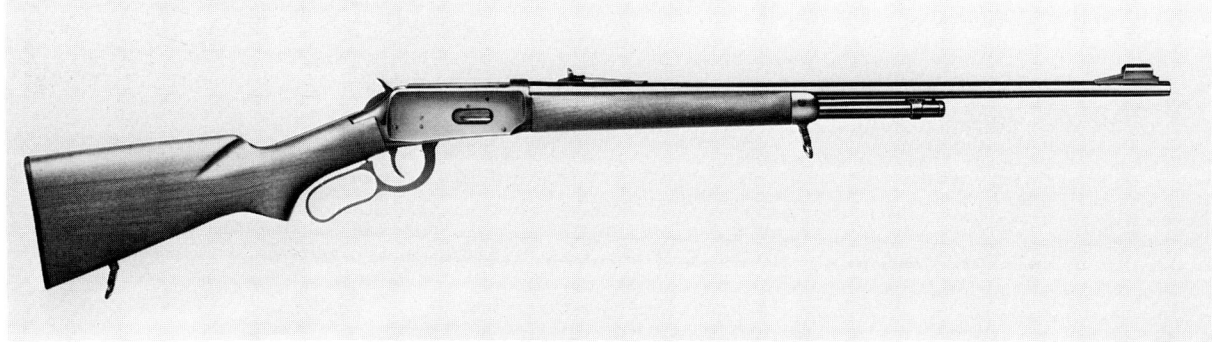

Winchester Modell 1895

Im Jahr 1892 hatten die Vereinigten Staaten das erste Dienstgewehr für die neuen mit rauchschwachen Pulvern geladenen Patronen relativ spät eingeführt. In Deutschland wurde dieser Schritt bereits 1888 mit dem Gewehr 88 und der Patrone 8×57 vollzogen. Die US-Streitkräfte erhielten das Krag-Jörgensen-Gewehr im Kaliber .30−40 Krag, das auch als .30 US Army bezeichnet wurde. Bei Winchester erkannte man die Probleme der Lever Action-Büchse mit Röhrenmagazin im Bezug auf die neuen aufkommenden Armeepatronen. Diese neuen Kaliber machten wesentlich stabilere Systeme

54

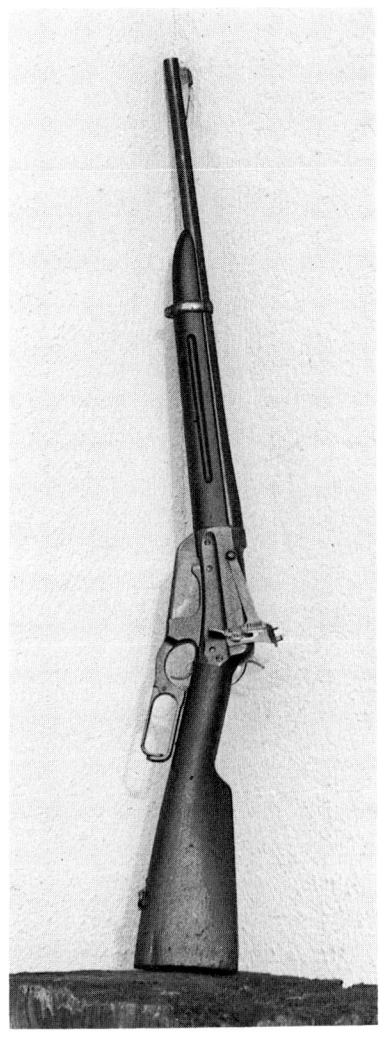

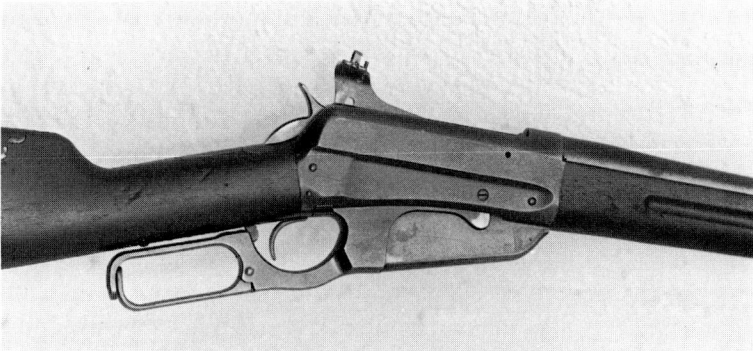

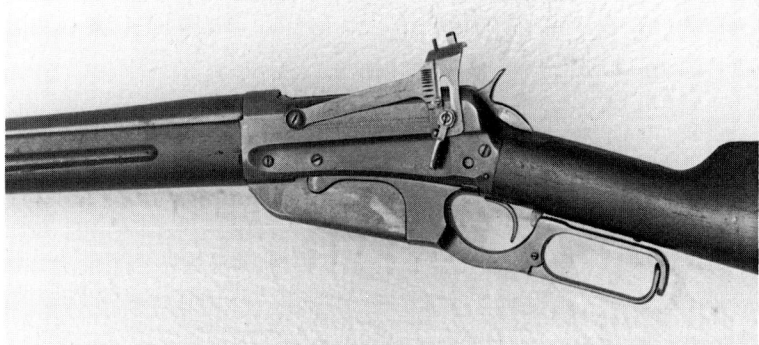

Links: Winchester Modell 95.

Oben: Systemkasten des Modells 95 von rechts.

Unten: Systemkasten des Modells 95 von links.

erforderlich. Ferner mußte für die mit spitzen Geschossen geladenen Patronen das Röhrenmagazin durch ein Kastenmagazin ersetzt werden. Winchester wollte mit der Entwicklung einer derartigen neuen Lever Action-Büchse sowohl die Streitkräfte als auch den Jagdwaffenmarkt erobern.

Mit der Problemlösung beauftragt wurde John M. Browning, der bereits mit großem Erfolg die Modelle 1886, 1892 und 1894 entworfen hatte. Nun, John M. Browning gelang die Lösung 1895, und am 5. November 1895 erhielt er das US-Patent Nummer 549.345, das an Winchester übertragen wurde. Augenfälligstes Merkmal der neuen Winchester 1895 war das nicht abnehmbare Kastenmagazin, das bei den meisten Kalibern für fünf Patronen eingerichtet war. Bei den frühen Waffen waren die Seitenflächen des Systemkastens noch flach und die Unterhebel hatten noch nicht die später typische geteilte Form. Das Modell 1895 war die teuerste Winchester-Büchse mit Lever Action-System.

Es gab zahlreiche Varianten, von der Muskete bis zur Sporting Rifle und dem beliebten Karabiner. Auch bei den Schaftformen gab es verschiedene Möglichkeiten, insbesondere zwischen geradem Schaft und Pistolengriff konnte man zeitweilig bei einigen Modellen wählen. Weiter wurden die verschiedenen Laufformen (Achtkant, Rundlauf und Halbachtkantlauf) verwendet. Die Lauflänge gab es teilweise bis zu 36″ (91 cm). Üblich waren Lauflängen im Bereich von 24″ (61 cm) und 26″ (66 cm). Bei den Musketenausführungen gab es Läufe im Bereich von 28″ (71 cm) und 30″ (76 cm). Die Lauflänge wurde natürlich auch unter Berücksichtigung des jeweiligen Kalibers ausgewählt.

Bis das Modell 1895 auf den Markt kam, wurde es 1896. Im Winchester-Programm blieb die '95er Waffe bis zum Jahr 1938. Bis zu diesem Zeitpunkt wurden rund 426 000 Stück hergestellt. In kleinen Mengen wurde das Modell 1895 auch von der Regierung für die Streitkräfte gekauft. Teilweise bewaffneten sich Spezialeinheiten auch mit diesem Modell. Vertreten war die Winchester '95 auch im Krieg zwischen Spanien und den USA auf Kuba 1898. Theodore Roosevelt verwendete eine Winchester '95 bei seinen Afrikasafaris. Die Geschichtsschreiber wissen zu berichten, daß auch andere Großwildjäger in Afrika die Winchester '95 schätzten. Verwendung fand das Modell 1895 auch bei den berühmten Texas Rangers. Den größten Auftrag für das Modell 1895 erhielt Winchester jedoch während des Ersten Weltkrieges aus Rußland. Es wurden insgesamt 293 816 Musketen für Rußland im Kaliber 7,62 Russian in den Jahren 1915 und 1916 hergestellt.

Vereinzelt sollen Waffen aus diesen Lieferungen sogar noch im Koreakrieg von Nordkoreanern geführt worden sein. Die Winchester '95 hat insgesamt betrachtet in ihrer nordamerikanischen Heimat vorwiegend auf dem Zivilmarkt Erfolg gehabt, weltweit gesehen hat sie aber durch die Rußlandlieferungen auch gleichgewichtig als Militärwaffe gedient. Die Kaliberauswahl spiegelt den Stand der Munitionsentwicklung kurz vor und kurz nach der Jahrhundertwende.

Kaliber	Einführungsjahr
.30–40 Krag (.30 US Army)	1896
.38–72 Winchester	1896
.40–72 Winchester	1896
.303 British	1898
.35 Winchester	1903
.405 Winchester	1904
.30–03	1905
.30–06	1908
7,62 Russian	1915
.236 Navy	war angekündigt, wurde aber nicht eingeführt

Winchester Modell 88

Im Jahr 1955 brachte man die einzige nach dem Zweiten Weltkrieg im Winchester-Programm grundlegend neue Lever Action-Zentralfeuerbüchse auf den Markt, das Modell 88. Technisch betrachtet war das Hauptmerkmal dieses für moderne Patronen ausgelegten Repetierers das herausnehmbare Steckmagazin, das System ohne außenliegenden Hahn sowie der einteilige Schaft mit Pistolengriff. Die Fischhautmuster des Schaftes wechselten im

Moderne Lever-Action-Büchse von Winchester mit Steckmagazin. Es handelt sich um die heute nicht mehr gefertigte 88er Büchse.

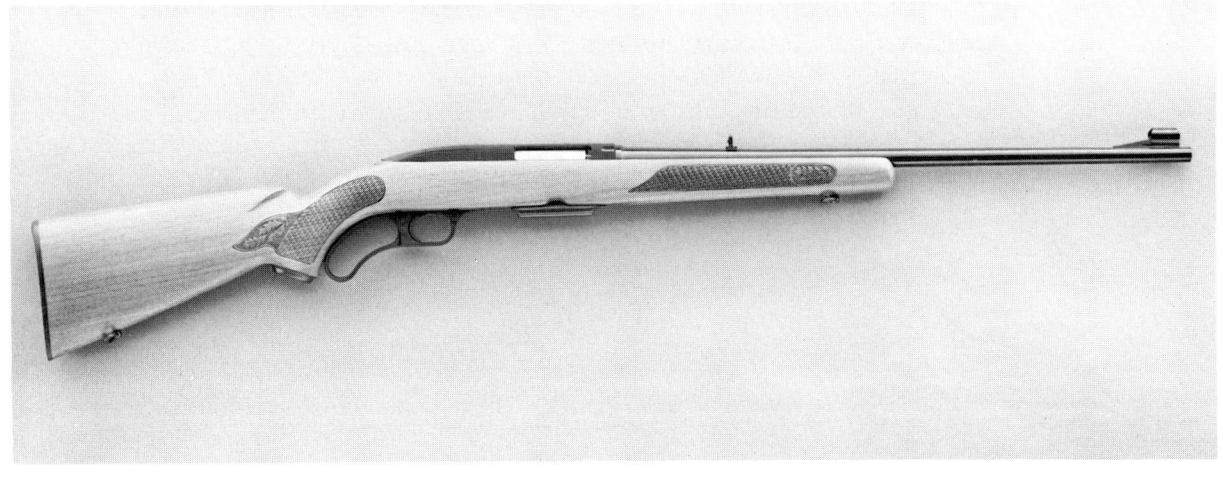

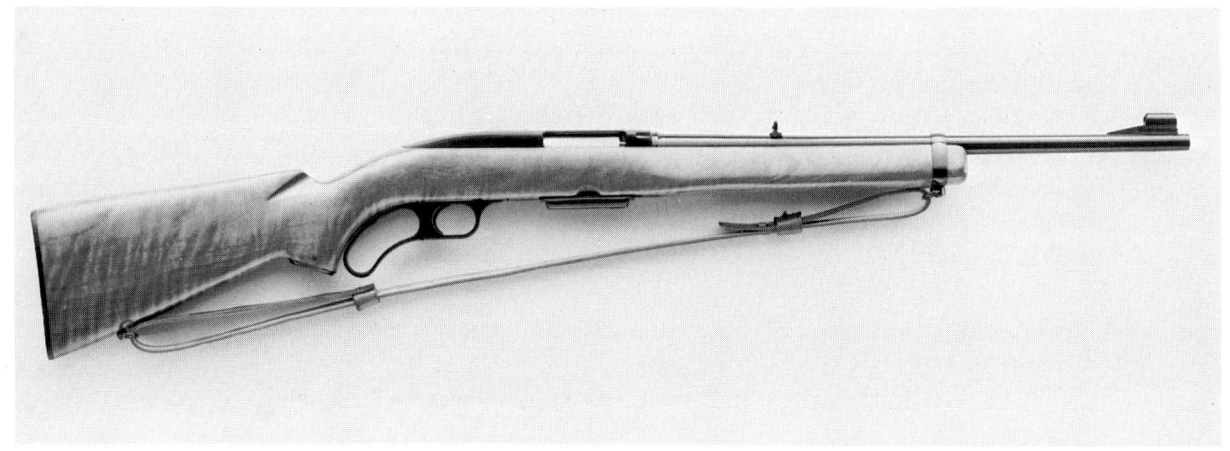

Lever Action Modell 88 in der Carbine-Version.

Laufe der Jahre öfters. Der Hülsenauswurf erfolgt seitlich und der System-kasten ist für die Aufnahme eines Zielfernrohres vorgearbeitet. Zunächst gab es 1955 eine Büchsenversion mit 22″ (56 cm) langem Lauf. Das Maga-zin faßte vier Patronen des Kalibers .308 Win. Im Jahre 1956 wurden kurz-fristig auch Magazine für fünf Patronen angeboten. Ebenfalls 1956 wurden die beiden Kaliber .243 Win. und .358 Win. für das Modell 88 übernom-men. Allerdings verschwand die .358 Win. bereits wieder 1962. Ab 1963 wurde das Modell 88 auch für die Patrone .284 Win. eingerichtet, die Maga-zine nehmen bei der .284 Win. jedoch nur drei Patronen auf.

Die Karabinerausführung kam mit 19″ (48 cm) langem Lauf im Jahr 1968 ins Programm. Angeboten wurde dieses handliche Gewehr in den Kalibern .243 Win., .284 Win. und .308 Win. Ab dem Jahr 1971 wurde das Kaliber .284 Win. beim Karabiner aus dem Programm gestrichen. Im letzten Jahr der Fertigung 1973 wurden nur noch die Kaliber .243 Win. und .308 Win. angeboten. Insgesamt wurden in der Zeit von 1955 bis 1973 rund 284 000 Waffen des Modells 88 gefertigt.

Winchester Bolt Action Rifles (Zentralfeuer)

Wie die vorstehenden Kapitel ausführlich verdeutlichen, wurde der Name Winchester mit Lever Action-Gewehren berühmt. Heute, 1987, gehört mit dem Modell 70 auch eine Zylinderverschlußbüchse zu den erfolgreichsten Winchester-Waffen. Nur wenige Waffenfreunde wissen, daß Winchester bereits 1879 mit der Fertigung einer Büchse mit Zylinderverschluß begann.

Winchester 1883 (Hotchkiss Repeater)

Im Jahr 1876 wurde ein von Benjamin B. Hotchkiss entwickeltes Repetiergewehr erstmals der Öffentlichkeit vorgestellt. Winchester erwarb 1877 von Hotchkiss die Herstellungs- und Vertriebsrechte. Es folgten dann noch einige Verbesserungen seitens Winchester und im Jahr 1879 konnte dann das Modell Hotchkiss Magazine Gun in die Fertigung gehen. Die frühe Ausführung wurde bis 1880 hergestellt. Von ihr wurden etwa 6000 Stück gefertigt. Es folgten dann weitere Verbesserungen zu einer zweiten Version, die in den Jahren von 1880 bis 1883 in einer Stückzahl von etwa 16 000 Waffen gefertigt wurde. Es folgte 1883 eine weitere Änderung. Wichtigstes Erkennungsmerkmal für diese späte Ausführung, die als Modell 1883 bezeichnet wird, ist der zweiteilige Schaft. Die beiden ersten Varianten haben einen einteiligen Schaft. Die Fertigung der Ausführung mit zweiteiligem Schaft belief sich auf etwa 62 000 Stück. Die Fertigung wurde 1899 eingestellt.

Technisch gesehen handelt es sich um einen Repetierer mit Zylinderverschluß und Röhrenmagazin. Eingerichtet wurde das Modell 1883 für die amerikanische Armeepatrone .45−70. Das Magazin nahm sechs Patronen auf.

Vom Modell 1883 gab es verschiedene Ausführungen. Die Sporting Rifle mit 26″ (66 cm) langem Lauf konnte man sowohl mit rundem als auch mit achtkantigem Lauf bekommen. Ferner gab es auch eine Version mit Halbachtkantlauf. Der Karabiner hatte ursprünglich einen runden, 24″ (61 cm) langen Lauf. Später war auch ab 1884 eine Carbine-Version mit 22¹/₂″ (57 cm) langem Lauf erhältlich. Die Muskete hatte einen 32″ (81 cm) langen Lauf. Ab dem Jahr 1884 gab es die Muskete mit einem 28″ (71 cm) langen Lauf.

Das Hotchkiss-Gewehr war jedoch nicht das einzige Repetiergewehr dieser Art. In Europa gab es bereits zahlreiche Entwicklungen auf diesem Gebiet. Aus deutscher Sicht muß man das Hotchkiss-Gewehr mit dem Modell Mauser 71/84 vergleichen, das für eine 11-mm-Schwarzpulverpatrone eingerichtet war (Patrone M/71 mit Zündhütchen und Geschossen 71/84). Das Modell 71/84 von Mauser verfügte über ein achtschüssiges Röhrenmagazin.

Lee Straight Pull Rifle

Mit dem Modell Lee Straight Pull Rifle begegnen wir einer der seltensten Winchester-Büchsen. Gleichzeitig ist dieses Modell sowohl aus technischer als auch aus geschichtlicher Sicht besonders interessant.

Entwickelt wurde das Modell Lee Straight Pull Rifle von James Paris Lee, einem gebürtigen Schotten. Lee wuchs in Kanada auf und war in der Waffenszene kein Unbekannter. Bereits während des amerikanischen Bürgerkrieges hatte er sich mit der Waffenherstellung, allerdings etwas glücklos, beschäftigt. Lee entwickelte danach weitere Modelle und hatte damit auch Erfolg. Insbesondere seine Entwicklung auf dem Gebiet des Kastenmagazins war interessant. Hier verlief die Entwicklung mit Mannlicher und Mauser in Europa etwa parallel.

Zu Beginn der 90er Jahre entwickelte Lee eine neue Waffe mit einem Geradezugverschluß. Er erhielt dafür verschiedene Patente. Die Herstellungsrechte verkaufte er 1895 an Winchester. Der Firma Winchester gelang es, einen Regierungsauftrag über 15 000 Gewehre dieses Typs für die Navy zu bekommen. Daher kommen die auch verwendeten Bezeichnungen »Lee Navy Straight Pull Rifle« und »Winchester Lee Navy«.

Technisch interessantes Konstruktionsmerkmal ist der Geradezugverschluß (Straight Pull). Das Magazin der Winchester Lee Navy kann man mit dem Mannlicher-Magazin vergleichen. Der Magazinkasten ist nach unten offen, dadurch konnte der Ladestreifen nach unten herausfallen. Jagdwaffen wurden aber auch mit geschlossenem Magazin gefertigt. Gefertigt wurde das Modell Winchester Lee Navy bis kurz vor dem Ersten Weltkrieg. Die Stückzahl betrug rund 20 000, wobei etwa 1700 Jagdbüchsen waren.

Die für die Navy gefertigte Muskete hatte einen 28″ (71 cm) langen Lauf. Die Sporting Rifle verfügte über einen 24″ (61 cm) langen Lauf und wurde ab 1897 ins Programm genommen. Das Magazin nahm 5 Patronen des Kalibers 6 mm Lee Navy (.236 Navy) auf. Damit wären wir beim zweiten sehr interessanten Gesichtspunkt, dem für dieses Gewehr entwickelten Kaliber 6 mm Lee Navy.

Die 6 mm Lee Navy ist eine der ersten kleinkalibrigen Büchsenpatronen mit Nitropulver. Sie ist ihrer Zeit weit voraus, denn das Zeitalter der Hochgeschwindigkeitspatronen begann richtig erst zwischen den beiden Weltkriegen. Interessant ist in diesem Zusammenhang, daß man auch in Europa mit derartig kleinen Kalibern Erprobungen durchführte, sich aber dann doch zu Kalibern im Bereich von 6,5 mm bis 8 mm durchrang. Ein großer Erfolg wurde auf dem zivilen Markt die 6 mm Lee Navy nicht, denn die Zeit war für eine derartige Patrone noch nicht reif, insbesondere fehlten noch optimale langsame Nitropulver, die für eine solche Patrone Voraussetzung sind. Später diente die Patrone 6 mm Lee Navy als Vorbild für die 1935 eingeführte .220 Swift. Auch die .243 Winchester kann als entfernte Weiterentwicklung der 6 mm Lee Navy angesehen werden.

Die Winchester Lee Navy wurde bei der Marine von verschiedenen Einheiten eingesetzt. Soweit bekannt ist, war auch die Besatzung des 1898 im Hafen von Havanna gesunkenen Panzerkreuzers »Maine« mit Lee Navy-Gewehren ausgerüstet. Verwendet wurde dieses Modell auch bei den Kämpfen auf Kuba im Krieg gegen Spanien. Zur Zeit der Winchester Lee Navy-Waffe verwendete man in Deutschland das Gewehr 1888 im Kaliber 8×57. Noch während der Zeit des Lee Navy-Gewehres wechselte man 1898 in Deutschland zum System Mauser 98. Die Amerikaner gingen ihren Weg dann weiter zum Modell Springfield 1903, das seine Ähnlichkeit zum Mauser 98 nicht leugnen kann.

Bedingt durch die überwiegend militärische Verwendung sowie die kleine Stückzahl gehört das Modell Winchester Lee Navy heute zu den Winchester-Raritäten.

Winchester Modell 54

Mit dem Modell 54 begann in der Winchester-Geschichte ein neuer Abschnitt in der Waffenfertigung. Das Modell 54 war für Winchester der Einstieg in den Bereich der modernen Jagdbüchse mit Zylinderverschluß. Verbunden mit der Konstruktion des neuen Waffenmodells war auch die Entwicklung einer neuen, leistungsstarken Patrone. Es entstand die noch heute beliebte .270 Winchester.

Das System Winchester 54 entstand unter dem Einfluß der Militärsysteme Mauser 98 und Springfield '03. Von diesen beiden Konstruktionen sind zahlreiche Merkmale beim Modell 54, das als unmittelbarer Vorläufer des heute noch gefertigten Modells 70 anzusehen ist, zu finden. Typisch nach Mauserart ist insbesondere die Verriegelung mit zwei kräftigen Warzen am Kammerkopf sowie der lange seitliche, die Drehbewegung des Verschlußzylinders nicht mitmachende Auszieher. Der Kammerstengel ist leicht nach hinten abgewinkelt. Die Sicherung sitzt auf dem Schlößchen. Die Systemhülse ist auf der Unterseite kantig und hat auf der vorderen Unterseite eine kräftige Rückstoßplatte, die die Rückstoßkräfte auf den Schaft übertragen hilft. Auch diese Bauweise erinnert an das System Mauser 98. Das fünf Patronen fassende Kastenmagazin ist nach unten geschlossen.

Zu Beginn der 30er Jahre wurde der Schlagbolzenweg verkürzt. Diese als »Speed Lock« bezeichnete Konstruktion bewirkte etwa eine Halbierung des Schlagbolzenweges, was zu einer entsprechenden Verkürzung der Zündverzugszeit führte. Das Modell 54 wurde in den verschiedensten Ausführungen und Kalibern bis zum Jahr 1936 gefertigt. Hergestellt wurden rund 50 100 Waffen des Modells 54. Zahlreiche Merkmale des Modells 54 wurden für das neue verbesserte Nachfolgemodell, die Winchester 70, übernommen.

Im Jahr 1925 vorgestellt wurde das Modell 54 in der Standard-Rifle-Ausführung mit 24″ (61 cm) langem Lauf in den Kalibern .30−06 und .270 Win. Es folgte 1927 die Carbine-Ausführung mit 20″ (51 cm) langem Lauf. Ab 1934 gab es auch die Standard-Rifle wahlweise mit einem 20″-Lauf. 1929 wurde eine Sniper-Rifle auf der Basis des Modells 54 vorgestellt. Ausgerüstet wurde dieses Modell mit einem 26″ (66 cm) langen schweren Matchlauf. Es folgte 1931 die NRA Rifle mit 24″-Lauf. Mit dem Modell Super Grade wurde 1934 eine Luxus-Ausführung der Rifle (24″-Lauf) ins Programm genommen. Kurz vor dem Ende des Modells 54 folgten 1935 die Varianten Target Rifle und National Match Rifle, die beide mit 24″ (61 cm) langen Läufen ausgestattet waren. Das Target-Modell hatte einen besonders schweren Matchlauf. Soweit es sich um Waffen im Kaliber .220 Swift, das 1935 eingeführt wurde, handelt, sind alle Läufe 26″ (66 cm) lang. Zu den anfänglichen Kalibern kamen im Laufe der rund 11 Fertigungsjahre fast alle damals gängigen Standardbüchsenkaliber dazu.

Das Modell 54 wurde in folgenden Kalibern gefertigt:

Kaliber	Jahr der Einführung
.270 Win.	1925
.30−06	1925
.30−30 Win.	1928
7×57 (7 mm Mauser)	1930
7,65 Arg.	1930
9×57 (9 mm Mauser)	1930
.250−3000 Savage	1931
.22 Hornet	1933
.220 Swift	1935
.257 Roberts	1935

Wenn man die Zeit zwischen den beiden Weltkriegen, in der das Modell 54 gefertigt wurde, aus europäischer Sicht betrachtet, so hatte das Modell 54 gegen die bei uns heimischen Mauser- und Mannlicher-Waffen kaum eine Verbreitungschance.

Winchester Modell 43

Unter den Bolt Action-Waffen von Winchester ist das Modell 43 wohl am wenigsten bekannt. Die Pläne für die Entwicklung eines Repetierers mit Steckmagazin für die kleineren Zentralfeuerpatronen, wie zum Beispiel .22 Hornet, gehen zurück in das Jahr 1944. Es dauerte dann noch fast fünf Jahre bis das Modell 43 im Jahr 1949 in den Handel kam. Erhältlich war eine Rifle-Ausführung mit 24" (61 cm) langem Lauf sowie eine Special Rifle mit besserem, mit Fischhaut versehenen Schaft und einer anderen Visierung. Das herausnehmbare Magazin nimmt in den Kalibern .218 Bee, .22 Hornet und .25−20 Win. drei Patronen auf. Im Kaliber .32−20 Win. handelt es sich um ein zweischüssiges Magazin. Der Verschlußzylinder des Modells 43 ist relativ einfach gehalten und in seiner Konstruktion den kleinen Kalibern dieses Modells angepaßt. Die Verriegelung erfolgt durch zwei Warzen auf der Höhe des Kammerstengels, wobei die rechte Warze praktisch der Ansatz für den Kammerstengel ist. Eine weitere Eigenheit sind die beidseitig am Kammerkopf angeordneten Auszieher.

Das Modell 43 wurde in erster Linie für die Jagd auf Raubzeug verwendet. Insbesondere in den beiden .22er Kalibern .218 Bee und .22 Hornet handelt es sich auch um eine gute Varmint-Büchse.

Preislich war das Modell 43 im mittleren Bereich angesiedelt und sollte das Modell 70 nach unten ergänzen. Hergestellt wurden bis 1957 rund 62 000 Stück.

Winchester Modell 70

Die Winchester 70 gehört zu den klassischen Zylinderverschlußbüchsen (Bolt Action). Sicherlich steht sie an Berühmtheit den Lever Action-Modellen etwas nach. Schließlich haben die Unterhebelrepetierer vom Modell 1866 bis zum Modell 1895 in zahlreichen Western Dienst getan und damit ein breites, auch mit Waffen nicht direkt befaßtes Publikum erreicht.

Unter den Waffenkennern genießt die Winchester 70 jedoch einen legendären Ruf. »The Rifleman's Rifle«, so nennen die erfahrenen Jäger von den schneebedeckten Bergen Alaskas bis zu den heißen Steppen Afrikas ihre 70er Büchsen. Ein halbes Jahrhundert dauert nun schon der Siegeszug dieser Büchse an. Trotz mancher Tiefen, die die zurückliegenden 50 Jahre auch brachten, die 70er ist im Jubiläumsjahr 1987 so beliebt, wie zu ihren glanzvollen Zeiten vor dem Schicksalsjahr 1964, auf das in aller Ausführlichkeit noch eingegangen werden muß.

Der Autor mit einer Winchester 70 »Featherweight« im Kaliber .257 Roberts.

64

Die Geschichte bis 1964

Erste Erfahrungen mit Zylinderverschluß-Systemen hatte man bei Winchester bereits mit Militärgewehren gesammelt. 1925 stellte man mit dem Modell 54 die erste moderne Zentralfeuer-Jagdbüchse mit Bolt Action-Verschluß im Winchester-Programm vor. Mitte der dreißiger Jahre plante man das Nachfolgemodell für die Winchester 54. Es dauerte dann bis Ende 1936/Anfang 1937 bis diese Pläne mit dem neuen Modell 70 Realität wurden.

Was man 1937 den Schützen und Jägern als Winchester 70 vorstellte, war eine robuste, für moderne Büchsenpatronen ausgelegte Repetierbüchse mit Zylinderverschluß, bei dem offensichtlich das System Mauser 98 Pate gestanden hatte. Die Verriegelung erfolgte mittels zweier kräftiger Warzen am Kammerkopf. Vorhanden war auch der seitlich angeordnete lange Auszieher nach Mauserart. Flintenabzug, Kastenmagazin und einteiliger Schaft waren weitere grundlegende technische Details.

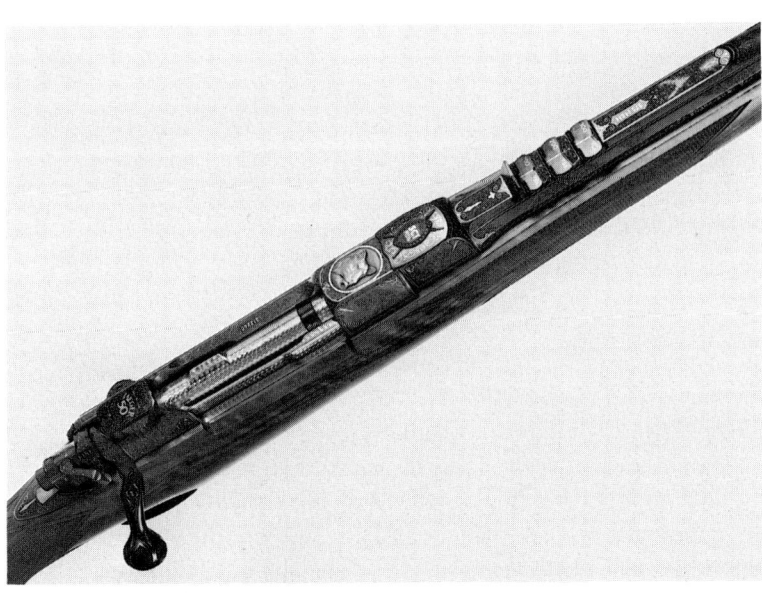

Blick auf ein System Winchester 70 pre-64. Es handelt sich um die für den SCI 1984 gefertigte Löwenbüchse. Hauptmerkmal des Systems nach pre-64er Machart ist der seitliche lange Auszieher nach Mauserart.

Bereits im Jahr der Vorstellung gab es eine breite Kaliberauswahl, die auch einige metrische Kaliber berücksichtigte. Folgende Kaliber hatte man 1937 im Programm: .22 Hornet, .220 Swift, .250−3000 Savage, .257 Roberts, .270 Winchester, 7×57 (7 mm Mauser), .30−06, .300 H&H Mag., 7,65 Arg., 9×57 und .375 H&H Mag. Die beiden Kaliber 7,65 Arg. und

9×57 wurden bereits im ersten Jahr wieder aufgegeben, was heute die Ur-sache dafür ist, daß eine Winchester 70 in einem dieser beiden Kaliber zu den ganz großen Raritäten zählt.

Vielfältig war auch die Auswahl an Modellvarianten. Das Modell Standard Grade gab es mit 24″ (61 cm) langen Läufen. In den beiden besonders rasanten Kalibern .220 Swift und .300 H&H Mag. betrug die Lauflänge 26″ (66 cm). Beim Kaliber .375 H&H Mag. wurde später auch die Lauflänge von 25″ (63,5 cm) verwendet. Neben dem Standard-Modell gab es auch eine Super Grade-Version, die sich durch einen Schaft aus besserem Nußbaum-holz von der normalen Ausführung unterschied. In den Kalibern .22 Hor-net, .250−3000 Savage, .257 Roberts, .270 Win., 7×57 und .30−06 gab es auch eine Carbine-Ausführung mit 20″ (51 cm) langen Läufen. Die Ausstat-tung der Carbine-Modelle entsprach der der Standard-Gewehre.

Das Modell 70 war jedoch nicht nur als Jagdgewehr entwickelt worden. Bereits im Erscheinungsjahr 1937 bot man den Sportschützen drei Schei-bengewehre an. Das Modell National Match konnte man mit 24″ (61 cm) langem Lauf im Kaliber .30−06 bekommen. Am umfangreichsten war die Kaliberauswahl bei der Target Rifle, die es mit Ausnahme des Kalibers .375 H&H Mag. in den Kalibern der Standard Grade Jagdbüchse gab. Ausgerü-stet war die Target Rifle mit einem schweren 24″ (61 cm) langen Lauf. Bei den beiden Kalibern .220 Swift und .300 H&H Mag. wählte man auch bei diesem Modell die Lauflänge von 26″ (66 cm). In den beiden nur kurzfristig im Programm befindlichen Kalibern 7,65 Arg. und 9×57 sind keine Target Rifles bekannt.

Als superpräzise Matchbüchse wurde in den Kalibern .30−06 und .300 H&H Mag. mit 28″ (71 cm) langen Läufen die Ausführung Bull Gun gelie-fert.

Mit drei Jagdgewehrmodellen und drei Scheibenbüchsen startete man das Modell 70 und bot damit für fast jeden erdenklichen Verwendungszweck eine Spezialwaffe an. Sicherlich ist die Modellvielfalt, die bis heute ein Mar-kenzeichen für die 70er-Serie ist, einer der Gründe für den riesigen Erfolg.

Im Jahre 1941 ergänzte man die Kaliberauswahl um das Kaliber .35 Rem. Es zeichnete sich jedoch bereits durch den Zweiten Weltkrieg ein erster Rückschlag für den gesamten zivilen Waffenbau ab. 1942 mußte man in New Haven bei Winchester die Produktion der Jagdbüchsen einstellen und ganz auf Kriegsmaterial umstellen. Die Seriennummern der ersten Fertigungsperiode von 1937 bis 1942 reichen bis etwa 80 000.

Im Jahr 1947 nahm man die Produktion des Modells 70 wieder auf. Man fertigte bei den Jagdbüchsen wieder die Standard Grade-Ausführung sowie die Super Grade-Version. Die Kaliberpalette umfaßte die Kaliber: .22 Hor-net, .220 Swift, .257 Roberts, .270 Win., .30−06, .300 H&H Mag. und .375

H&H Mag. Gegenüber der Auswahl des Jahres 1942 waren damit die Kaliber .250−3000 Savage, 7×57 und .35 Rem. nicht mehr vertreten.

Bei den Sportgewehren bot man im ersten Jahr der Wiederaufnahme der Produktion im Kaliber .30−06 mit 24″ (61 cm) langem Lauf die National Match-Version wieder an. Ein Jahr später, 1948, kamen dann auch wieder die Modelle Heavy Barrel Target Rifle und Bull Gun. Die Target Rifle wurde in den Kalibern .220 Swift, .257 Roberts, .270 Win. und .30−06 angeboten. Die Bull Gun-Version gab es wie vor dem Zweiten Weltkrieg in den Kalibern .30−06 und .300 H&H Mag.

Diese Sortimentsgestaltung blieb bis etwa zum Jahre 1952. Der Seriennummernbereich liegt für die Waffen der Jahre 1947 bis 1954 im Bereich von 80 000 bis 350 000.

Mit dem Erscheinen des Modells 70 Featherweight im Jahre 1952 sowie der Einführung des Monte Carlo-Schaftes neben dem bis dahin bekannten Schaft mit geradem Rücken begann die dritte und letzte Phase in der Geschichte des Modells 70 pre 64er-Ausführung. In der Folge erlebten einige neue Winchester-Patronenentwicklungen ihre Vorstellung zusammen mit dem Modell 70.

Bereits 1952 hatte man die neue NATO-Patrone, die in ihrer zivilen Ausführung .308 Win. heißt, in die 70er-Linie genommen. Auf dieser Hülse aufbauend und durch zahlreiche Wildcat-Patronen angeregt gab es ab 1955 die Patrone .243 Win. Im gleichen Jahr und ebenfalls auf der Hülse der .308 Win. basierend kam die besonders für kurze Distanzen geeignete .358 Win. ins Programm.

Mit dem Modell Varmint im Kaliber .243 Win. wurde erstmals eine spezielle Büchse für die in Nordamerika beliebte Varmint-Jagd ins 70er-Programm genommen. Für die dabei erforderlichen präzisen Schüsse auf weite Entfernungen war das Varmint-Modell mit einem schweren 26″ (66 cm) langen Lauf ausgerüstet.

Gleich eine ganze Serie von Magnum-Patronen stellte Winchester von Ende der 50er bis Anfang der 60er Jahre zusammen mit dem Modell 70 vor. Allen vier Magnum-Patronen ist gemeinsam, daß ihre Hülsenlänge für die Verwendung in Standard-Systemen (Länge der .30−06) ausgelegt ist.

Den Anfang machte man 1956 mit der Super Grade »African« im Kaliber .458 Win. Mag. Ausgerüstet war die »African« mit einem 25″ (63,5 cm) langen Lauf. Die .458 Win. Mag. wurde auf Anregung von John Olin entwickelt. Winchester brach mit diesem Kaliber in eine bis dahin von den englischen Großwildkalibern beherrschtes Gebiet ein und setzte innerhalb weniger Jahre damit einen Meilenstein in der Großwildpatronenszene.

Ende der 50er Jahre/Anfang der 60er Jahre wurden auf der Basis der .458-Win.-Mag.-Hülse die beiden Kaliber .264 Win. Mag. und .338 Win.

Mag. entwickelt. Die .264 Win. Mag., eine extrem leistungsstarke 6,5 mm-Patrone, wurde mit dem Modell 70 »Westerner« vorgestellt. Die 70er im Kaliber .338 Win. Mag. führte die Bezeichnung »Alaskan«. Abgeschlossen wurde die Serie der Winchester-Magnums 1963 mit dem Kaliber .300 Win. Mag.

Mit dem Beginn der 60er Jahre hatte man in New Haven mit dem Modell 70 Probleme. Diese Probleme waren weniger technischer Natur, als vielmehr stimmte die wirtschaftliche Seite nicht mehr richtig. Nicht ohne Grund galt seit 1937 die Bezeichnung »The Rifleman's Rifle«. Die 70er pre-64 war eine aus besten Materialien gefertigte Waffe mit einem äußerst aufwendigen Fertigungsverfahren. Nur einen Haken hatte der Ruhm der 70er Büchse. So wie die Winchester 70 um 1960 mit einer Vielzahl von Kalibern und Modellen vorlag, verursachte sie zu hohe Produktionskosten. Um auch in der Zukunft große Stückzahlen verkaufen zu können, mußte man die Produktion umstellen. Der Markt gab für bestimmte Stückzahlen eben nur einen begrenzten Preis her. So war es nach 27 Jahren im Jahre 1964 soweit, die klassische 70er mit dem seitlichen langen Auszieher nach Mauserart, dies ist das augenfälligste Merkmal dieser Systeme, gehörte künftig der Vergangenheit an und wird ab diesem Zeitpunkt als Winchester 70 pre-64 bezeichnet.

Das Schicksalsjahr 1964

Was man nach der Konstruktionsänderung vorlegte, gab gemessen an den pre-64er-Waffen wenig Anlaß zum Jubel. Zwar blieben die zwei Verriegelungswarzen am Kammerkopf, das Kastenmagazin, die Dreistellungssicherung und der Flintenabzug erhalten, aber der so beliebte seitliche Auszieher wurde der Produktionsvereinfachung geopfert. Der Auszieher hatte nun seinen Platz in der rechten Verriegelungswarze gefunden. Nun allein betrachtet könnte man sich über diese Konstruktionsänderungen noch streiten, aber die Ausstattung hinsichtlich Schaft und Finish stellte den Tiefpunkt in der 50jährigen Geschichte dar. Sicherlich gehörte auch die post-64 Winchester 70 bereits 1964 zu den soliden Jagdbüchsen, aber mit dem einstigen Glanz der frühen 70er konnte sie in keinen ernsten Wettbewerb treten. Einfache Schäfte mit gepreßter Fischhaut, einfaches Finish der Metallteile usw. waren die Zugeständnisse zum Erreichen des angestrebten Verkaufspreises.

Die Modellvielfalt blieb auch nach 1964 weitgehend erhalten, wenngleich das beliebte Featherweight-Modell nicht mehr vertreten war. Das Kaliber .220 Swift wurde durch die Winchester-Neuentwicklung .225 Winchester abgelöst. Die .300 Win. Mag wurde als vierte der Winchester-Magnums eingeführt. Nach dem Jahr der Umstellung gab es dann zunächst sechs Modelle der Winchester 70. Die Standard-Version in den gängigen Kalibern, die im Schaft bessere DeLuxe-Version, die Magnum-Ausführung, im Kaliber .458 Win. Mag. die »African« sowie die Varmint-Büchse und die Target Rifle.

So ganz glücklich war man auch bei Winchester mit dem neuen Modell 70 nicht. Zu sehr stand die post-64er im Schatten ihrer berühmten Vorfahren. So begann man bereits 1966 mit einem ständigen Verbessern. Als erstes wurde der Schaft besser ausgeführt. Das »anti-bind«-System, eine Führungslippe unterhalb der rechten Verriegelungswarze, wurde ab 1968 übernommen. Etwa zu diesem Zeitpunkt erreichte man die Seriennummer 800 000. Der Buchstabe »G« wurde nun der Seriennummer vorangestellt.

Eine Ausführung mit Ganzschaft, als Mannlicher Style bezeichnet, wurde 1969 ins Programm genommen. Zu haben war diese Stutzenausführung mit einem 19″ (48 cm) langen Lauf in den Kalibern .243 Win., .270 Win., .308 Win. und .30−06. Auch beim Kaliberangebot hatte man sich 1967 bzw. 1969 mit den Kalibern .22−250 Rem. und .222 Rem. dem Trend in den USA angepaßt. Weitere Kaliber und Modellvarianten folgten.

Im Katalog 1970 gab es die Winchester 70 in folgenden Ausführungen: Mit 22″ (56 cm) langem Lauf verzeichnet man 1970 das Modell Standard in den Kalibern: .222 Rem., .22−250 Rem., .225 Win., .243 Win., .270 Win., .308 Win. und .30−06. Mit 24″ (61 cm) langem Lauf wurde die Magnum-Ausführung in den Kalibern .264 Win. Mag., 7 mm Rem. Mag., .300 Win. Mag., .338 Win. Mag. und .375 H&H Mag. geliefert. Die Ausführung im Kaliber .458 Win. Mag., auch weiter als »African« bezeichnet, verfügte über einen 22″ (56 cm) langen Lauf. Mit Ganzschaft gab es die bereits genannten vier Kaliber. Das DeLuxe-Modell konnte man in .225 Win., .243 Win., .270 Win., .30−06 und .300 Win. Mag haben. Die Lauflängen entsprachen dabei dem jeweiligen Standardmodell. Wichtigstes Merkmal der DeLuxe-Gewehre war der bessere Schaft. Das Varmint-Modell mit einem 24″ (61 cm) langen Lauf wurde in .222 Rem., .225 Win., .22−250 Rem. und .243 Win. angeboten.

Für das sportliche Schießen gab es in den Kalibern .308 Win. und .30−06 das Target-Modell, das über einen schweren 24″ (61 cm) langen Lauf verfügte. Ferner gab es das Modell International Match im Kaliber .308 Win. ebenfalls mit einem 24″ (61 cm) langen Lauf.

Den entscheidenden Schritt in die richtige Richtung tat man 1972 (etwa ab Serien-Nummer 1 005 000) mit einer gründlichen Überarbeitung. Das Finish wurde merklich aufgewertet, und beim Schaft setzte man grundsätzlich wieder auf geschnittene Fischhaut. Dekorative schwarze Abschlüsse am

Vorderschaft verschönten das Erscheinungsbild weiter.

Wenn auch die 1972er-Version nicht den Ruhm pre-64er-Waffen erreichen konnte, zu groß war wohl noch die Erblast der Zeit nach 1964, so war es ein Schritt in die richtige Richtung. Sicherlich mag man unter Kennern dem langen Auszieher, den besonders die Großwildjäger schätzen, nachweinen, aber die 70er hatte wieder zu sich selbst gefunden. Diese Ausstattung behielt man bis einschließlich 1977 bei. Nur kleine Änderungen sowie geringfügige Verschiebungen in der Kaliberauswahl sind in diesen Jahren zu verzeichnen. Beispielhaft für diese Ära sei das Angebot aus dem Katalog des Jahres 1974 dargestellt:

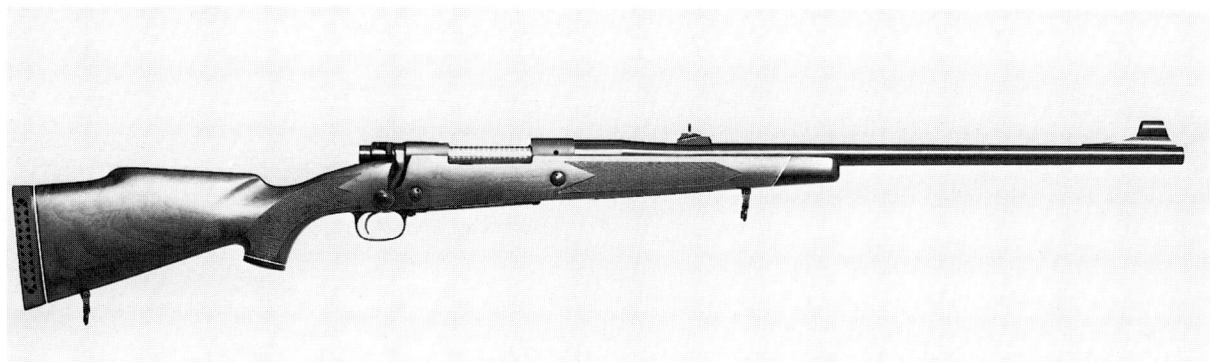

Winchester 70 post-64 in der Magnum-Version. Diese Ausführung stammt aus der Zeit um 1975.

Winchester 70 Varmint aus der Zeit um 1975.

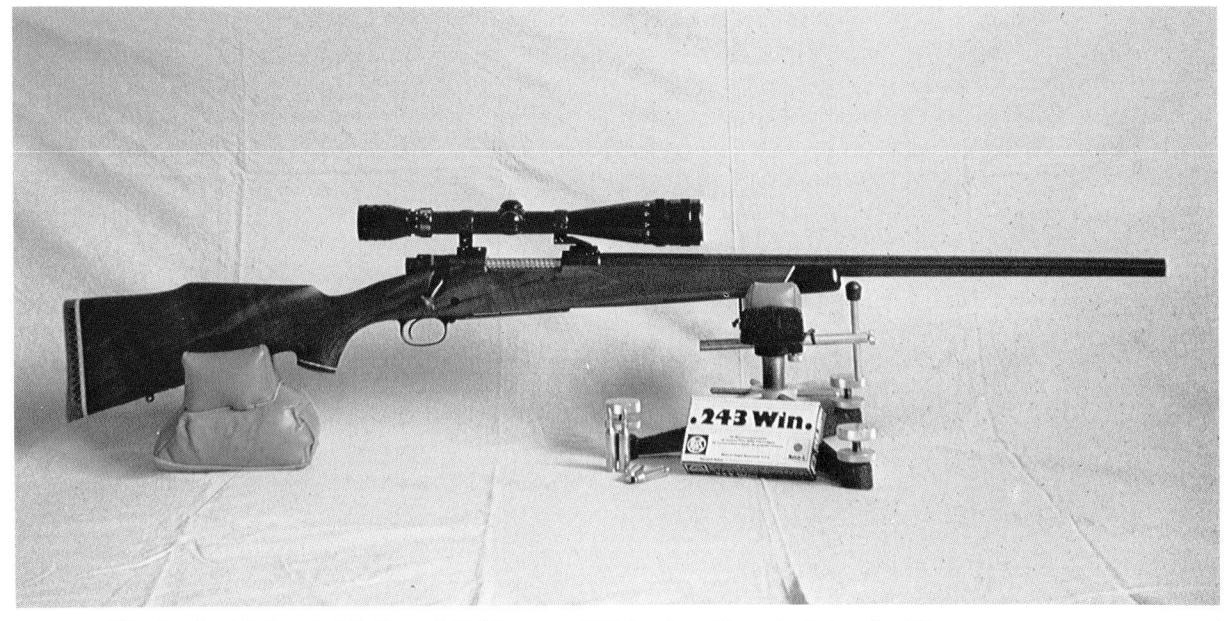

Winchester 70 Varmint Kaliber .243 Win. von 1974 in einer überarbeiteten Ausführung.

Modell Standard mit 22″ (56 cm) langem Lauf: .222 Rem., .22—250 Rem., .243 Win., .270 Win., .308 Win. und .30—06 sowie mit 26″ (66 cm) langem Lauf das Kaliber .25—06 Rem., Modell Magnum mit 24″ (61 cm) langem Lauf: .264 Win. Mag., 7 mm Rem. Mag., .300 Win. Mag., .338 Win. Mag. und .375 H&H Mag. Das Modell »African« war weiter im Kaliber .458 Win. Mag. mit einer Lauflänge von 22″ (56 cm) vertreten. Varmint-Büchsen Modell 70 gab es in .222 Rem., .22—250 Rem. und .243 Win. Ein besonderes Luxusmodell verzeichnete man damals nicht. Das Target-Modell hatte einen 26″ (66 cm) langen Lauf bekommen und wurde in den Kalibern .308 Win. und .30—06 gefertigt. Mit gleicher Lauflänge und Kaliberauswahl konnte das Modell Ultra Match geliefert werden. Vom Modell International Match gab es nur eine Ausführung mit 24″ (61 cm) langem Lauf im Kaliber .308 Win.

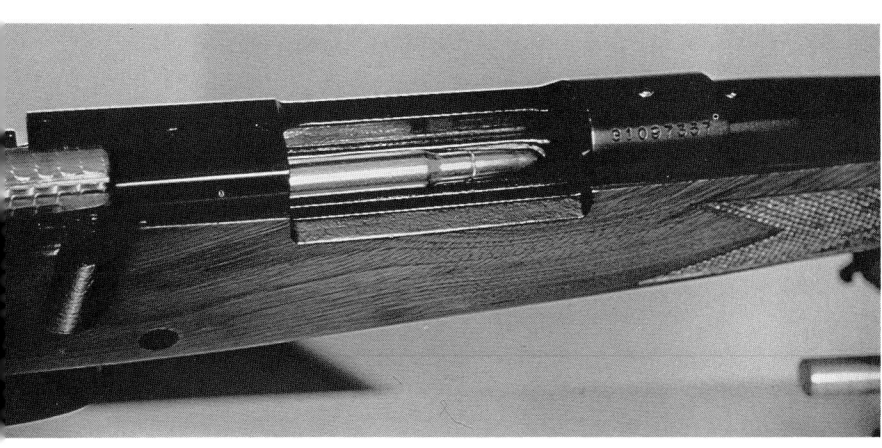

Blick in das Kastenmagazin der 70er Winchester.

71

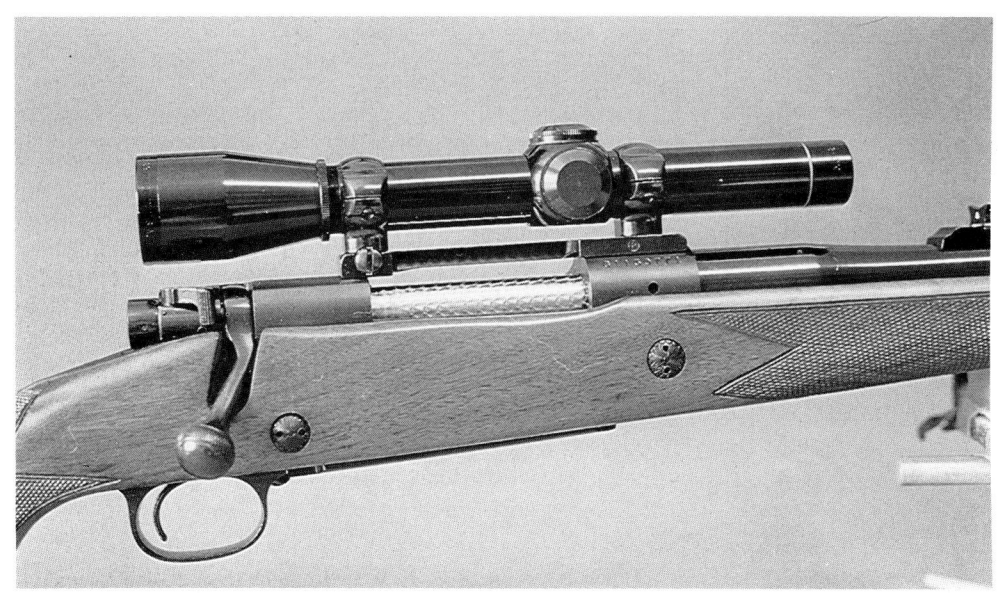

**Winchester 70 »African« im Kaliber .458 Win. Mag., das ist die typische Großwild-
büchse für Afrika.**

Eine weitere Finish-Verbesserung folgte 1978. »XTR« hieß die neue Zau-
berformel und brachte Hochglanzfinish auf Stahl und Schaft. Nur die beiden Großwildbüchsen der Kaliber .375 H&H Mag. und .458 Win. Mag.
blieben vom XTR-Finish unberücksichtigt und wurden unverändert weiter-
gefertigt. Auch bei der Kaliberauswahl änderte sich nicht viel.

Im Katalog 1980 fiel dann auf, daß die Scheibenbüchsen offensichtlich
aus dem Programm genommen worden waren. Die Winchester 70 gibt es ab
diesem Zeitpunkt nur noch als Jagdwaffe. Diese Entwicklung war abzuse-
hen, da sich beim Scheibenschießen immer mehr Spezialsysteme durchsetz-
ten und eine Trennung von Jagdgewehr-Action und Target-Action dem Zug
der Zeit entsprach.

Das Jahr 1981 bescherte den Freunden der Winchester 70 eine ange-
nehme Überraschung. Die Featherweight feierte ihr Comeback und dies in

Winchester 70 Standard mit XTR-Finish, das ist die Ausführung Ende der 70er Jahre.

einer einfach traumhaften Aufmachung hinsichtlich des Schaftes mit geradem Rücken, feiner Fischhaut und einem dünnen 22″ (56 cm) langen Lauf. Auch bei der Kaliberauswahl hatte man mit .257 Roberts und 7×57 zwei Klassiker im Sortiment. Neben diesen beiden Kalibern gehörten die Kaliber .243 Win., .270 Win., .308 Win. und .30−06 zum Featherweight-Programm.

Im Jahre 1982 vollzog sich ein wichtiger Schritt für die Produktionsstätte New Haven. Es tauchten sogar Gerüchte über eine Schließung der traditionsreichen Waffenschmiede auf. Tatsache, die Olin-Gruppe, zu der Winchester gehört, wollte sich von der Fabrik in New Haven trennen. Zum Glück für alle Winchester-Freunde gründete man die Firma US Repeating Arms Company, die die Produktion in New Haven übernahm. Die Modellbezeichnungen blieben auch unter der neuen Gesellschaft erhalten. Man machte sich jedoch gleich an weitere Verbesserungen und Aufwertungen der Winchester 70. Hier blieb der in Nordamerika Ende der 70er/Anfang der 80er Jahre eindeutig erkennbare Trend zur hochwertigen Custom-Büchse nicht ohne Einfluß auf die Serienproduktion. Denn auch der Käufer einer Serienbüchse verlangte nach immer besserer Ausstattung.

Winchester 70 »Featherweight« im Kaliber .257 Roberts aus der Zeit Anfang der 80er Jahre.

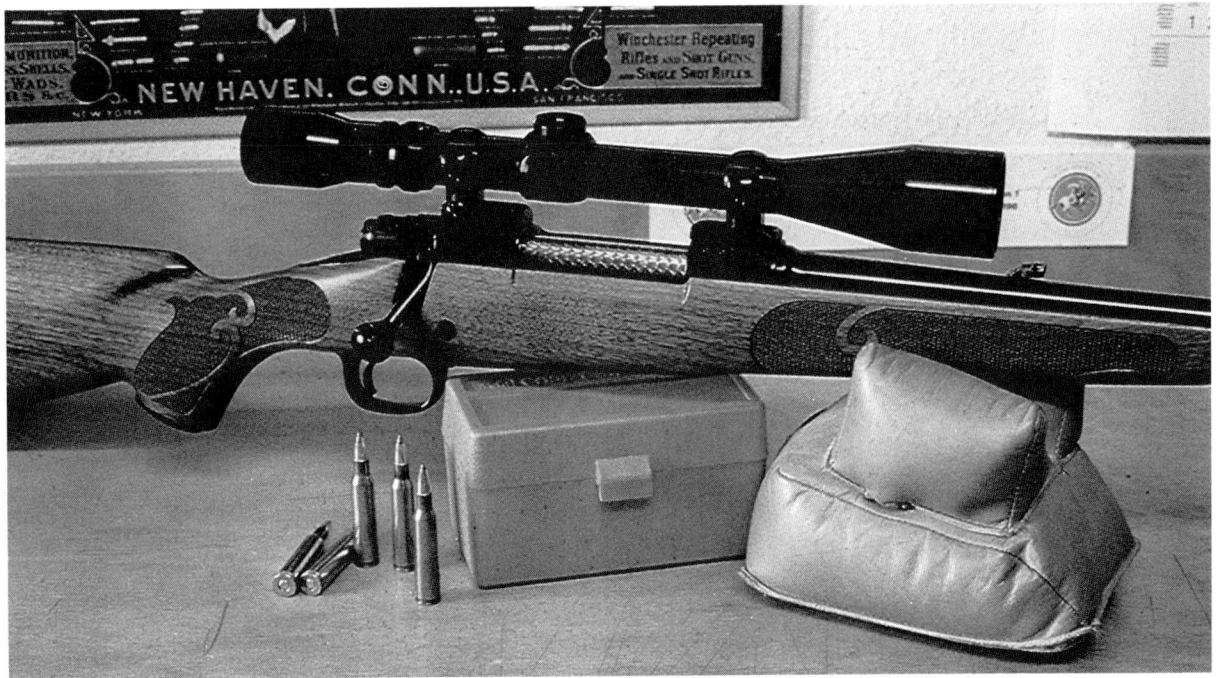

Diese Änderungen bezogen sich wiederum in erster Linie auf den Schaft. Technisch änderte sich die Form der aus dem Schlößchen herausragenden Schlagbolzenverlängerung. Die »rote Fahne« auf der unteren Seite wich einem geschmackvollen Zylinder, der nun aus dem Schlößchen ragt und den gespannten Zustand der Waffe anzeigt. Im ersten Jahr der Fertigung bei US Repeating Arms Company gab es insgesamt fünf 70er Modelle.

Flaggschiff war bei den Standardkalibern .243 Win., .257 Roberts, .270 Win., 7×57, .308 Win. und .30−06 die Featherweight, die in ihrem Erscheinungsbild unverändert aus dem Vorjahr übernommen wurde. Auch das Modell Varmint blieb hinsichtlich des Schafts unverändert, allerdings wurde die Varmint nur noch in den Kalibern .22−250 Rem. und .243 Win. angeboten. Mit dieser Maßnahme hatte man den kleinen Stoßboden der .222 Rem. eingespart und somit eine kleine Vereinheitlichung in der Produktion erreicht.

Mit der Bezeichnung »Westerner« kam eine etwas einfachere Ausführung neu ins Sortiment. An dieser Stelle sei darauf hingewiesen, daß dieses Modell »Westerner« nicht mit der »Westerner« im Kaliber .264 Win. Mag. aus der Ära vor 1964 verwechselt werden darf. Die Winchester 70 »Westerner« gab es in den Kalibern .243 Win., .270 Win., .30−06, 7 mm Rem. Mag. und .300 Win. Mag. Die Lauflänge betrug für die drei Standardkaliber 22″ (56 cm) und für die Magnumkaliber 24″ (61 cm).

Aus dem früheren Magnum-Modell wurde 1982 die XTR Sporter Magnum. Hauptänderung war die Umgestaltung des Schaftes. Die Kaliberauswahl wurde von der alten Magnum-Büchse übernommen und reicht von .264 Win. Mag. bis .338 Win. Mag.

Aus den nicht in die XTR-Serie übernommenen beiden Magnum-Büchsen in den Kalibern .375 H&H Mag. und .458 Win. Mag. wurde 1982 die XTR Super Express Magnum, deren Schaft weitgehend dem der Sporter Magnum angeglichen wurde. Während die .375-H&H-Mag.-Version einen 24″ (61 cm) langen Lauf hat, verfügt das Modell 70 im Kaliber .458 Win. Mag. über einen 22″ (56 cm) langen Lauf. Geschichtlich interessant ist in diesem Zusammenhang, daß mit dem Erscheinen der XTR Super Express Magnum die alte Bezeichnung »African« für die 70er im Kaliber .458 Win. Mag. verschwand.

Im Jahr 1983 begann man bei US Repeating Arms bereits wieder mit dem Ausbau der 70er-Linie. Die Featherweight blieb unverändert. Bei der Winchester 70 »Westerner« kamen die Kaliber .223 Rem. und .308 Win. dazu. Damit war auch wieder der kleine Stoßboden (.222 Rem./.223 Rem.) da. In Anlehnung an die Sporter Magnum gibt es ab 1983 eine Sporter-Version in den Kalibern .270 Win. und .30−06. Mit diesem Modell kam praktisch eine Standard-Büchse wieder ins Programm. Sporter Magnum und Super Express Magnum blieben unverändert gegenüber dem Vorjahr. Bei der

Varmint vollzog sich eine Änderung hin zur Sporter Varmint. Ein etwas dünnerer Lauf als bisher wurde eingeführt, bei der bekannten Länge von 24″ (61 cm) blieb es. Der Schaft wurde ebenfalls in seiner Form der neuen Sporter-Linie angepaßt. Die Kaliberauswahl umfaßt die Kaliber .223 Rem., .22−250 Rem. und .243 Win.

Eine technisch grundlegende Änderung gab es 1984, als man beim System in ein Long Action (langes System) und ein Short Action (Kurzsystem) trennte. Mit diesem Schritt paßte man die Baulänge besser den unterschiedlich langen Patronen an. Bis zur Einführung dieser Trennung gab es nämlich nur die Standardsystemlänge. Unterschiede in den Patronenlängen wurden durch die Magazinkästen sowie den Weg des Verschlußzylinders annähernd ausgeglichen.

Die Waffen mit Short Action unterscheiden sich von Long Action-Waffen (das ist das ursprüngliche einheitliche System mit Ausnahme der geringen Änderungen für die .375 H&H-Mag.-Gewehre) nur in der Länge von System und Gesamtlänge. Die übrigen technischen Merkmale sind identisch, ebenso das Erscheinungsbild der Schäfte, die natürlich ebenfalls etwas kürzer sind als bei den Waffen mit dem Standardsystem. Der Längenunterschied liegt bei rund 1/2″ (ca. 13 mm).

Im Kurzsystem werden die Patronen mit einer Hülsenlänge bis zu 51 mm (.308 Win.) untergebracht. Ab einer Hülsenlänge von 57 mm (.257 Roberts) wird das Long Action verwendet.

Die Featherweight mit Short Action wurde 1984 in den Kalibern .223 Rem., .22−250 Rem., .243 Win. und .308 Win. angeboten. Die Featherweight mit Long Action gab es in den aus den Vorjahren bekannten Kalibern: .257 Roberts, 7×57, .270 Win. und .30−06.

Das Modell »Westerner« verschwand nach zweijährigem Gastspiel wieder aus dem 70er-Programm.

Ganz neu ins Programm kam eine Carbine-Ausführung mit nur 20″ (51 cm) langem Lauf. Man knüpfte hiermit an die Tradition vor dem Zweiten Weltkrieg an. Der Schaft der Carbine ist etwas einfacher gehalten und hat einen geraden Schaftrücken. An Vorderschaft und Pistolengriff befindet sich Fischhaut, die in ihrer Form an die Standard-Gewehre der Zeit nach 1972 erinnert.

Die Kaliberauswahl beim 70 Carbine: .270 Win. und .30−06 mit Standard Action und mit Short Action .223 Rem., .22−250 Rem., .243 Win. und .308 Win. Weitere Veränderungen gab es im Jahr 1984 nicht. Merkwürdig war eigentlich nur, daß man für die Sporter Varmint mit ihren kurzen Patronen das Standard Action zunächst beibehielt.

Dieser Schönheitsfehler wurde 1985 ausgebügelt. Die Sporter Varmint des Jahres 1985 verfügt in allen drei Kalibern über das Short Action. Zu-

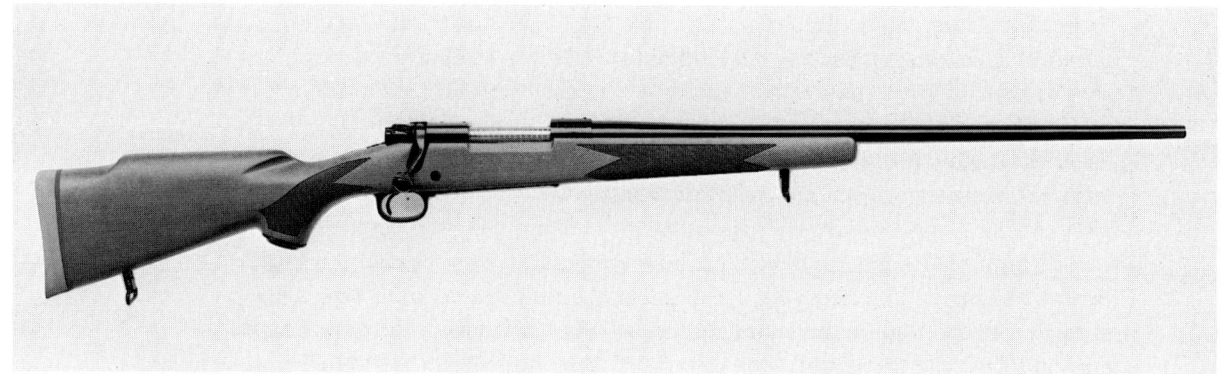

Winchester 70 in der
neuen Sporter Varmint-
Ausführung mit XTR-Fi-
nish.

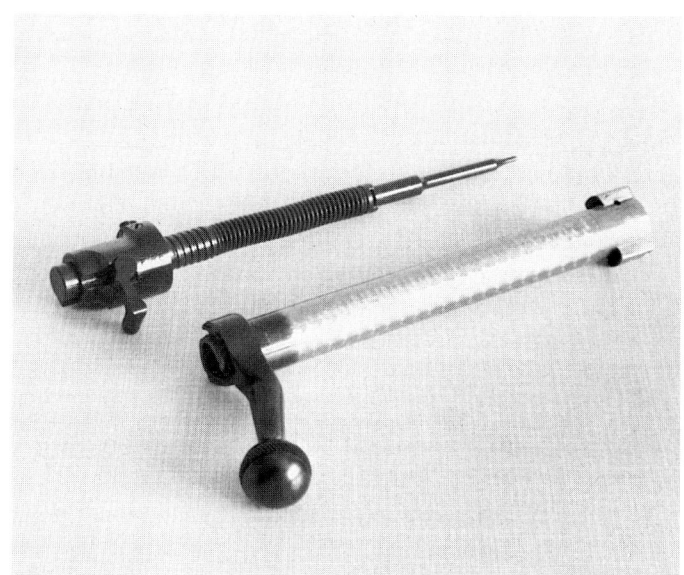

Die Verschlußkammer des
Modells 70 läßt sich ohne
Werkzeug für Reinigungs-
zwecke zerlegen. Man
muß nur die Dreistel-
lungssicherung auf die
Mittelstellung bringen.

Modell 70 mit dem Kurz-
system in der Feather-
weight-Ausführung.

wachs hatte man auch bei der Sporter mit Standard Action bekommen. Es gab künftig auch eine Sporter im Kaliber .25−06 Rem. ebenso die Feather-weight.

Mit dem Modell Lightweight Mini-Carbine im Kaliber .243 Win. mit 20″ (51 cm) langem Lauf stellte man eine im Schaft etwas kleiner gehaltene Carbine-Version vor. Dieses Modell war besonders für jüngere Schützen gedacht.

Für Jäger, die nach einer einfachen Gebrauchswaffe suchen, wurde das Modell »Ranger«, das sich im wesentlichen durch einen einfachen Schaft ohne Fischhaut von den normalen 70er Waffen unterscheidet, in den Kalibern .270 Win., .30−06 und 7 mm Rem. Mag. ins Sortiment genommen. In der gleichen Schaftausstattung gibt es mit Short Action das Modell »Ranger Youth« für den jüngeren Schützen. Angeboten wurden die Kaliber .223 Rem. und .243 Win.

Ferner bot man zahlreiche Modelle sowohl mit als auch ohne offene Visierung an.

Im Jahr 1986 wurde dann erstmals auch eine Sporter mit Short Action ins Programm genommen, und zwar im Kaliber .308 Win. Die Featherweight mit Standard-Action verzeichnete der 86er-Katalog nur noch in den Kali-

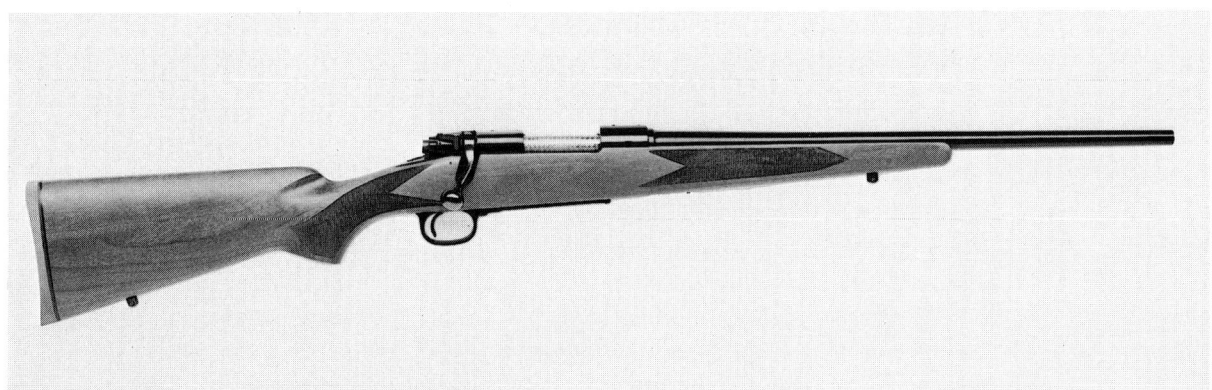

Modell 70 als Carbine mit Short Action.

Modell 70 in der Ausführung Mini-Carbine.

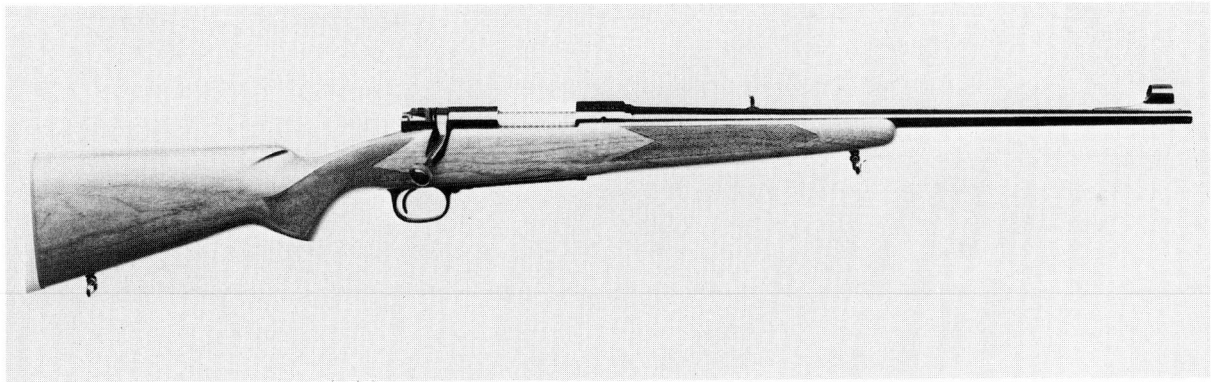

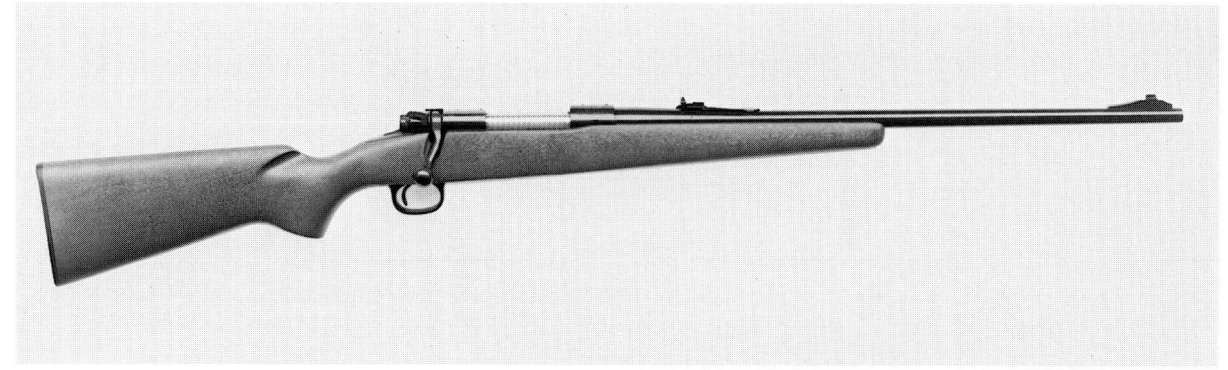

Das Modell Ranger ist eine besonders preiswerte Ausführung vom Modell 70.

Mit etwas kleineren Schaftabmessungen gibt es das Modell Ranger Youth Carbine.

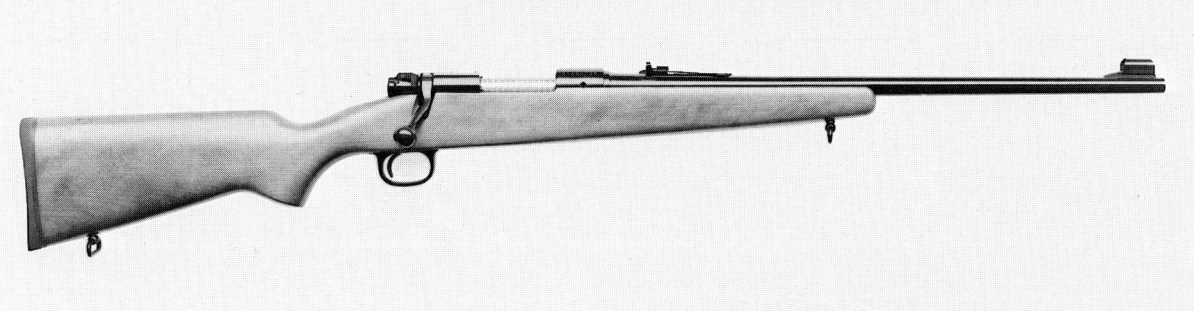

bern .270 Win. und .30−06. Speziell für den europäischen Markt gab es eine begrenzte Stückzahl Featherweight-Gewehre im Kaliber 6,5×55 Schw. Mausser. Mit Short Action gab es die Featherweight weiter in den vier seit 1984 angebotenen Kalibern. Bei dem Modell Lightweight Carbine, das 1984 bei der Erstvorstellung nur als Carbine bezeichnet wurde, gab es in begrenzter Stückzahl mit Short Action das Kaliber .250 Savage, eine Patrone, die aus der pre-64er-Zeit eine alte Tradition für das Modell 70 vorzuweisen hat.

Neuland betrat man beim Modell 70 1986 mit der Ausführung »Winlite«. Bei diesem Modell handelt es sich um eine Ausführung mit Fiberglasschaft in schwarzem Finish. Zunächst angeboten mit dem Featherweight-Lauf in den Kalibern .270 Win. und .30−06. In den Kalibern 7 mm Rem. und .338 Win. Mag. wurde der Sporter Magnum-Lauf verwendet. Die ersten Winlite-Gewehre hatten keinen abklappbaren Magazindeckel. Eine Maßnahme, die bei vielen Jägern sehr beliebt ist, da so eine Verschmutzung von dieser Seite ausscheidet.

78

Tradition und Fortschritt in einer Waffe vereinigt das Modell 70 »Winlite« mit Kunststoffschaft. Die Abbildung zeigt eine der ersten Waffen dieses Modells im Kaliber .270 Win. mit 2,5–8fachem Leupold-Zielfernrohr, das mit einer S + K Montage angebracht wurde. Dieses extrem leichte und robuste Gewehr ist ideal für die Jagd im Hochgebirge. Nach wenigen Wochen des Tests gehört diese Waffe zu den Lieblingsgewehren des Autors.

Für die Fertigung von Waffen nach eigenen Vorstellungen gibt es ab 1986 auch wieder sogenannte Barreled Actions, also Gewehre ohne Schaft. Angeboten werden die gängigen Varianten.

Im Jahr des 50jährigen Jubiläums 1987 präsentiert sich die 70er-Linie in einer kaum zuvor gekannten Vielfalt. Gekrönt wird das Jubiläumsjahr mit dem Modell »Golden 50th Anniversary«, davon aber später mehr. Zunächst einmal eine Gesamtübersicht über die Winchester 70 des Jahres 1987:

Mit normaler Laufstärke und 24″ (61 cm) langen Läufen gibt es in den Kalibern .270 Win. und .30–06 mit Long Action das Modell XTR Sporter. Wahlweise ist diese Büchse mit oder ohne offene Visierung zu bekommen. Die XTR-Sporter-Ausführung im Kaliber .308 Win. mit Short Action, 24″ (61 cm) langem Lauf wird nur ohne offene Visierung geliefert. Ebenfalls mit dem Short Action gibt es das Modell XTR Sporter Varmint in den Kalibern .22–250 Rem., .223 Rem. und .243 Win. Die Lauflänge der Varmint-

Büchse beträgt ebenfalls 24″ (61 cm). Entsprechend dem Verwendungszweck, Schüsse auf weite Entfernungen auf kleine Ziele, wird ein schwerer Lauf ohne offene Visierung beim Varmint-Modell verwendet.

Das Modell XTR Sporter Magnum mit 24″ (61 cm) langem Lauf gibt es in den Kalibern .264 Win. Mag., 7 mm Rem. Mag., .300 Win. Mag., .300 Weath. Mag. und .338 Win. Mag. Das Kaliber .300 Weath. Mag. wurde im Jubiläumsjahr neu ins Programm genommen. Die Büchsen der Kaliber .264 Win. Mag. und .300 Weath. Mag. werden nur ohne Visierung angeboten. Die übrigen drei Magnum-Kaliber gibt es wahlweise auch mit Kimme und Korn. Ganz in der Tradition der berühmten »African« steht das Modell XTR Super Express Magum, das in den beiden Großwildkalibern .375 H&H Mag. (24″-Lauf) und .458 Win. Mag. (22″-Lauf) zu bekommen ist. Beide Express-Büchsen sind mit einer offenen Visierung ausgerüstet.

Mit 22″ (56 cm) langen dünnen Läufen (ohne Visierung) und dem bekannten klassischen Schaft mit geschmackvollem Fischhautmuster ist das Modell 70 XTR Feaherweight nach Meinung vieler Kenner der Winchester 70 die eleganteste Ausführung. Mit langem System stehen die Kaliber .270 Win. und .30−06 zur Auswahl. Neben dem normalen Nußbaumschaft gibt es erstmals auch eine Ausführung mit Schichtholzschaft in Tarnfarben. Die Färbung der Hartholzschichten reicht von einem hellen Braun bis hin zu Schwarz und Grün. Winchester bezeichnet diese Schichtholzschaftausführung als Win-Cam. Mit Short Action gibt es die Featherweight mit Nußbaumschaft nur noch in den beiden Kalibern .243 Win. und .308 Win.

Das Modell Lightweight ist eine weitere Version mit 22″ (56 cm) langen Läufen. Diese Version löst die Carbine-Ausführung mit nur 20″-Lauf ab. In den Kalibern .270 Win. und .30−06 gibt es die Lightweight mit Nußbaumschaft sowie mit Schichtholzschaft. Allerdings sind die Holzschichten nur in Brauntönen ausgeführt. Dieses Finish heißt Win-Tuff. Mit Nußbaumschaft und Kurzsystem gibt es die Lightweight in den Kalibern .22−250 Rem., .223 Rem., .243 Win. und .308 Win.

Eine besonders preiswerte Ausführung des Modells 70 ist das Modell Ranger Rifle in den Kalibern .270 Win. und .30−06 (22″-Lauf). Der Schaft dieser Ausführung ist einfach gehalten und ohne Fischhaut. Mit verkleinerten Abmessungen bietet man im Kaliber .243 Win. (20″-Lauf) das entsprechende Modell als Ranger Youth Carbine an.

Die im Vorjahr vorgestellte Winlite erfährt im Jubiläumsjahr einen weiteren Ausbau. Man bringt statt des nach unten geschlossenen Schaftes den üblichen aufklappbaren Magazindeckel. Die Kaliberauswahl wird erweitert und umfaßt die Kaliber .270 Win., .280 Rem., .30−06, 7 mm Rem. Mag., .300 Win. Mag. und .338 Win. Mag. Während die drei Standardkaliber bei der Winlite mit dem 22″ (56 cm) langen Featherweight-Lauf kommen, ver-

Diese Patronen erlebten ihre Erstvorstellung mit dem Modell 70. Von links nach rechts: .225 Win., .243 Win., .308 Win., .358 Win., .264 Win. Mag., .300 Win. Mag., .338 Win. Mag und .458 Win. Mag.

fügt die Ausführung in den Magnumkalibern über den 24″ (61 cm) langen Lauf der Sporter Magnum.

Ergänzt wird dieses Sortiment durch eine breite Auswahl an Barreled Actions.

Das Sondermodell 50th Anniversary

Im Jubiläumsjahr gibt es 500 Gewehre einer Sonderserie des Modells 70. Winchester richtete sich bei der Gestaltung dieser Ausführung besonders nach dem Vorbild der pre-64er-Ausführung. Dies gilt jedoch nicht für das System, dieses stammt von der heutigen Ausführung.

Eingerichtet für das Kaliber .300 Win. Mag. hat die 50th Anniversary Büchse einen 24″ langen Lauf. Korn mit Kornschutz und ein in der Höhe und der Seite verstellbares Klappvisier sind weitere Details. Die

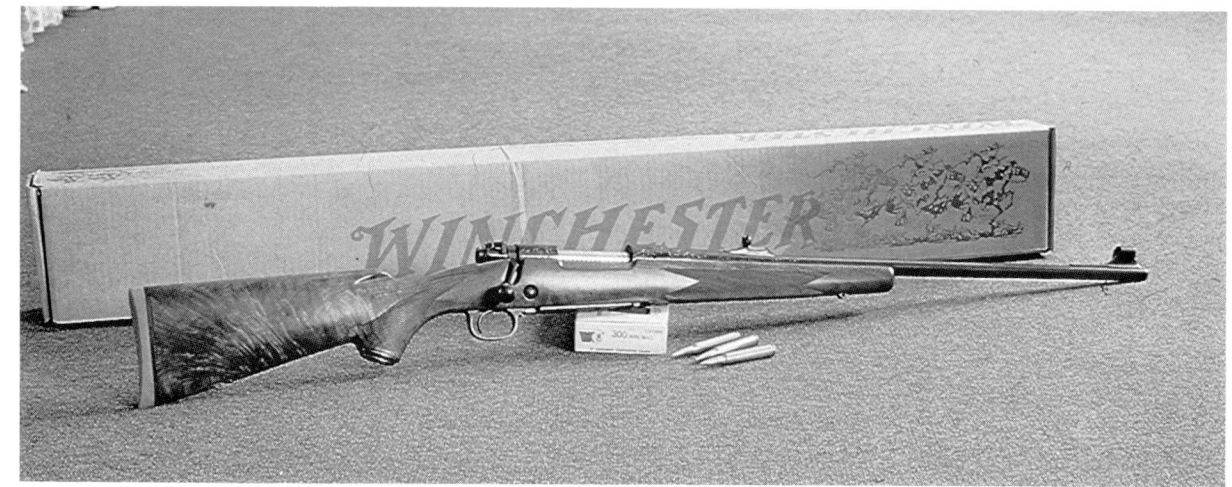

Zum 50. Geburtstag des Modells 70 fertigte Winchester 1987 in einer Auflage von nur 500 Stück im Kaliber .300 Win. Mag. das Modell 70 »Golden 50th Anniversary«. Die Abbildung zeigt dieses Modell von rechts. Deutlich wird die klassische Ausführung des Schaftes aus feinstem Nußbaumholz.

Modell 70 »50th Anniversary« von links.

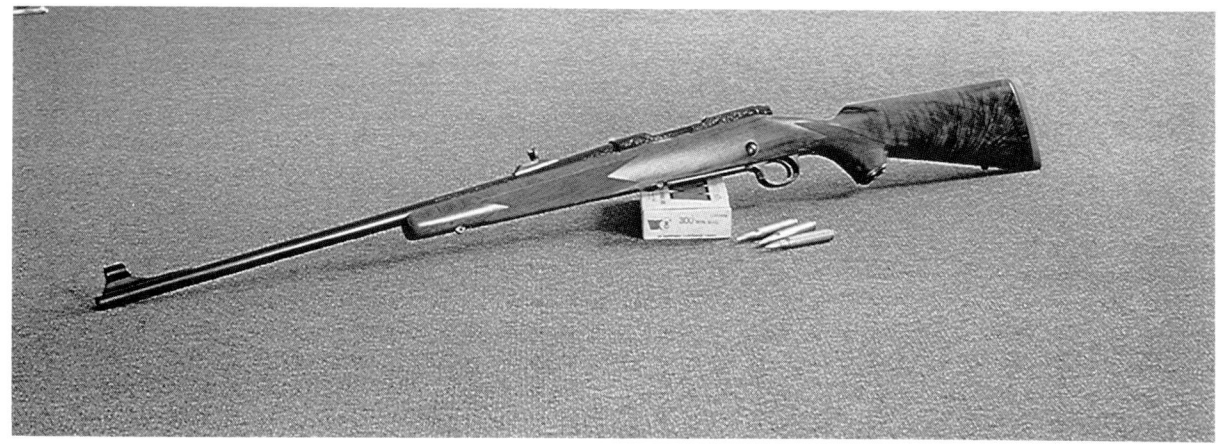

Riemenbügelösen wurden nach dem klassischen Vorbild mit jeweils zwei Schrauben an Schaftkolben und Vorderschaftunterseite befestigt. Systemhülse, Laufwurzel, Pistolengriffkäppchen, Abzugsbügel und Magazindeckel haben eine dekorative Gravur.

Am gelungensten ist der aus bestem Nußbaumholz gefertigte Schaft klassischer Prägung. Abgeschlossen wird der gerade Schaft durch eine dünne Gummikappe. Am Pistolengriff und am Vorderschaft befindet sich flächendeckend eine sehr sauber geschnittene Fischhaut, die mancher einheimischen Luxus-Büchse alle Ehre machen würde.

82

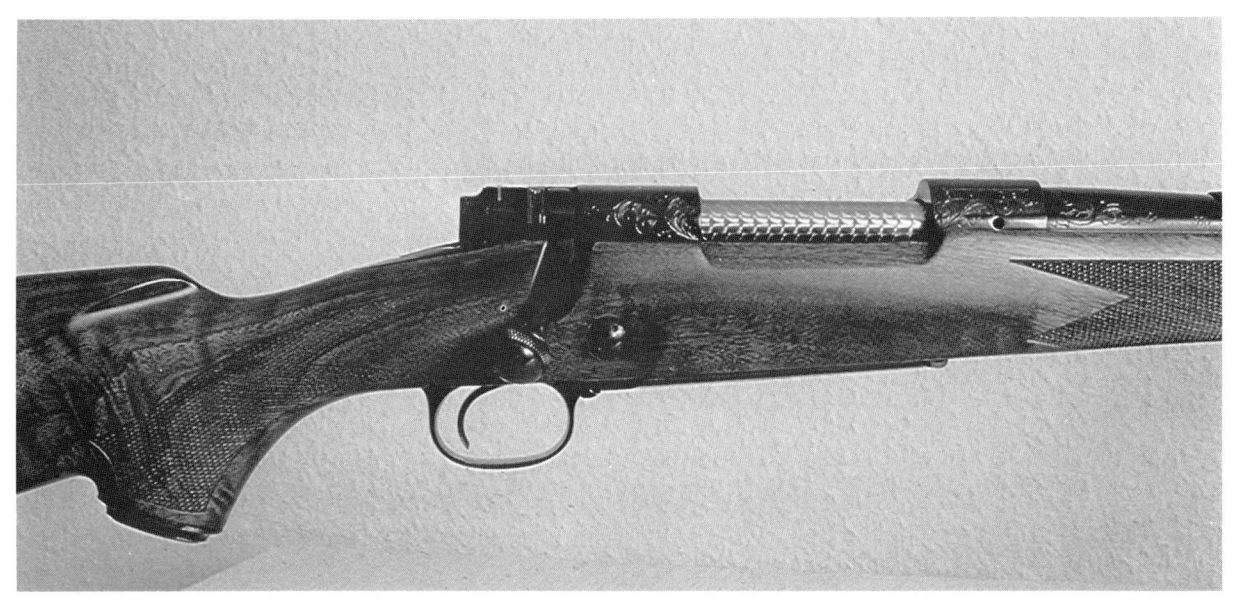

Die Systemhülse der »50th Anniversary« ist graviert.

Auch das Pistolengriffkäppchen des Modells 70 »50th Anniversary« ist graviert.

Blick auf den gravierten Magazindeckel des Jubiläumsmodells.

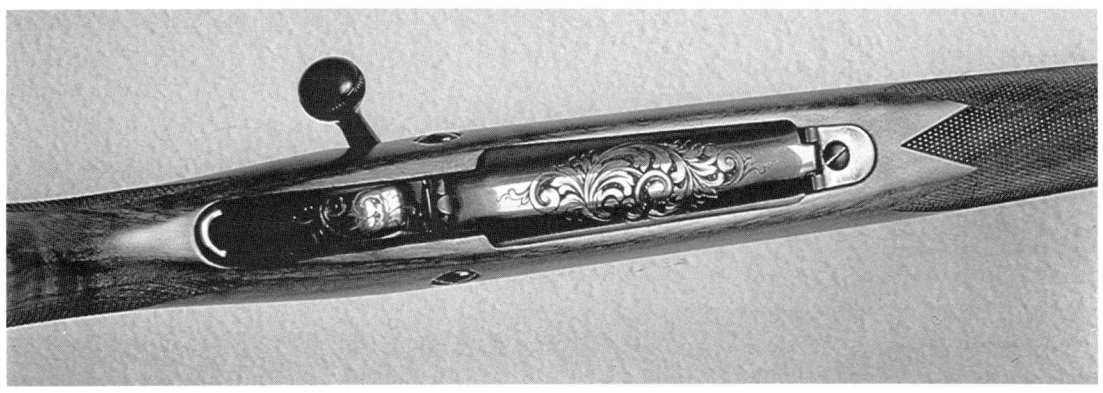

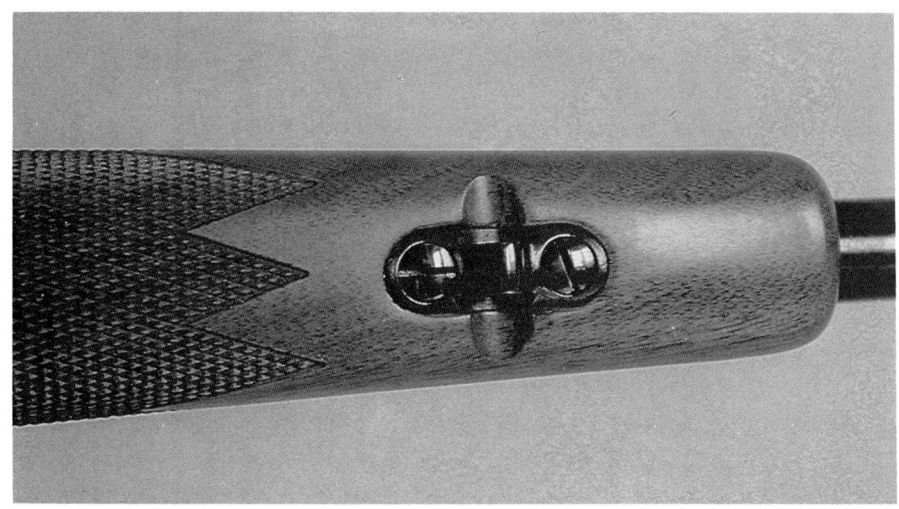

Die Riemenbügelösen wurden nach klassischem Vorbild mit zwei Schrauben befestigt.

Winchester ist es mit dem 50th Anniversary-Modell gelungen, eine echte Sammlerrarität von höchster Qualität zu schaffen.

Die Winchester 70 aus der Sicht des Jahres 1987

In ihrer Preisklasse (Standard-Kaliber um die 1500,- DM) gehört die Winchester 70 auch heute wie zu ihrer Entstehungszeit zu den besten Serien-Büchsen auf dem Markt. Die Modellvielfalt bietet für jeden jagdlichen Einsatzbereich das passende Gewehr. Diese breite Auswahl gilt auch für die Schaftmaterialien, wo neben dem Nußbaumschaft Schichtholzschäfte und Fiberglasschäfte zur Wahl stehen.

Wenn auch mancher Jäger etwas wehmütig dem langen Auszieher nach Mauserart nachtrauert, in der normalen Jagdpraxis ist dies von keiner Bedeutung. Hinsichtlich Schußleistung, Zuverlässigkeit und Ausstattung braucht die 70er des Jahres 1987 den Vergleich mit den Büchsen vor 1964 nicht zu scheuen. Wünschenswert wäre jedoch, wenn man bei Winchester einen kleinen Schönheitsfehler hinsichtlich der Ausstattung abstellen könnte. Man sollte nämlich auch den Abzugsbügel bei der Standardwaffe wieder aus Stahl fertigen. Dies hat zwar nichts mit der Funktion zu tun, aber mit einer kleinen nachträglichen Gravur würde man sich leichter tun. Auch aus heutiger Sicht ist die Winchester 70 »The Rifleman's Rifle«.

84

Technische Merkmale der Winchester 70 (Stand 1987)

Insider der Büchsenszene sagen, daß das System das Herzstück einer Büchse ist. Aus heutiger Sicht handelt es sich bei der Winchester 70 um eine Zylinderverschlußbüchse mit konventionellem Verschluß nach Mauservorbild mit zwei kräftigen Warzen am Kammerkopf. Der Stoßboden ist in den Kammerkopf zurückverlegt. Im Bereich des Patronenbodens wird die geladene Patrone durch den überstehenden Bund umfaßt. Die Auszieherkralle sitzt in der rechten Verriegelungswarze. Der Ausstoßerstift ist federbelastet im Stoßboden untergebracht.

Unter der rechten Verriegelungswarze ist eine Führungslippe, die in einer Schiene in der Systemhülse führt. Durch diese zusätzliche Kammerführung wird ein besonders weicher und ruckfreier Schloßgang erreicht. Der Kammerstengel ist griffgünstig nach hinten abgewinkelt und wird durch eine kräftige Kugel abgeschlossen. Auf der rechten Seite des Schlößchens befindet sich die Dreistellungssicherung. In der Mittelstellung der Sicherung kann die Verschlußkammer ohne Werkzeug zum Reinigen zerlegt werden. Der Schloßhalter hat seinen Platz auf der linken Seite und ragt in die Bahn der linken Verriegelungswarze.

Wie bei modernen Büchsen üblich, ist die Systemhülse zur Aufnahme einer Zielfernrohrmontage mit vier Bohrungen, die durch Blindschrauben verschlossen sind, vorgearbeitet. Das mit einem Klappdeckel versehene Kastenmagazin nimmt in den Standardkalibern fünf und in den Magnum-Kalibern drei Patronen auf.

Insbesondere bei Büchsen mit einteiligem Schaft kommen oftmals Bettungsprobleme vor. Winchester bietet hier seit einigen Jahren mit einer Bettung des Systems in Kunststoff eine Leistung, die dem neuesten Stand des Büchsenbaues entspricht.

Interessante Zahlen zur Winchester 70

Die Seriennummern haben im Jubiläumsjahr den Bereich von 1 780 000 erreicht.

Wenn man bedenkt, daß im Jahr 1980 die Zahl von 1 400 000 Waffen der Modellreihe 70 überschritten worden war, könnte bis zum Jahr 1990 sogar die 2 000 000-Grenze erreicht werden.

In folgenden Kalibern wurde das Modell 70 angeboten:

Kaliber	Hinweise
.22 Hornet	
.220 Swift	
.22−250 Rem.	1987 im Programm
.222 Rem.	
.223 Rem.	1987 im Programm
.225 Win.	
.243 Win.	1987 im Programm
.25−06 Rem.	
.257 Roberts	
.250−3000 Savage	
6,5×55 Schw. Mauser	
.264 Win. Mag.	1987 im Programm
.270 Win.	1987 im Programm
7×57 (7 mm Mauser)	
.280 Rem.	1987 in Programm
7 mm Rem. Mag.	1987 im Programm
.308 Win.	1987 im Programm
.300 Savage	
.30−06	1987 im Programm
.300 H&H Mag.	
.300 Win. Mag.	1987 im Programm
.300 Weath. Mag.	1987 im Programm
7,65 Arg.	nur 1937 im Programm
.338 Win. Mag.	1987 im Programm
9×57	nur 1937 im Programm
.35 Rem	
.358 Win.	
.375 H&H Mag.	1987 im Programm
.458 Win. Mag.	1987 im Programm

Die Sparversionen des Modells Winchester 70

In der 60er Jahren begann Winchester damit, neben dem jeweiligen Standardmodell in der Ausstattung etwas einfachere Waffen bei gleichem System zu fertigen. Mit diesen Waffen sollten all die Käufer angesprochen werden, die ein solides Gebrauchsgewehr an der unteren Preisgrenze suchen und für technisch nicht erforderlichen Aufwand, wie zum Beispiel besseres Schaftholz, abklappbaren Magazindeckel usw., kein Geld ausgeben wollen.

Zur Zeit (1987) wird dieser Bedarf durch das Ranger-Modell abgedeckt. Es gab aber auch solche Sparmodelle unter anderen Modellbezeichnungen als Winchester 70.

Das Modell 670

Der Zylinderverschlußrepetierer Modell 670 gehört eigentlich nicht zu den Sparversionen des Modells 70, da sich der Verschluß vom Modell 70 in einigen Details unterscheidet. So verfügt das Modell 670 zum Beispiel nicht über die bekannte Dreistellungssicherung der 70er Winchester.

Wenn das Modell 670 dennoch an dieser Stelle behandelt wird, so hat dies seine Rechtfertigung, weil man bei Winchester mit diesem Modell eine möglichst billige Alternative zum Modell 70 schaffen wollte und gleichzeitig vom äußeren Erscheinungsbild in der Tradition des Modells 70 blieb.

Das Modell 670 kam 1966 in drei Ausführungen auf den Markt, diese unterscheiden sich in erster Linie durch die Kaliberauswahl sowie Lauflänge und Schaftform. Die Schäfte wurden aus Hartholz gefertigt, das ein Nußbaumfinish erhielt.

Das Standardmodell mit 22″ (56 cm) langem Lauf gab es in den Kalibern .225 Win., .243 Win., .270 Win., .308 Win. und .30−06. Eine Magnum-Rifle war in den Kalibern .264 Win. Mag., 7 mm Rem. Mag. und .300 Win. Mag. zu haben. Eine Carbine-Ausführung mit 19″ (48 cm) langem Lauf wurde in den Kalibern .243 Win., .270 Win. und .30−06 gefertigt.

Das Kastenmagazin, das keinen abklappbaren Deckel hatte, nahm bei den Standardkalibern vier und bei den Magnumkalibern drei Patronen auf.

Die Modellvielfalt des Modells 670 wurde jedoch schnell abgebaut, da eine größere Nachfrage nur in den verbreiteten Kalibern vorhanden war. 1970 wurde das Modell 670 nur noch in der Standardversion in den Kalibern .243 Win., .270 Win. und .30−06 angeboten. Ein Jahr später fiel dann auch noch das Kaliber .270 Win. aus dem 670er-Programm.

Im Jahr 1972, als man beim Modell 70 grundlegende Verbesserungen hinsichtlich der Schaftqualität vornahm, erfuhr auch das Modell 670 einige Änderungen. Wichtigste Änderung war die Übernahme der Dreistellungssicherung sowie die Verbesserung des Schaftes. Angeboten wurde die ab diesem Zeitpunkt als 670 A bezeichnete Waffe in den Kalibern .243 Win. und .30−06. Nach den vorliegenden Unterlagen wurde die 670 A in den Jahren 1972 und 1973 gefertigt.

Das Modell 770

Im Jahr 1969 versuchte man mit der Modellreihe 770 die Lücke zwischen der besonders einfachen 670er und der im Preis deutlich höher liegenden Winchester 70 zu füllen. Man wollte die technischen Merkmale des Modells 70 erhalten und durch einen einfacheren Schaft sowie einen fehlenden Magazindeckel eine preiswerte Version des Modells 70 anbieten.

Die Lauflänge betrug beim Standardgewehr 22″ (56 cm) und bei der Magnumversion 24″ (61 cm).

Das Standardmodell wurde in den Kalibern .22−250 Rem., .222 Rem., .243 Win., .270 Win., .30−06 und .308 Win. gefertigt. Die Magnumbüchse konnte in den Kalibern .264 Win. Mag., 7 mm Rem. Mag. und .300 Win. Mag. geliefert werden.

Die Produktion des Modells 770 wurde 1972 eingestellt. An seine Stelle trat für die fernere Zukunft das Modell 70 A.

Die Winchester 70 A

Diese vereinfachte Ausführung des Modells 70 A wurde 1972 ins Sortiment genommen. Die Vereinfachungen bezogen sich in erster Linie, wie beim Modell 770, auf den Schaft. Auch das Modell 70 A hatte das Kastenmagazin, das auf der Unterseite durch den Schaft geschlossen wurde. Man bot das Modell 70 A in Standard- und Magnumkalibern an. Im Katalog 1974 war das Modell 70 A mit folgenden Ausführungen vertreten:

Die Standardbüchse wurde in folgenden Kalibern gefertigt: Mit 24″ (61 cm) langem Lauf im Kaliber .25−06 Rem. Mit 22″ (56 cm) langen Läufen gab es die Kaliber .22−250 Rem., .222 Rem., .243 Win., .270 Win., .30−06 und .308 Win. Die Magnumversion mit 24″ (61 cm) langem Lauf konnte in den Kalibern .264 Win. Mag., 7 mm Reg. Mag. und .300 Win. Mag. geliefert werden.

1978 wurde bei der Finishverbesserung »XTR« auch das Modell 70 A berücksichtigt. Die Lauflängen und das Kalibersortiment blieben dabei erhalten. Letztmalig vertreten war das Modell 70 A im Winchester-Katalog des Jahres 1980.

Der Custom Gun Shop

Neben der Serienausführung gibt es das Modell 70 auch vom Winchester Custom Gun Shop. Dort werden Sonderausstattungen hinsichtlich Schaft und Gravur ausgeführt. Auch die anderen Waffenmodelle aus der Fertigung in New Haven, wie zum Beispiel die Winchester 94 und Winchester 9422, gibt es vom Custom Gun Shop genau nach den Vorstellungen des Kunden. Bekannt ist der Custom Gun Shop auch für die berühmte Querflinte Modell 21, die in drei verschiedenen Ausführungen bestellt werden kann.

Zurück zur Winchester 70. Von der Featherweight-Ausführung fertigte man im Jahr 1982 im Custom Gun Shop in einer Auflage von 1000 Stück das Modell 70 Ultra Grade im Kaliber .270 Win. Die 70 Ultra Grade Featherweight ist mit aufwendigen Gravuren und Goldeinlagen auf Lauf, Systemhülse, Abzugsbügel, Magazindeckel und Pistolengriffkäppchen versehen.

Der Schaft dieser Gewehre entspricht in seiner Form dem der normalen Featherweight aus der Serienproduktion. Beim Schaftholz wurden jedoch nur ausgesuchte Nußbaumhölzer mit besonders schöner Zeichnung verwendet. Natürlich wurde auch die Schäfterarbeit in Handarbeit ausgeführt und ist von überragender Qualität.

Ursprünglich wurde in den USA ein Verkaufspreis von 5000 US-Dollar für dieses Gewehr genannt.

Man hatte jedoch mit 1000 Waffen wohl die Nachfrage etwas überschätzt, so ist es erklärlich, daß in den folgenden Jahren von einigen Händlern auch Ultra Grade Featherweight-Gewehre zu einem weitaus niedrigeren Preis in den Vereinigten Staaten angeboten wurden.

Die Custom Gunmaker und das System Winchester 70

Genau nach dem Kundenwunsch in Einzelfertigung aus besten Materialien gebaute Gewehre in perfekter handwerklicher Verarbeitung werden in Nordamerika als Custom Guns bezeichnet.

Entsprechend der amerikanischen Tradition bildet das Repetiergewehr die erstrangige Jagdbüchse. So ist es zu verstehen, daß die Amerikaner den Repetierer bei der Fertigung von Custom Guns zur Perfektion geführt haben.

Die meisten Custom Gunmaker verwenden für solche Gewehre klassische Systeme. In vorderster Linie stehen als Ausgangsbasis Systeme 98 von DWM, FN und Mauser sowie das legendäre Winchester 70-System in der Ausführung pre-64. Dieses System ist so beliebt, daß die Preise ständig ansteigen und bereits einige Hersteller annähernde Kopien dieses Klassikers neufertigen.

Aber auch das System 70 in seiner heutigen Ausführung gewinnt zunehmend an Bedeutung in der Custom Gun-Szene. Die Beliebtheit der Winchester-Actions ist einer der schlagendsten Beweise für die Qualität aus New Haven. Denn bei einer Büchse, die 5000 US-Dollar und mehr kostet, kann man nur optimales Material verwenden.

Winchester 70 und die Superbüchsen des SCI

Systeme Winchester 70 standen in den Jahren 1985 bis 1987 bei Projekten des Safari Club International – SCI – im Mittelpunkt. Die Rede ist von den teuersten modernen Repetiergewehren. 140 000 US-Dollar waren es 1985, 201 000 US-Dollar ein Jahr später und auch 1987 brachte eine Custom-Büchse mit 70er Action 54 000 US-Dollar.

1982 startete der SCI das Projekt »Guns of the Big Five«. Mit den »Big Five« sind die fünf großen Tierarten Afrikas, Elefant, Nashorn (Rhino), Büffel, Löwe und Leopard, gemeint.

Gestartet wurde die Serie »Guns of the Big Five« 1982 mit der von David Miller aus Tucson gefertigten Elefantenbüchse. Beim Jahrestreffen des SCI brachte diese auf der Basis eines 98er-Systems gefertigte Waffe des Kalibers .458 Win. Mag. 41 000 US-Dollar. Ein Jahr später war die Rhino-Waffe an der Reihe. Die Firma Champlin Arms verwendete für dieses Gewehr das Custom-Action der eigenen Firma. 43 500 US-Dollar brachte die für das Kaliber .375 H&H Mag. eingerichtete Büchse. Die Büffelbüchse des Jahres 1984 wurde von der deutschen Firma Heym in Münnerstadt gefertigt. Als einzige Waffe der Serie handelt es sich nicht um einen Repetierer, sondern um eine Doppelbüchse des Kalibers .375 H&H Mag. Die Heym-Büchse brachte bei der Versteigerung in Las Vegas die neue Rekordsumme von 65 000 US-Dollar.

1985 war es dann soweit. Die Firma Paul Jaeger, Inc. aus Jenkintown, Pa. ging mit der Löwenbüchse im Kaliber .375 H&H Mag. an den Start,

Anfang 1985 wurde vom SCI die Löwenbüchse der Firma Paul Jaeger, Inc. für 140 000 US Dollar versteigert. Das System ist ein Winchester 70 pre-64 aus dem Jahre 1952. Die Abbildung zeigt die Büchse von der rechten Seite.

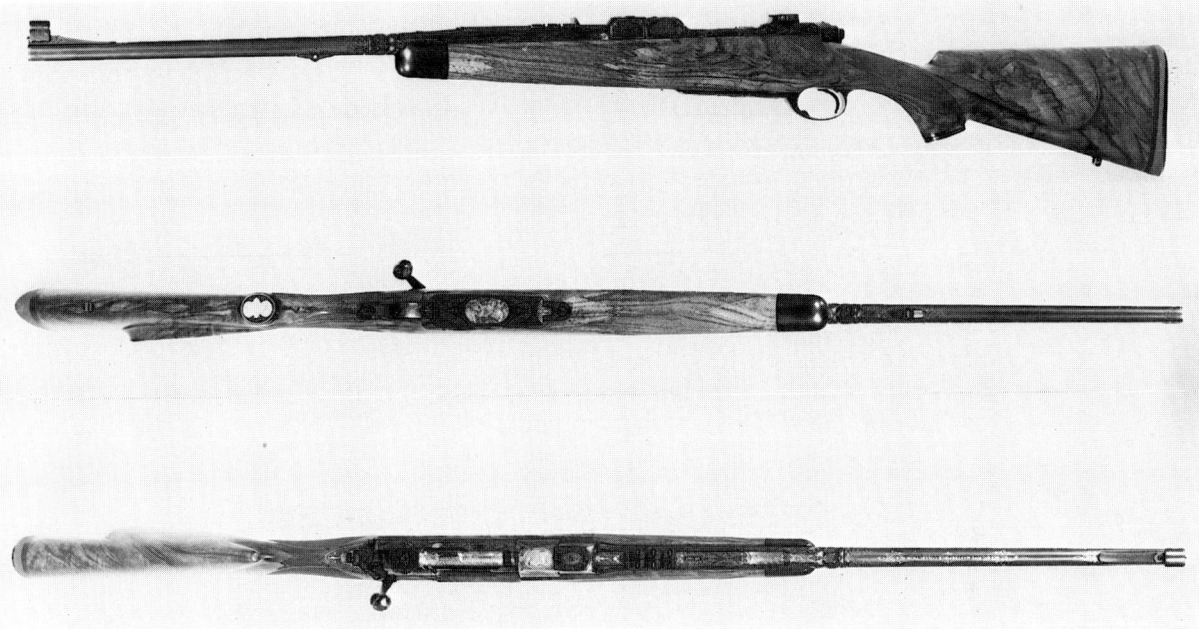

Oben: Die Löwenbüchse von links betrachtet.

Mitte: Blick auf die Unterseite der aufwendig von Claus Willig gravierten Löwenbüchse.

Unten: Blick von oben auf die Löwenbüchse.

und der damalige Firmenleiter Dietrich Apel, eine Neffe des Firmengründers Paul Jaeger, hatte sich für das amerikanischste aller Actions, das Winchester 70 pre-64, entschieden.

Apel verwendete für die dem Löwen gewidmete No. 4 der Serie »Guns of the Big Five« ein 1952 gefertigtes Winchester 70 pre-64-System. Eingerichtet wurde die Löwenbüchse für das Kaliber .375 H&H Mag. Die Jaeger-Mannschaft leistete ganze Arbeit und legte eine in jeder Hinsicht perfekte Arbeit vor. Gekrönt wurde dieses Gewehr durch aufwendige Gravuren des

Die Laufbeschriftung der SCI-Löwenbüchse.

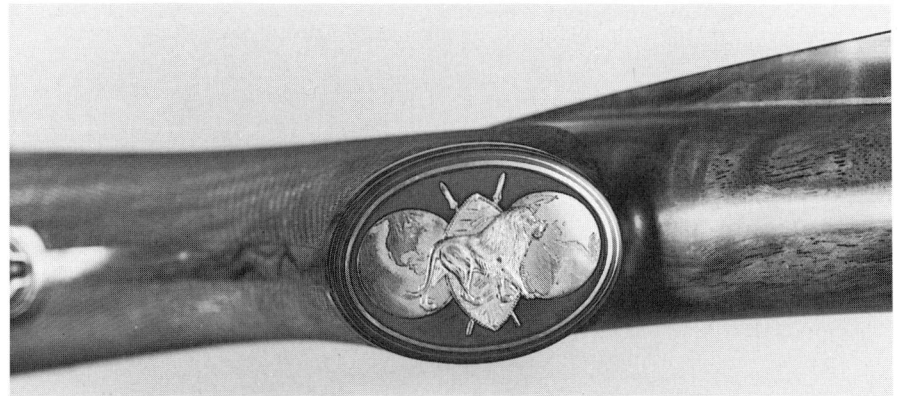

Pistolengriffkäppchen der SCI-Löwenbüchse mit dem SCI-Zeichen.

Bodenplatte der Löwenbüchse.

Die Einzelteile des Verschlusses vor der Gravur. Aufgenommen in der Werkstatt von Claus Willig.

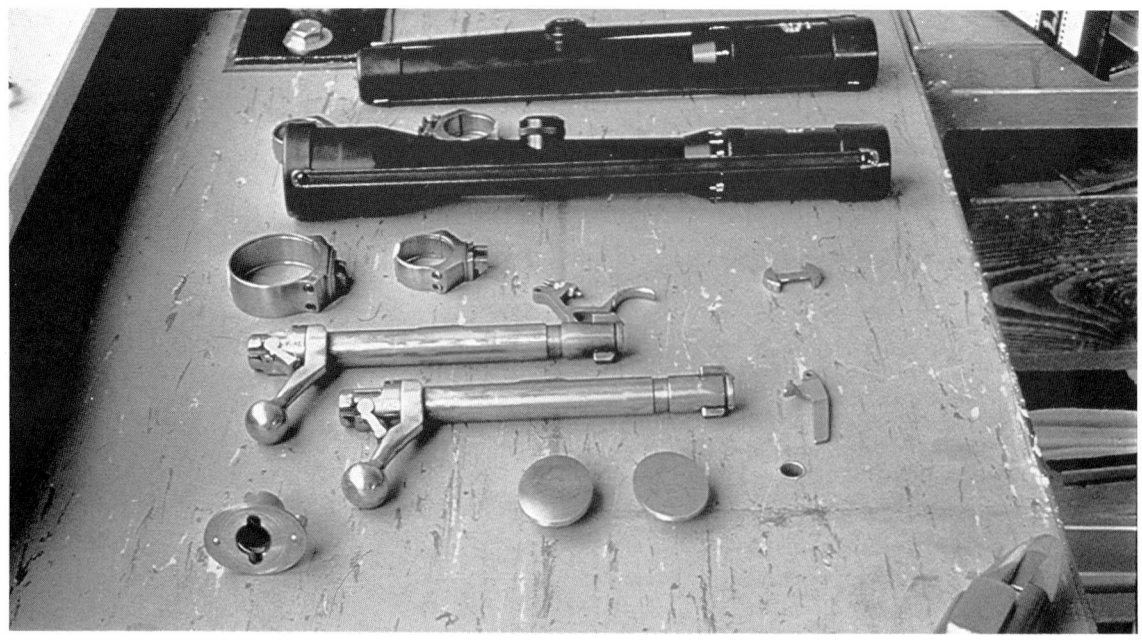

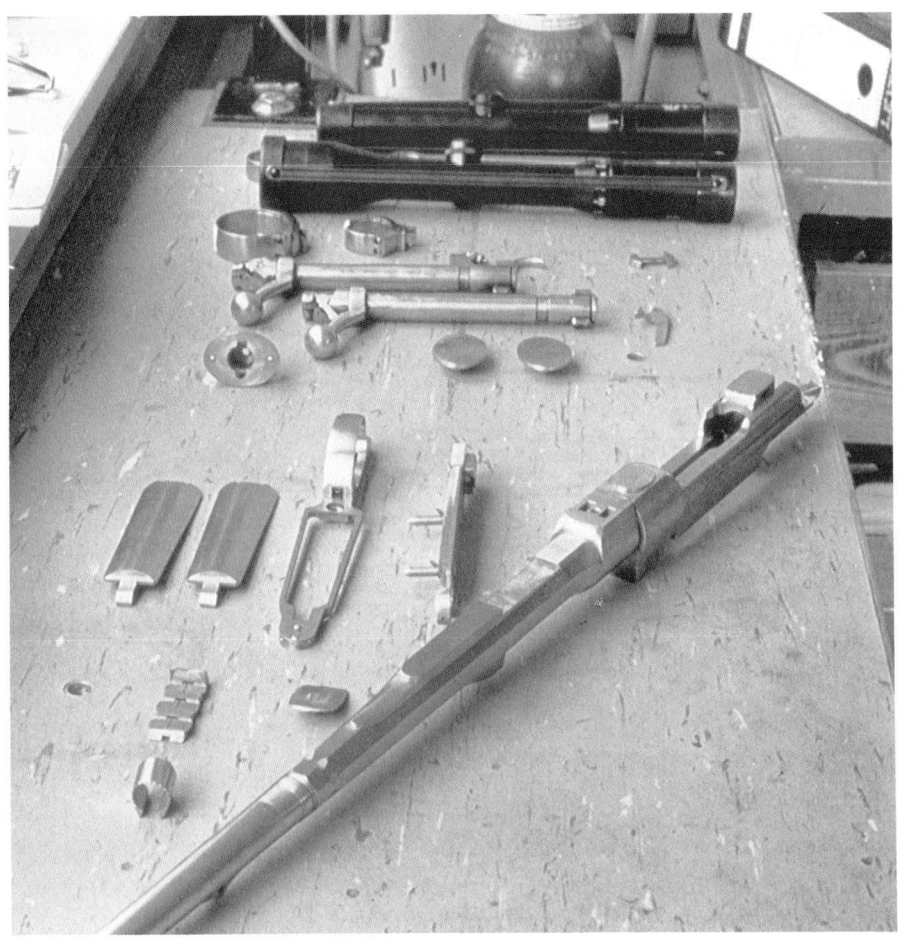

Die zur Gravur vorbereiteten Stahlteile der Löwenbüchse mit einem pre-64er Winchester 70 System.

Schweinfurter Meistergraveurs Claus Willig. Der Lohn für derartig viel Mühe: Die Löwenbüchse brachte einen neuen Rekord von 140 000 US-Dollar. Die teuerste moderne Repetierbüchse war somit mit einem Winchester-Action 70 pre-64 ausgestattet.

Den Abschluß der Serie bildete 1986 die von David Miller, er hatte bereits 1982 die Elefantenbüchse gefertigt, gebaute Leopardenbüchse. Für diese Waffe geschah nun das, was Kenner seit Jahren sich wünschen. Das Winchester Action pre-64 kam wieder, und zwar mit leichten Änderungen. Man hatte die Verbesserungen der post-64er übernommen und mit dem alten pre-64er-System vereint. Nur einen Haken hatte die Sache, bei US Repeating Arms fertigte man nur ein System mit der Nummer G 1 für die SCI-Rifle. Gerüchte über eine Übernahme dieses Systems in die laufende Serie bestätigten sich leider nicht.

Ebenfalls von US Repeating Arms kam der Laufrohling im Kaliber .338 Win. Mag. Die fünfte Büchse wurde somit fast eine Winchester, wäre da nicht die handwerklich vollkommene Arbeit von David Miller und seinem Team. Graviert wurde diese Büchse von Lynton McKenzie. Curt Crum führte die Schäfterarbeiten aus. Wenn man es auch nicht für möglich hielt, die Jaeger-Büchse sollte nur für ein Jahr Rekordhalter sein. Die von David Miller gefertigte Leopardenbüchse brachte 201 000 US-Dollar.

Nach den 70er-Systemen pre-64 und post-64 gibt es also ein drittes System Winchester 70 in der Auflage von einem Stück. Es dominieren dabei die Merkmale des pre-64er Actions, wobei die Vorteile des heutigen Systems berücksichtigt wurden.

Nach dem Abschluß der Serie »Guns of the Big Five« war es nicht einfach, weitere Projekte dieser Qualitätsklasse zu starten. Für das Jahr 1987 wurde eine Büchse unter der Bezeichnung »The Masters Dedication to the African Hunter« von Duane Wiebe gefertigt. Wiebe führte sowohl die Büchsenmacherarbeit als auch die Schäfterarbeit selbst aus und bot mit einem Wechsellaufsystem wieder eine technisch äußerst interessante Variante zum Thema Winchester 70. Wiebe baute ein pre-64er-System so um, daß man zwei Läufe eingerichtet für die Kaliber .300 H&H Mag. und .375 H&H Mag. mühelos austauschen kann. Die Gravuren wurden von Robert D. Swartley und Terry Wallace ausgeführt. Der Preis für dieses Traumgewehr lag Anfang 1987 bei 54 000 US-Dollar.

Soweit bekannt ist, sind damit bei den modernen Repetiergewehren die drei teuersten Büchsen mit Winchester 70 Actions ausgestattet.

Selbstladegewehre
für Zentralfeuerpatronen

Neben den verschiedenen Repetiergewehren beschäftigte man sich bei Winchester bereits vor dem Ersten Weltkrieg mit Selbstladebüchsen für den Zivilmarkt. Allerdings waren die Selbstlader aus der Zeit vor dem Ersten Weltkrieg nur wenig erfolgreich. Die entsprechend kleinen Stückzahlen sind heute der Grund dafür, daß die Modelle 1905, 1907 und 1910 nur schwer zu beschaffen sind.

Weitaus mehr Erfolg hatte man mit einem Selbstlader (Modell 100) nach dem Zweiten Weltkrieg. Heute (1987) hat Winchester keine Selbstladebüchse für Zentralfeuermunition mehr im Programm.

Winchester 1905

Zwei Jahre nach der ersten Selbstladebüchse für Randfeuermunition, dem Modell 1903, kam das erste Selbstladegewehr für Zentralfeuerpatronen ins Winchester-Programm. Das Selbstladegewehr stand zu diesem Zeitpunkt noch ganz am Anfang seiner Entwicklung. So ausgereift die Lever Action-Waffen zu diesem Zeitpunkt bereits waren, so viel gab es noch bei den Selbstladern zu tun. Man muß weiter bedenken, daß die Armeen der großen Staaten gerade erst dabeiwaren, auf moderne Repetiergewehre mit Zylinderverschluß umzurüsten.

In den USA war 1903 das Springfield-Gewehr '03 eingeführt worden. Erst ein Jahr nach dem Winchester-Selbstladegewehr 1905 kam das Kaliber .30−06 auf, und in Europa hatten die deutschen Streitkräfte gerade vor sieben Jahren ihr berühmtes Modell Mauser 98 übernommen. Aus dieser Sicht ist es zu verstehen, daß man das Modell 1905 als Pionierarbeit verstehen muß.

Im Oktober 1905 wurde im Winchester-Katalog die Winchester Self-Loading Rifle Model 1905 vorgestellt. Eigens für dieses Gewehr wurden zwei neue zum Verschluß passende Patronen, die .32 Winchester Self-Loading und die .35 Winchester Self-Loading, entwickelt. Zweiteiliger Schaft und Einsteckmagazin für fünf Patronen waren wichtige Merkmale des Modells 1905. Ab 1911 standen auch 10schüssige Magazine zur Verfügung. Das Modell 1905 hatte einen 22″ (56 cm) langen Lauf. Es gab eine Sporting Rifle sowie eine Fancy Sporting Rifle, also eine Luxusausführung.

Gefertigt wurde das Modell 1905 bis zum Jahr 1920. Es wurden nur etwa 29 100 Waffen dieses Modells hergestellt.

Winchester 1907

Mit dem Modell 1907 liegt eine verbesserte Ausführung des Modells 1905 vor, von dem es sich im äußeren Erscheinungsbild kaum unterscheidet. Wesentlichste Verbesserung war eine neue leistungsstärkere Patrone, nämlich die .351 Winchester Self-Loading. Das Modell 1907 wurde mit einem 20″ (51 cm) langen Lauf ausgerüstet. Das Magazin nahm in der ursprünglichen Version 5 Patronen des neuen Kalibers auf. Ab 1911 stand auch für das Modell 1907 ein längeres, 10schüssiges Wechselmagazin zur Verfügung. Neben den Modellen Sporting Rifle und Fancy Sporting Rifle gab es auch eine Sonderausführung für die Polizei.

Das Modell 1907 blieb im Winchester-Programm bis zum Jahr 1957. In den fünfzig Jahren wurden rund 58 000 Stück hergestellt. Für diesen langen Zeitraum ist auch diese Zahl im Vergleich zu anderen Modellen von Winchester gering.

Winchester 1910

Mit dem Modell 1910 nahm Winchester vorläufig einen letzten Anlauf für eine zivile Selbstladebüchse. Die Vorläufermodelle 1905 und 1907 wurden weiterentwickelt, insbesondere das System verstärkt und für eine neue noch leistungsstärkere Patrone, die .401 Winchester Self-Loading, brauchbar gemacht. Äußerlich änderte sich nicht viel gegenüber den Vorläufern. Das Magazin nahm von den Patronen .401 Win. Self-Loading nur noch 4 Patronen auf. Es gab zwei Laborierungen der neuen Patrone mit 200 grains bzw. 250 grains schweren Geschossen. Das Modell 1910 wurde etwa um das Jahr 1936 aus dem Programm genommen. Es wurden bis zu diesem Zeitpunkt rund 20 000 Stück gebaut.

Bei den übrigen Selbstladegewehren bis 1945 handelte es sich ausschließlich um Militärwaffen (Hinweis auf das Kapitel über Militärfertigung). Bis zur nächsten und bisher letzten Jagdselbstladebüchse vergingen nach dem Zweiten Weltkrieg noch einige Jahre. Erst 1960 kam der moderne Selbstlader Modell 100.

Winchester 100

Winchester bot mit dem Modell 100 den Jägern eine präzise, für moderne Jagdkaliber eingerichtete Selbstladebüchse an. Technisch betrachtet handelt es sich um einen Gasdrucklader. Prägend wirkt der einteilige Schaft, der im Laufe der Jahre durch Fischhaut in verschiedenen Ausführungen etwas sein Erscheinungsbild änderte, aber in der Grundform stets erhalten blieb.

Bei der Erstvorstellung 1961 gab es vom Modell 100 mit 22″ (56 cm) langen Läufen die Rifle-Ausführung in den Kalibern .243 Win. und .308 Win. Die Magazine nehmen vier dieser Patronen auf, eine weitere Patrone kann ins Patronenlager geladen werden. 1963 kam das Kaliber .284 Win. dazu. Bei diesem Kaliber nehmen die Magazine aber nur drei Patronen auf.

Im Jahr 1967 kam zur Rifle-Ausführung noch eine Carbine-Version mit 19″ (48 cm) langem Lauf in den genannten drei Kalibern der Rifle ins Programm. Neben dem kürzeren Lauf hat der Karabiner am Vorderschaft ein Laufband, an dem der vordere Riemenbügel angebracht ist. Ab 1971 gab es den Karabiner nur noch in den Kalibern .243 Win. und .308 Win. Als man 1973 die Modellreihe 100 beendete, waren rund 262 000 Stück der verschiedenen Ausführungen hergestellt worden.

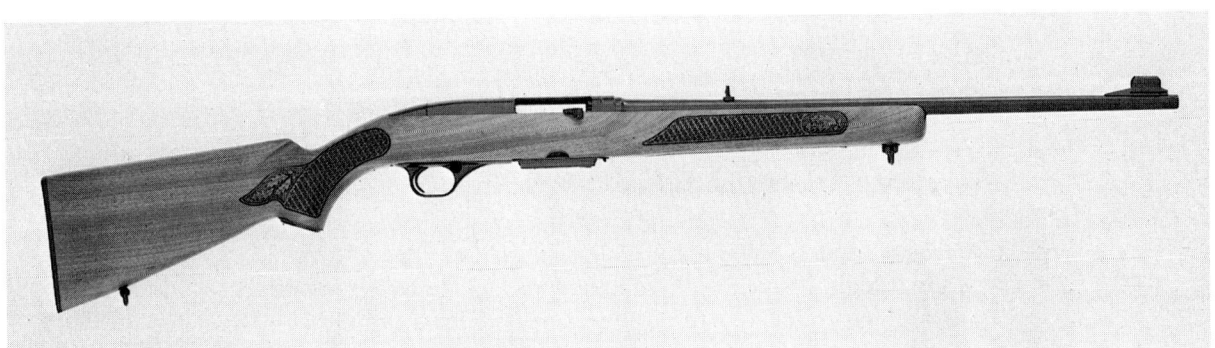

Selbstladegewehr Modell 100 in der Rifle-Ausführung.

Selbstladegewehr Modell 100 in der Carbine-Ausführung.

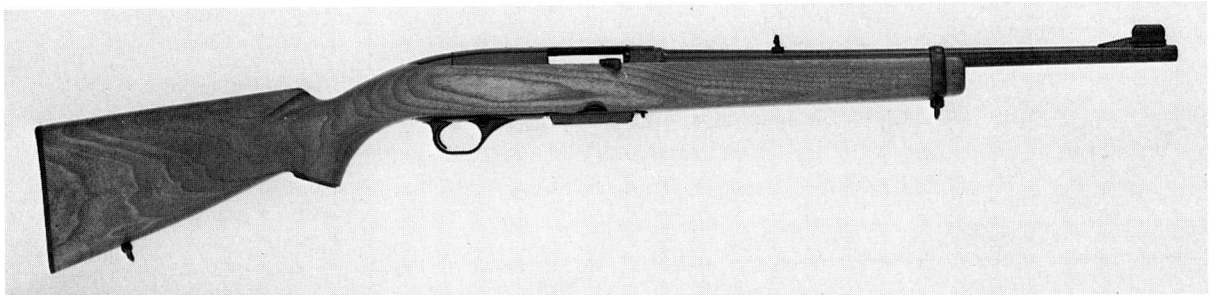

97

Die Commemoratives

Winchester-Commemoratives gehören seit dem Jahre 1964 zum festen Bestandteil des Angebots an Winchester-Waffen. Diese Erinnerungswaffen bilden teilweise sogar den Rahmen für eine eigenständige Sammlung. Zwar kann man mit diesen Waffen selbstverständlich auch schießen, aber in erster Linie sprechen sie den Sammler und Waffenfreund an. Teilweise werden Commemoratives bereits wenige Jahre nach ihrem Erscheinen zu einem mehrfachen Wert ihres Ursprungspreises gehandelt. Ursache für diese Entwicklung ist die strikte Begrenzung der Fertigungszahlen, auf deren Einhaltung peinlich genau geachtet wird.

Die klassischen Winchester-Jubiläumswaffen basieren auf dem Lever-Action-Modell 94 sowie auf dem im äußeren Erscheinungsbild ähnlichen Kleinkaliber-Modell 9422. Erhebliche Unterschiede gibt es im Vertrieb der Erinnerungswaffen. Teilweise werden die Modelle weltweit angeboten. Es kommt aber auch vor, daß ein Modell nur für den Markt in Europa oder Kanada vorgesehen ist. In Einzelfällen kann es auch sein, daß das betreffende Modell für einen bestimmten US-Bundesstaat vorgesehen ist. Maßgeblich für diese Entscheidung ist in erster Linie der Anlaß für die Fertigung der betreffenden Waffe.

Wyoming Diamond Jubilee – 1964

Mit dem Modell »Wyoming Diamond Jubilee« begann im Jahre 1964 die Geschichte der Winchester-Jubiläumswaffen. Gefertigt wurde dieses Modell auf Anregung des Wyoming Diamond Jubilee Committee. Anlaß für die Auflage einer Jubiläumswaffe war der fünfundsiebzigste Geburtstag des Staates Wyoming (1890–1965). Die 1500 Gewehre wurden ausschließlich im amerikanischen Bundesstaat Wyoming vertrieben. Mit der geringen Stückzahl von nur 1500 gehört dieses Modell zu den seltensten Commemorative-Waffen von Winchester.

Basis für die »Wyoming Diamond Jubilee« ist die Karabiner-Ausführung des Modells 94 im Kaliber .30–30 Win. mit sechsschüssigem Röhrenmagazin und 20″ (51 cm) langem Rundlauf. Der Schaft entspricht der klassischen Karabinerform mit geradem Schaftkolben ohne Pistolengriff. Für den Schaft wurde amerikanisches Nußbaumholz verwendet. Im Schaftkolben befindet sich auf der rechten Seite eine Jubiläumsplakette, die auf den Anlaß hinweist. Der Systemkasten ist bunt angelassen und hat eine kleine Gravur. Der Sattelring auf der linken Seite ist in Messingfinish ausgeführt. Die Seriennummern beginnen mit den Buchstaben »WJ« und befinden sich vorne auf der Unterseite des Systemkastens. Die Fertigung erfolgte in New Haven.

TECHNISCHE DATEN:

Kaliber:	.30−30 Win.
Magazinkapazität:	6 Schuß
Gesamtlänge:	37³/₄″ (96 cm)
Lauflänge:	20″ (51 cm)
Gewicht:	6¹/₂ lbs. (2,94 kg)

Centennial '66 – 1966

Nach dem ersten auf Wyoming begrenzten Commemorative-Modell war 1966 bei Winchester die Zeit reif für eine weltweit vorgesehene Sonderanfertigung. 100 Jahre Winchester, das ließ manche Sammler sogar auf eine Neuauflage des Modells 1866, das als erstes Gewehr den Namen Winchester trug, hoffen. Warum dieser stilechten Lösung seitens Winchester nicht

Jubiläumsmodell »Centennial '66« in der Karabinerversion.

Jubiläumsmodell »Centennial '66« in der Rifle-Ausführung.

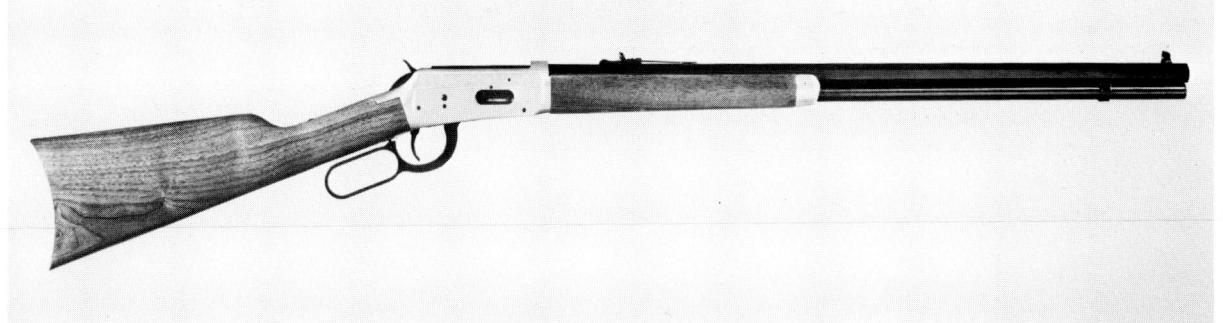

gefolgt wurde, kann nur vermutet werden. Auf der einen Seite wäre es sicherlich sehr kostenaufwendig gewesen, für eine Kleinserie eine neue Produktion aufzubauen und zum anderen gab es auch bereits Nachbauten der 66er-Winchester. Was dann 1966 der Öffentlichkeit zum Jubiläumsjahr vorgestellt wurde, war das Modell »Centennial '66« in zwei Ausführungen (Gewehr und Karabiner) auf der Basis des Modells 94.

Rifle '66 und Carbine '66 unterscheiden sich in ihrem äußeren Erscheinungsbild nur durch die unterschiedliche Lauflänge. Während die Rifle-Ausführung über einen 26″ langen Achtkantlauf verfügt, hat die Karabiner-Version einen 20″ langen achtkantigen Lauf. Beide Ausführungen haben Röhrenmagazine bis zur Laufmündung. Beide Varianten haben Schäfte im Stil der klassischen Rifle, d. h. schlanke Schaftkolben ohne Pistolengriff, mit tief nach innen gewölbter Schaftkappe aus Metall. Der Vorderschaft wird durch eine Metallkappe abgeschlossen. Die bei den Karabinern üblichen Laufbänder fehlen bei den »Centennial '66«-Waffen. Augenfälligstes Merkmal dieses Jubiläumsmodells ist jedoch der vergoldete Systemkasten. Ebenfalls vergoldet ist die Metallkappe am Vorderschaft. Lauf, Röhrenmagazin, Unterhebel, Sattelring und Ladeklappe sind brüniert. Eine Jubiläumsplakette im Schaftkolben fehlt bei der »Centennial '66«. Der Lauf trägt die Inschrift »A Century of Leadership 1866−1966«. Beide Ausführungen der »Centennial '66« sind für das Kaliber .30−30 Win. eingerichtet. Die Visierung besteht aus dem üblichen Schmetterlingsvisier und einem Balkenkorn.

Von der Produktionszahl aus betrachtet gehört die »Centennial '66« zu den Großauflagen. Insgesamt wurden 102 039 Waffen (Gewehr und Karabiner) gefertigt. Damit ist die »Centennial '66« nach der »Buffalo Bill« die Commemorative-Waffe mit der höchsten Fertigungszahl. Gefertigt wurden die »Centennial-'66«-Waffen in New Haven. Trotz dieser großen Auflage gehört die Waffe zum 100jährigen Jubiläum heute zu den erstrangigen Sammlerstücken, denn welcher Winchester-Sammler möchte schon auf dieses Modell verzichten.

TECHNISCHE DATEN – RIFLE:

Kaliber:	.30−30 Win.
Magazinkapazität:	8 Schuß
Gesamtlänge:	44¹/₂″ (113 cm)
Lauflänge:	26″ (66 cm)
Gewicht:	8 lbs. (3,62 kg)

TECHNISCHE DATEN – CARBINE:

Kaliber:	.30–30 Win.
Magazinkapazität:	6 Schuß
Gesamtlänge:	38$^{1}/_{2}''$ (98 cm)
Lauflänge:	20'' (51 cm)
Gewicht:	7 lbs. (3,17 kg)

Nebraska Centennial – 1966

Während weltweit die »Centennial '66« verkauft wurde, gab es im amerikanischen Bundesstaat Nebraska eine weitere Jubiläumswaffe. Zum 100jährigen Geburtstag des Staates Nebraska ließ die Nebraska Centennial Commission 2500 Waffen des Modells 94 in Karabiner-Ausführung als Erinnerungswaffe fertigen. Die 2500 in New Haven gefertigten Carbines haben den klassischen Karabinerschaft mit geradem Schaftkolben ohne Pistolengriff. Der Vorderschaft ist mit einem Laufband befestigt, das vergoldet ist. Das zweite Laufband auf der Höhe des Korns ist wie Lauf, Systemkasten, Sattelring und Unterhebel brüniert. Die Ladeklappe auf der rechten Seite ist vergoldet, ebenso die im Schaftkolben auf der rechten Seite eingelassene Jubiläumsplakette. Auf der linken Systemkastenseite ist in Gold ausgezogen die Inschrift »NEBRASKA CENTENNIAL 1867–1967«. Die Seriennummern beginnen mit den Buchstaben »NC«. Durch die geringe Stückzahl sowie den urspünglich ausschließlichen Verkauf im Staat Nebraska gehört das Modell »Nebraska Centennial« zu den seltenen Commemoratives. Entsprechend hoch sind heute die unter Sammlern üblichen Preise.

TECHNISCHE DATEN:

Kaliber:	.30–30 Win.
Magazinkapazität:	6 Schuß
Gesamtlänge:	37$^{3}/_{4}''$ (96 cm)
Lauflänge:	20'' (51 cm)
Gewicht:	6$^{1}/_{2}$ lbs. (2,94 kg)

Canadian '67 Rifle und Carbine – 1967

Man schrieb das Jahr 1867, als Kanada vom britischen Mutterland den Dominion-Status erhielt. 100 Jahre später war dies für Winchester der Anlaß, in der traditionsreichen Waffenschmiede in New Haven in einer Auflage von 90 301 Rifles und Carbines das Modell »Canadian Centennial '67« zu fertigen. Wie beim Modell »Centennial '66« unterscheiden sich Rifle-Ausführung und Karabiner-Version äußerlich nur durch die unterschiedliche Lauflänge. Die Schaftgestaltung sowie die Gravuren und das Finish stimmen bei beiden Versionen überein. Der Nußbaumschaft zeigt die typische Rifleform. Eine Metallkappe bildet den Vorderschaftabschluß. Lauf, Röhrenmagazin, Vorderschaftmetallkappe und Unterhebel sind brüniert. Der Systemkasten ist schwarz verchromt und hat eine Rollgravur, die das kanadische Ahornlaub zeigt. Auf beiden Seiten befinden sich je 5 Ahornblätter, die zusammen die 10 kanadischen Provinzen symbolisieren. Auf der linken Systemkastenseite ist in der Mitte des Ahornzweiges mit den fünf Blättern ein etwas größeres Ahornblatt eingraviert, das an die zwei kanadischen Northern Territories erinnert. Einen Sattelring haben beim Modell »Canadian '67« nur die Karabiner. Auf der rechten Laufseite des Achtkantlaufs ist die Inschrift »Canadian Centennial 1867—1967« zu finden. »Canadian Centennial '67« ist ebenfalls auf der Systemkastenverlängerung auf dem Kolbenhals zu lesen. Verkauft wurden die »Canadian '67«-Gewehre überwiegend in den USA und natürlich in Kanada. In Europa findet man dieses Modell relativ selten.

TECHNISCHE DATEN – RIFLE:

Kaliber:	.30–30 Win.
Magazinkapazität:	8 Schuß
Gesamtlänge:	44½″ (113 cm)
Lauflänge«	26″ (66 cm)
Gewicht:	8 lbs. (3,62 kg)

TECHNISCHE DATEN – CARBINE:

Kaliber:	.30–30 Win.
Magazinkapazität:	6 Schuß
Gesamtlänge:	38½″ (98 cm)
Lauflänge:	20″ (51 cm)
Gewicht:	7 lbs. (3,17 kg)

Alaska Purchase – 1967

Im Jahre 1867 haben die Vereinigten Staaten von Amerika eines der besten Landgeschäfte in der Geschichte gemacht. Für wenige Millionen Dollar kaufte man von Rußland den heutigen Bundesstaat Alaska. Die Russen konnten damals nicht ahnen, welche Schätze und welcher Reichtum in dem wilden Norden des riesigen nordamerikanischen Subkontinents stecken. Daß das 100jährige Jubiläum dieses genialen Landkaufes eine Commemorative-Waffe wert sein würde, war klar. Es wurden 1500 Winchester 94-Waffen in der Karabiner-Version mit Rundlauf und »vollem« Röhrenmagazin bis zur Laufmündung gefertigt. Der aus amerikanischem Nußbaum gefertigte Schaft hat die klassische Karabinerform. Im Schaftkolben ist auf der rechten Seite eine Jubiläumsplakette eingelassen. Während Lauf, Röhrenmagazin und Unterhebel brüniert sind, ist der Systemkasten buntgehärtet und mit einer ansprechenden, die Waffe schmückenden Rollgravur versehen. Den Seriennummern stehen die Buchstaben »AP« voran. Fertigungsstätte der Alaska-Waffe war New Haven.

Mit der geringen Auflage von nur 1500 Stück gehört die »Alaska Purchase« zu den sehr seltenen Commemoratives, die in Europa fast kaum zu finden sind.

TECHNISCHE DATEN:

Kaliber:	.30−30 Win.
Magazinkapazität:	6 Schuß
Gesamtlänge:	37³/4″ (96 cm)
Lauflänge:	20″ (51 cm)
Gewicht:	6¹/2 lbs. (2,94 kg)

Illinois Sesquicentennial − 1968

1968 konnte man in Illinois die 150jährige Zugehörigkeit zur Union feiern. Aus diesem Anlaß wurden für den amerikanischen Markt 37 468 Waffen in New Haven gefertigt, deren Seriennummern mit den Buchstaben »IS« beginnen. Bei der Jubiläumswaffe handelt es sich um die Carbine-Ausführung des Modells 94 im Kaliber .30−30 Win. In die rechte Seite des Schaftkolbens ist eine Jubiläumsplakette eingelassen. Lauf, Röhrenmagazin, Unterhebel und Kasten sind schwarz. Auf der linken Seite ist in Rollgravur das Profil von Lincoln mit der Inschrift „Land of Lincoln«. Auf der rechten Seite des Rundlaufes befindet sich die Bezeichnung »Illinois Sesquicentennial 1818−1968«.

TECHNISCHE DATEN:

Kaliber:	.30–30 WIn.
Magazinkapazität:	6 Schuß
Gesamtlänge:	37³/₄″ (96 cm)
Lauflänge:	20″ (51 cm)
Gewicht:	6¹/₂ lbs. (2,94 kg)

Buffalo Bill – 1968

Die amerikanische Pionierzeit ist voll schillernder Persönlichkeiten. Der wahrscheinlich bedeutendste dieser Westmänner war Col. William F. Cody, genannt Buffalo Bill. Cody wurde am 26. Februar 1846 in Scott County, Iowa, geboren. Er starb am 10. Januar 1917 in Denver, Colorado. Cody war bereits als Jugendlicher Pony Expreß-Reiter, wurde Soldat und nach dem Bürgerkrieg Büffeljäger, was ihm den Namen Buffalo Bill einbrachte. Als Scout nahm er an den Indianerkriegen teil. 1883 gründete er seine berühmte Wildwest-Show, mit der er um die Jahrhundertwende auch nach Europa gekommen war. Bereits zu seinen Lebzeiten wurde Buffalo Bill zur Legende. Seine Person und sein Leben waren und sind der Hintergrund für unzählige Wildwest-Geschichten. Daß es dabei nicht immer streng nach den

Commemorative-Waffe »Buffalo Bill«.

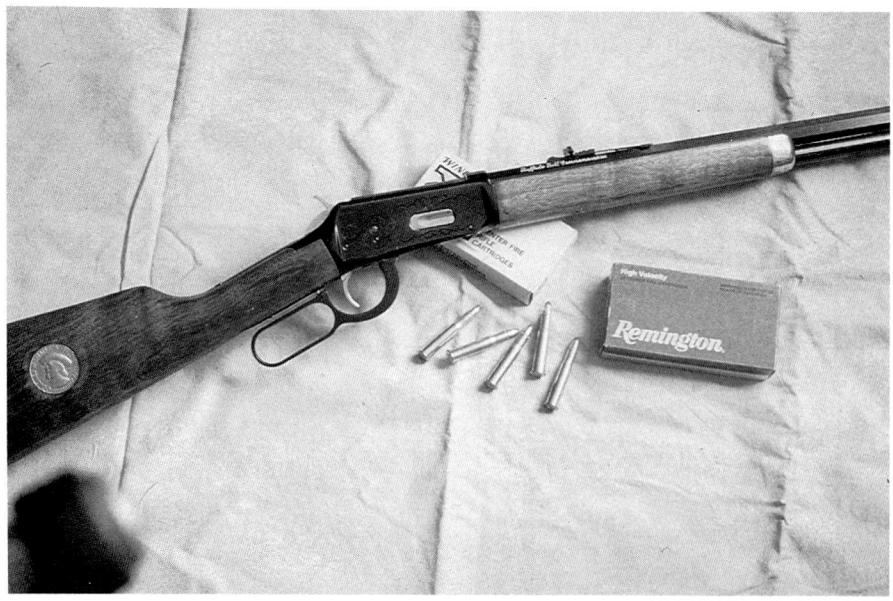

historischen Tatsachen geht, ist eine Tatsache, die dem Ruhm des William F. Cody aber keinen Abbruch tut.

In Erinnerung an den Westmann Buffalo Bill fertigte Winchester 1968 in einer Stückzahl von 112 923 Commemorative-Waffen. Von der Buffalo Bill-Waffe gibt es sowohl eine Rifle- als auch eine Carbine-Version. Nach außen unterscheiden sich die beiden Ausführungen nur durch die Lauflänge. Sowohl die Rifle als auch der Karabiner haben die gleiche Schaftform im Stil der Rifle-Ausführung mit tiefgewölbter Schaftkappe und Vorderschaftabschluß mit Metallkappe. Im Schaftkolben ist auf der rechten Seite eine Jubiläumsplakette eingelassen mit dem Porträt von Buffalo Bill. Augenfälligstes Merkmal der Buffalo Bill-Gewehre ist der schwere Achtkantlauf. Das Röhrenmagazin reicht bis zur Laufmündung. Der Systemkasten ist schwarz verchromt und hat eine ansprechende Rollgravur. Auf der linken Kastenseite ist der Schriftzug »Buffalo Bill« zu sehen. Auf der rechten Seite befindet sich auf der dem Schaftkolben zugewandten Seite der bekannte »TE« – Brand von der Ranch des W. F. Cody. Schaftkappe, Vorderschaftmetallkappe und Hammer sind vernickelt. Auf der rechten Laufseite befindet sich die Inschrit »Buffalo Bill Commemorative« in silberfarbenem Finish. Die Serien-Nummern der in New Haven gefertigten Erinnerungswaffen an Buffalo Bill beginnen mit den Buchstaben »WC«.

Aus der Sicht des Sammlers gehört dieses Modell unbedingt dazu. Obgleich in einer relativ großen Stückzahl gefertigt, ist es heute teilweise schwer zu beschaffen. Der Anlaß war so populär, daß man an diesen Waffen als Kenner nicht vorbei konnte. Unterstützt wurde dieser Trend durch eine äußerst gelungene Aufmachung, zu deren Kernstück der Achtkantlauf gehört.

Die ersten 300 Gewehre »Buffalo Bill Commemorative« wurden als Luxuswaffe ausgestattet. Geliefert wurden diese Waffen in einem Holzkoffer. Die Schäfte sind mit feinster Fischhaut an Kolbenhals und Vorderschaft versehen. Im Koffer eingelegt ist die Gedenkplatte mit dem Porträt von Cody. Die bei der normalen Ausführung vernickelten Teile sind bei der Presentation-Version vergoldet.

TECHNISCHE DATEN – RIFLE:

Kaliber:	.30–30 Win.
Magazinkapazität:	8 Schuß
Gesamtlänge:	44¹/₂″ (113 cm)
Lauflänge:	26″ (66 cm)
Gewicht:	8 lbs. (3,62 kg)

TECHNISCHE DATEN – CARBINE:

Kaliber:	.30–30 Win.
Magazinkapazität:	6 Schuß
Gesamtlänge:	38½″ (98 cm)
Lauflänge:	20″ (51 cm)
Gewicht:	7 lbs. (3,17 kg)

Golden Spike – 1969

Nach dem Bürgerkrieg begann man mit der weiträumigen Erschließung des Westens. Riesige Entfernungen galt es zu überwinden, um den Osten mit dem Westen zu verbinden. Die Eisenbahn war dazu das damals modernste Mittel. So bauten in den 60er Jahren die beiden großen Eisenbahngesellschaften Union Pacific und Central Pacific die erste, das Land quer durchziehende Eisenbahnstrecke. Die eine Gesellschaft begann im Osten mit dem Bau und die andere im Westen.

Am 10. Mai des Jahres 1869 trafen sich beide Strecken in Utah. Symbolisch wurde dann der letzte, der goldene Nagel in die Gleise geschlagen. 100 Jahre später ist dies der Anlaß für das Modell »Golden Spike«. Es handelt sich um einen in einer Auflage von 70 000 Stück in New Haven gefertigten 94er-Karabiner im Kaliber .30–30 Win. mit rundem Lauf und »vollem« Röhrenmagazin. Die Seriennummern beginnen mit »GS«. Im Schaftkolben befindet sich die entsprechende Gedenkplakette. Lauf, Röhrenmagazin und Unterhebel sind brüniert. Die beiden Laufbänder sowie der Systemkasten sind vergoldet. Auf der linken Seite des Kastens ist zwischen den Daten »1869« und »1969« der berühmte Golden Spike eingraviert. Auf der rechten Kastenseite befindet sich eine ansprechende Randlinie in Form von Arabesken.

TECHNISCHE DATEN:

Kaliber:	.30–30 Win.
Magazinkapazität:	6 Schuß
Gesamtlänge:	37¾″ (96 cm)
Lauflänge:	20″ (51 cm)
Gewicht:	7 lbs. (3,17 kg)

Theodore Roosevelt – 1969

Im fünfzigsten Jahr nach dem Tod von Theodore Roosevelt fertigte Winchester in Erinnerung an den berühmten Staatsmann und Jäger in einer Auflage von 52 386 Stück Jubiläumsgewehre. Die Serien-Nummern beginnen mit den Buchstaben »TR«. Gefertigt wurden eine Rifle- und eine Carbine-Ausführung, beide im Kaliber .30–30 Win.

Die beiden Versionen unterscheiden sich in der Lauflänge und in der Ausführung des Magazins. Gemeinsam ist beiden Modellen der Schaft aus Nußbaumholz mit dem selten vorkommenden Pistolengriff. Die tiefgewölbte Schaftkappe sowie der Vorderschaftabschluß mit einer Metallkappe entsprechen der Rifle-Form. Beide »Theodore Roosevelt«-Gewehre haben einen achtkantigen Lauf. Das Röhrenmagazin reicht bei der Karabiner-Ausführung bis zur Laufmündung und nimmt die üblichen 6 Patronen .30–30 Win. auf. Die Rifle-Version hat ein Halbmagazin, das ebenfalls 6 Patronen faßt. Achtkantlauf, Pistolengriffschaft und bei der Rifle Halbmagazin sind die technisch markanten Eigenheiten des Modells »Theodore Roosevelt«.

Der Systemkasten ist in Weißgoldfinish ausgeführt und hat eine Rollgravur, die auf der rechten Seite nur aus einer Randgravur besteht. Auf der linken Kastenseite sind der amerikanische Adler sowie die Inschriften »26th President« und »1901–1909« zu sehen.

Im Schaftkolben ist auf der rechten Seite eine Jubiläumsplakette mit dem Porträt von Theodore Roosevelt eingelassen. Fertigungsstätte ist New Haven.

TECHNISCHE DATEN – RIFLE:

Kaliber:	.30–30 Win.
Magazinkapazität:	6 Schuß
Gesamtlänge:	43³/4″ (111 cm)
Lauflänge:	26″ (66 cm)
Gewicht:	7¹/2 lbs. (3,40 kg)

TECHNISCHE DATEN – CARBINE:

Kaliber:	.30–30 Win.
Magazinkapazität:	6 Schuß
Gesamtlänge:	37³/4″ (96 cm)
Lauflänge:	20″ (51 cm)
Gewicht:	7 lbs. (3,17 kg)

Cowboy – 1970

Wie kaum eine andere Figur ist der Cowboy der Inbegriff des Wilden Westens. Als Tribut an jene Männer, die amerikanische Pioniergeschichte geschrieben haben, fertigte Winchester in einer Auflage von 27 549 Stück einen Erinnerungskarabiner. Die Seriennummern beginnen mit »CB« und sind an der üblichen Stelle auf der vorderen Unterseite des Systemkastens. Es handelt sich beim »Cowboy«-Modell um die normale Carbine-Ausführung mit Rundlauf im Kaliber. 30–30 Win.

Der Systemkasten, die Laufbänder und der Unterhebel sind vernickelt. Lauf, Röhrenmagazin, Sattelring, Abzug und Hammer sowie Ladeklappe sind brüniert.

Die Gravur zeigt auf der linken Systemkastenseite einen Reiter sowie die Inschriften »Brave Land« und »Bold Men«. Auf der rechten Kastenseite sind Sporen und Lasso zu sehen. Im Schaftkolben des Nußbaumschaftes ist eine Plakette mit einer Cowboyszene eingelassen. Gefertigt wurden die »Cowboy«-Gewehre in New Haven.

In einer Auflage von nur 300 Stück gab es eine besonders aufwendig ausgestattete Sonderserie des »Cowboy«-Commemoratives für die National Cowboy Hall of Fame.

TECHNISCHE DATEN:

Kaliber:	.30–30 Win.
Magazinkapazität:	6 Schuß
Gesamtlänge:	37³/4″ (96 cm)
Lauflänge:	20″ (51 cm)
Gewicht:	7 lbs. (3,17 kg)

Lone Star – 1970

Man schrieb das Jahr 1845, als Texas als 28ster Bundesstaat in die Union aufgenommen wurde. Zum 125jährigen Jubiläum fertigte Winchester 38 385 Jubiläumsgewehre, deren Herstellungs-Nummern mit den Buchstaben »LS« beginnen. »Lone Star«-Gewehre gibt es in zwei Ausführungen. Die Karabiner-Ausführung hat ein Röhrenmagazin bis zur Laufmündung, während die Rifle-Version ein Halbmagazin aufweist. Gemeinsam haben beide den Achtkantlauf, der zum Rundlauf in der vorderen Hälfte übergeht. Der Schaft mit Halbpistolengriff ist ein weiteres markantes Zeichen.

Der Systemkasten, der Unterhebel und die den Vorderschaft abschließende Metallkappe sind vergoldet. Auf beiden Kastenseiten ist eine aus Sternen bestehende Randgravur. Auf der linken Seite ist in der Mitte ein großer Stern, eingerahmt von den Jahreszahlen »1845« und »1970«, zu sehen. Im Schaftkolben ist auf der rechten Seite eine Jubiläumsplakette eingelassen, die die Porträts von fünf berühmten Texanern: Sam Houston, Stephen F. Austin, Col. William Barret Travis, Jim Bowie und Davy Crockett zeigt. Hergestellt wurden die »Lone Star«-Waffen in der Winchester-Fabrik in New Haven.

TECHNISCHE DATEN – RIFLE:

Kaliber:	.30–30 Win.
Magazinkapazität:	6 Schuß
Gesamtlänge:	43³/4″ (111 cm)
Lauflänge:	26″ (66 cm)
Gewicht:	7¹/2 lbs. (3,40 kg)

TECHNISCHE DATEN – CARBINE:

Kaliber:	.30–30 Win.
Magazinkapazität:	6 Schuß
Gesamtlänge:	37³/4″ (96 cm)
Lauflänge:	20″ (51 cm)
Gewicht:	7 lbs. (3,17 kg)

Northwest Territories – 1970

Zum 100jährigen Bestehen der kanadischen Northwest Territories fertigte Winchester 3000 Jubiläumsgewehre in der Rifle-Ausführung mit Achtkantlauf und ²/3-Magazin sowie Pistolengriffschaft.

Der Systemkasten ist vergoldet und hat eine ansprechende Randgravur. Auf der linken Kastenseite ist ein Polarbär eingraviert.

Mit einer Auflage von nur 3000 Stück gehört dieses Modell zu den seltensten und gesuchtesten Commemoratives von Winchester.

Die ersten 500 Waffen wurden als Luxusausgabe gefertigt. Sie unterscheiden sich vom Standardmodell durch ausgesuchtes, besonders schönes Schaftholz.

TECHNISCHE DATEN:

Kaliber:	.30–30 Win.
Magazinkapazität:	6 Schuß
Gesamtlänge:	41³/₄″ (106 cm)
Lauflänge:	24″ (61 cm)
Gewicht:	7³/₄ lbs. (3,51 kg)

NRA Centennial – 1971

Am 17. November 1871 wurde im amerikanischen Bundesstaat New York die National Rifle Association – NRA – gegründet. Zum 100jährigen Bestehen der NRA brachte Winchester 1971 gleich zwei Commemorative-Gewehre auf den Markt.

Das Modell »NRA Centennial Musket« ist im Stil der alten Militärgewehre mit einem fast bis zur Laufmündung reichenden Vollschaft ausgestattet. Der Vorderschaft wird mit einer Metallkappe abgeschlossen und wird in der Schaftmitte zusätzlich durch ein Laufband gesichert. Der Schaftkolben hat die typische Karabinerform.

Die Lauflänge der »NRA Musket« beträgt 26″ (66 cm). Gegenüber dem üblichen Buckhorn-Visier verfügt die »NRA Musket« über ein hochklappbares Visier, das auch für weitere Entfernungen einstellbar ist. Das Röhrenmagazin ist auf die gesamte Länge des Vorderschaftes abgestimmt und nimmt 7 Patronen des Kalibers .30–30 Win. auf.

Mit der »NRA Centennial Rifle« stellte man eine typische Jagdbüchsen-Ausführung vor. Pistolengriffschaft und halbes Röhrenmagazin für 5 Patronen sind die typischen Merkmale der zweiten NRA-Jubiläumswaffe.

Gemeinsam ist beiden Modellen die in den Schaftkolben auf der rechten Seite eingelassene Jubiläumsplakette. Die Systemkästen sind in schwarzem Finish ausgeführt und zeigen auf der rechten Kastenseite eine kleine Gravur. Auf der linken Kastenseite wird die Bezeichnung »NRA« von den Jahreszahlen »1871–1971« eingerahmt.

Die Serien-Nummern beginnen mit dem Buchstaben »NRA«. Insgesamt wurden in New Haven 47 380 NRA-Waffen hergestellt.

TECHNISCHE DATEN – MUSKET:

Kaliber:	.30–30 Win.
Magazinkapazität:	7 Schuß

Gesamtlänge:	44″ (112 cm)
Lauflänge:	26″ (66 cm)
Gewicht:	7¹/₈ lbs. (3,23 kg)

TECHNISCHE DATEN – RIFLE:

Kaliber:	.30–30 Win.
Magazinkapazität:	5 Schuß
Gesamtlänge:	42″ (107 cm)
Lauflänge:	24″ (61 cm)
Gewicht:	6⁵/₈ .lbs. (3,00 kg)

Yellow Boy Indian Carbine – 1972

Mit dem Modell »Yellow Boy« wurde erstmals eine Winchester-Commemo-rative-Waffe speziell für den europäischen Markt vorgestellt. Die »Yellow Boy« ist der Beginn der Indianer-Serie, die in den 70er Jahren in Europa besonders guten Anklang fand.

»Yellow Boy« nannten die Indianer die erste Winchester-Büchse, das Modell 1866, wegen des Messingsystemkastens. Die Winchester-Büchsen wurden nämlich nicht nur von den weißen Siedlern geschätzt, sondern auch die Indianer betrachteten eine Winchester-Büchse als kostbaren Besitz.

Sehr häufig findet man mit Nägeln verzierte Indianergewehre. Daher ge-hörten beim Modell »Yellow Boy« auch Messingnägel, die man in den Schaft einschlagen kann, zum Lieferumfang. Die »Yellow Boy« ist ein Ka-rabiner im Kaliber .30–30 Win. mit einem bis zur Laufmündung reichenden Röhrenmagazin. Der Vorderschaft ragt weit über das Laufband hinaus.

Augenfälligstes Merkmal ist der vergoldete Systemkasten mit den Roll-gravuren, die auf der linken Kastenseite einen Indianerkopf mit Feder-schmuck zeigen. Ebenfalls vergoldet sind die Schaftkappe und der Hahn so-wie die beiden Laufbänder. Der Sattelring, der Unterhebel sowie Lauf und Röhrenmagazin sind brüniert.

Die Serien-Nummern beginnen mit »YB«. Die Fertigung des Modells »Yellow Boy« war auf 5500 Waffen begrenzt. In Europa kamen sie über-wiegend im Jahr 1973 zum Verkauf.

TECHNISCHE DATEN:

Kaliber:	.30–30 Win.
Magazinkapazität:	6 Schuß
Gesamtlänge:	37³/4″ (96 cm)
Lauflänge:	20″ (51 cm)
Gewicht:	6¹/2 lbs. (2,94 kg)

Texas Ranger – 1973

Die Texas Ranger gehören zu den legendärsten Polizeitruppen der Welt. Gegründet 1823, feierte diese Truppe 1973 ihr 150jähriges Bestehen.

Aus diesem Anlaß wurden insgesamt 5000 Commemorative-Waffen hergestellt. Die ersten 150 Gewehre wurden besonders wertvoll ausgestattet und unterscheiden sich auch hinsichtlich der Lauflänge von den übrigen 4850 Büchsen. In der Normalausführung handelt es sich um die typische Karabinerform. Der Schaft ist aus Nußbaumholz und hat auf der rechten Seite des Schaftkolbens in der Form eines Texas Ranger-Sterns eine Jubiläumsplakette.

Das Presentation-Modell verfügt über einen kürzeren Lauf und hat einen Schaft aus feinstem Nußbaumholz mit geschnittener Fischhaut an Kolben und Vorderschaft. Die 150 Presentation-Gewehre wurden in einem Koffer geliefert.

Die Serien-Nummern beginnen mit den Buchstaben »RA«. Wegen der geringen Stückzahl und des ursprünglichen Verkaufs nur im US-Bundesstaat Texas gehört das Modell »Texas Ranger« besonders in Europa zu den seltenen Commemoratives.

TECHNISCHE DATEN – NORMALAUSFÜHRUNG:

Kaliber:	.30–30 Win.
Magazinkapazität:	6 Schuß
Gesamtlänge:	37³/4″ (96 cm)
Lauflänge:	20″ (51 cm)
Gewicht:	7 lbs. (3,17 kg)

TECHNISCHE DATEN – PRESENTATION-AUSFÜHRUNG:

Kaliber:	.30–30 Win.
Magazinkapazität:	4 Schuß

Gesamtlänge:	33³/₈″ (85 cm)
Lauflänge:	16¹/₈″ (41 cm)
Gewicht:	6 lbs. (2,72 kg)

R.C.M.P. – Centennial – 1973

Im Jahre 1873 wurde die North West Mounted Police gegründet, um in dem weiten, unerschlossenen Westen Kanadas Recht und Gesetz Geltung zu verschaffen. Aus diesen Anfängen entwickelte sich eine der berühmtesten Polizeitruppen Nordamerikas. Ab 1904 wurde aus dieser Truppe dann die Royal North West Mounted Police. Der Name Royal Canadian Mounted Police – R.C.M.P. – wurde 1920 eingeführt. Zum 100jährigen Bestehen fertigte man bei Winchester 1973 eine Jubiläumswaffe. Der Name Winchester hat zur R.C.M.P. jedoch einen besonders engen Bezug. Ab dem Jahr 1878 führte die R.C.M.P. nämlich das Winchester-Gewehr 1876 als Dienstwaffe. Dies blieb so bis zum Jahr 1914.

Das Commemorative-Modell R.C.M.P. ist mit einem fast bis zur Mündung reichenden Vorderschaft versehen. Der Schaftkolben ohne Pistolengriff hat die typische Form der Karabiner. Am Ende der Schaftkolben sind die Buchstaben »MP« auf der rechten Seite eingeprägt. Auf der gleichen Seite befindet sich auch die Jubiläumsplakette. Die Beschriftung der Plakette weist auf die drei verschiedenen Namen hin, nämlich »N.W.M.P.«, »R.N.W.M.P.« und »R.C.M.P.«. Der Systemkasten sowie der Laufring und die den Vorderschaft abschließende Metallkappe sind vergoldet. Die Gravuren des Systemkastens zeigen auf der linken Seite einen R.C.M.P-Reiter sowie die Jahreszahlen »1873–1973«. Auf der rechten Kastenseite sind die Buchstaben »MP« eingraviert. Die Seriennummern befinden sich auf der Kastenunterseite.

Für den normalen Verkauf wurden rund 9500 Waffen gefertigt, deren Seriennummern bis 10 442 reichen. Diese Nummern beginnen mit »R.C.M.P.«. Weitere 4850 Gewehre wurden in gleicher Ausführung speziell für den Verkauf an Angehörige der R.C.M.P. gefertigt. Die Seriennummern dieser Gewehre reichen bis etwa 5100 und beginnen in Abweichung zum Normalmodell mit den Buchstaben »MP«.

Nur 10 Waffen wurden in der Presentation-Version aufgelegt. Diese unterscheiden sich vom Standardmodell nur durch besseres Schaftholz. Ferner befindet sich hinter der normalen Seriennummer noch der Buchstabe »P«, also zum Beispiel »R.C.M.P. 6 P«.

Mit diesen drei Ausführungen jedoch nicht genug. Für einen Film über die Mounties wurden 32 spezielle Waffen für mit Schwarzpulver geladene

Movie-Blank-Patronen gefertigt. Diese in der Form dem Commemorative-Modell gleichen Gewehre habe keine Jubiläumsplakette im Schaft und alle Stahlteile sind brüniert. Die Seriennummern tragen vorweg die Buchstaben »M.P.X.«. Auf diese Weise konnte man beim Film der Tatsache Rechnung tragen, daß die Mounties von 1878 bis 1914 mit der Winchester '76 ausgerüstet waren.

TECHNISCHE DATEN:

Kaliber:	.30−30 Win.
Magazinkapazität:	6 Schuß
Gesamtlänge:	40″ (102 cm)
Lauflänge:	22″ (56 cm)
Gewicht:	6^5/$_8$ lbs. (3,00 kg)

Apache – 1974

Mit dem Modelll 94 »Apache« setzte Winchester 1974 die 1972 mit dem Modell »Yellow Boy« begonnene Indianer-Serie, die speziell für den westeuropäischen Markt aufgelegt wurde, fort. Es handelt sich um die typische Carbine-Version mit 20″ langem Lauf im Kaliber .30–30 Win.

Der Systemkasten sowie die Laufbänder sind vergoldet. Der Systemkasten ist mit typischen Indianermotiven graviert. Auf der rechten Schaftkolbenseite befindet sich eine Plakette. Insgesamt wurden etwa 8600 Waffen, deren Serienummern mit »AC« beginnen, hergestellt.

TECHNISCHE DATEN:

Kaliber:	.30–30 Win.
Magazinkapazität:	6 Schuß
Gesamtlänge:	37^3/$_4$″ (96 cm)
Lauflänge:	20″ (51 cm)
Gewicht:	6^1/$_2$ lbs. (2,94 kg)

Klondike Gold Rush Carbine – 1975

Der Klondike Gold Rush kurz vor der Jahrhundertwende, im Jahr 1898, zog Glücksritter aus ganz Nordamerika, ja sogar aus der ganzen Welt magisch an. 1975 wurde an diese Zeit mit einer Commemorative-Waffe erinnert. In der Grundausstattung handelt es sich um den normalen 94er-Karabiner im Kaliber .30–30 Win.

Der Systemkasten sowie die beiden Laufbänder der Winchester 94 »Klondike Gold Rush« sind vergoldet. Der Sattelring auf der linken Kastenseite sowie Unterhebel, Lauf und Röhrenmagazin sind brüniert. Auf

Das Commemorative-Modell »Klondike Gold Rush« von rechts.

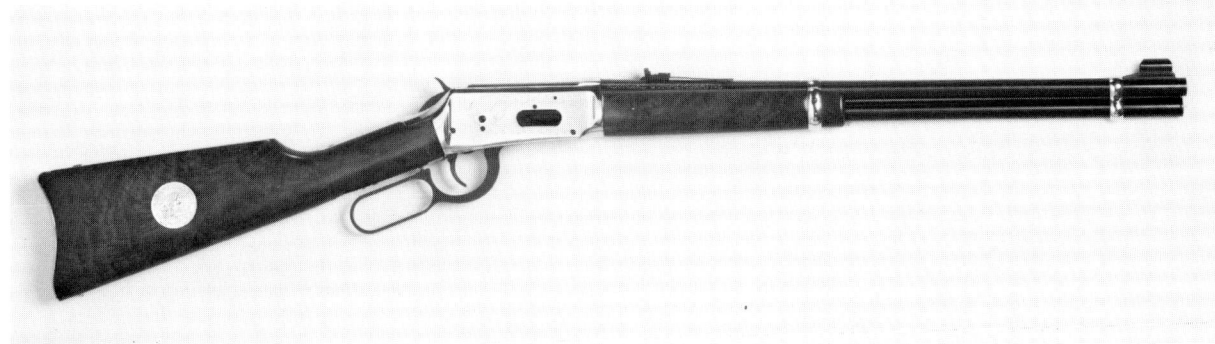

»Klondike Gold Rush« in der Gesamtansicht von links.

Laufbeschriftung der »Klondike Gold Rush«.

der rechten Laufseite befindet sich die Beschriftung »Klondike Commemorative«. Die Plakette im Schaftkolben erinnert an die unvorstellbaren Mühen, die am Chilkoot-Paß auf die Pioniere warteten. Die Rollgravur des Systemkastens zeigt auf der rechten Seite neben Goldgräberwerkzeugen die Inschrift »Bonanza – Eldorado – Hunter Creek«. Auf der linken Kastenseite ist ein Goldwäscher sowie die Beschriftung »The Great Gold Strike 1896« zu sehen.

Die rechte Systemkastenseite des Modells »Klondike Gold Rush« zeigt typische Werkzeuge der Goldwäscher.

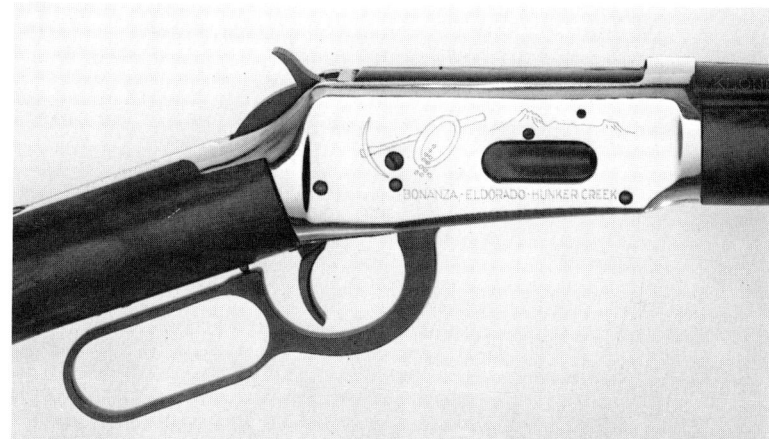

Die linke Kastenseite des Modells »Klondike« zeigt einen Goldwäscher.

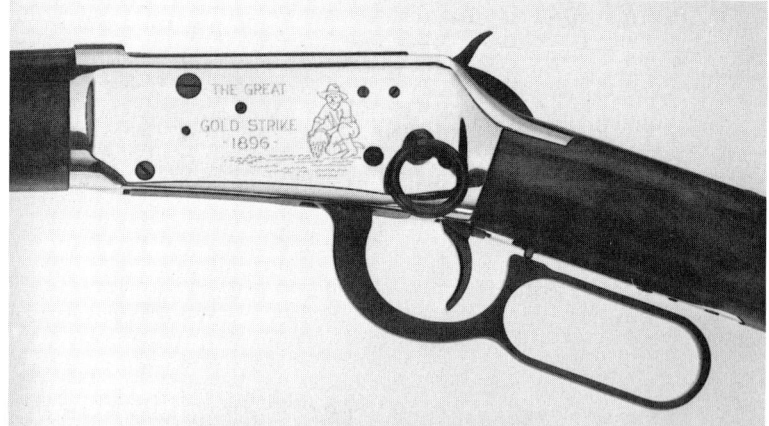

Jubiläumsverpackung des Modells »Klondike Gold Rush«.

Hergestellt wurden 10 500 Waffen von diesem Jubiläumsmodell. Zwei weitere Ausführungen gehören aufgrund der kleinen Stückzahlen zu den sehr seltenen 94er-Gewehren.

Während die Seriennummern der Standardausführung mit den Buchstaben »KGR« beginnen, gibt es nur 25 Stück, deren Seriennummer mit »DCKGR« beginnen. Diese 25 Waffen tragen die Zusatzbezeichung »Dawson City Issue« und erinnern an die berühmte Goldgräberstadt. In der Ausstattung entsprechen diese Waffen der Normalversion. Weitere 15 Karabiner gibt es als Presentation-Ausführung mit besserem Schaftholz. Die Seriennummern tragen zusätzlich ein »P«.

Neben den Waffen gab es eine Sonderserie von Munition, deren Schachteln einen Goldgräber zeigten.

TECHNISCHE DATEN:

Kaliber:	.30−30 Win.
Magazinkapazität:	6 Schuß
Gesamtlänge:	37³/₄″ (96 cm)
Lauflänge:	20″ (51 cm)
Gewicht:	6¹/₂ lbs. (2,94 kg)

Comanche – 1975

Die Reihe der Indianer-Commemoratives wurde mit dem Modell 94 »Comanche« fortgesetzt. Wie bei den beiden ersten Modellen dieser Reihe handelt es sich auch beim Modell 94 »Comanche« um einen Karabiner mit 20″ langem Lauf im Kaliber .30–30 Win. Der Schaft ist aus gutem Nußholz ge-

Modell 94 »Comanche« aus dem Jahr 1975 von rechts.

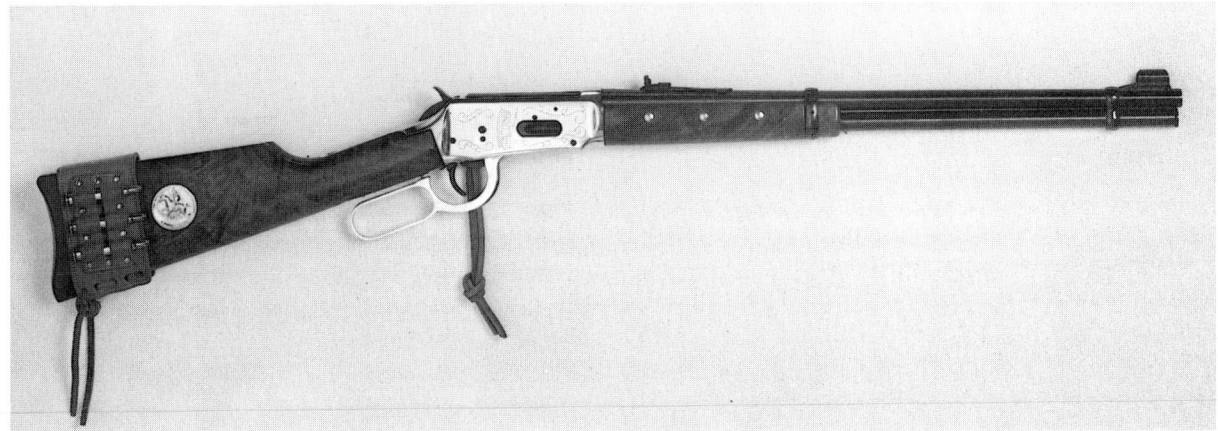

Die Gravur der rechten
Systemkastenseite des
Modells »Comanche«.

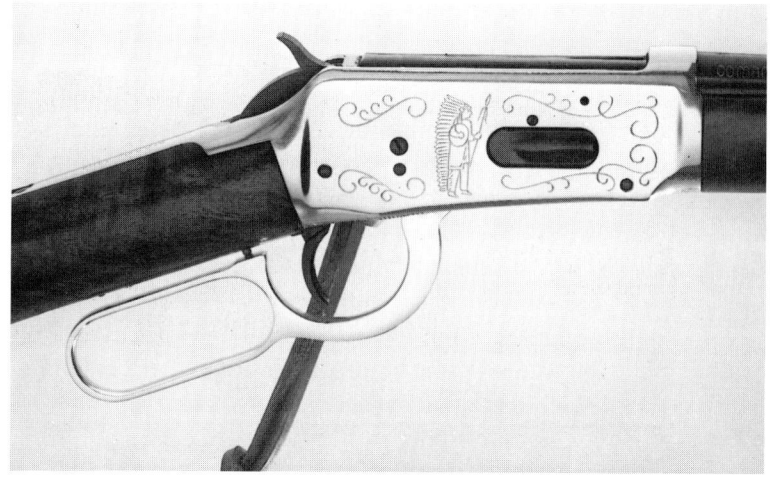

Linke Systemkastenseite
des Modells »Comanche«.

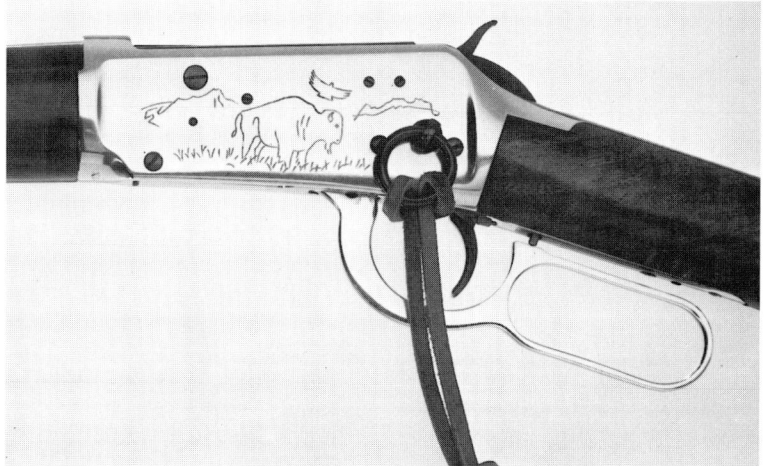

Schaftkolben mit Plakette
und Patronenband aus
Leder, Modell 94 »Coman-
che«.

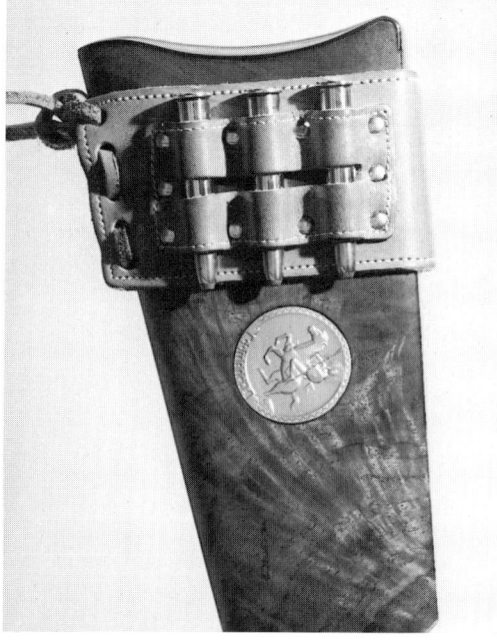

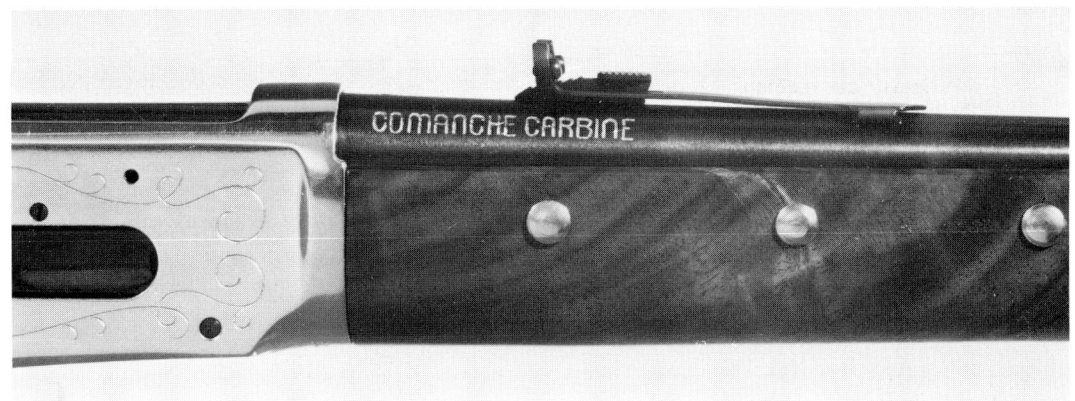

Laufbeschriftung auf der rechten Seite.

fertigt und ist am Vorderschaft mit Ziernägeln, auf jeder Seite drei, versehen. Der Systemkasten sowie der Unterhebel sind vergoldet. Auf der linken Seite des Kastens ist eine Büffelherde zu sehen. Auf der rechten Seite ein Indianer im Federschmuck. Neben einem Poster mit Indianermotiv gehört ein Lederband, das um den Schaftkolben befestigt wird und drei Patronen aufnimmt, zum Lieferumfang.

Die Seriennummern der »Comanche« beginnen mit den Buchstaben »CC«. Insgesamt wurden 11 500 Stück gefertigt.

TECHNISCHE DATEN:

Kaliber:	.30−30 Win.
Magazinkapazität:	6 Schuß
Gesamtlänge:	37³/4″ (96 cm)
Lauflänge:	20″ (51 cm)
Gewicht:	6¹/2 lbs. (2,94 kg)

U.S. Bicentennial – 1976

Daß der 200. Geburtstag der Vereinigten Staaten von Amerika eine Commemorative-Waffe verdiente, stand und steht außer Zweifel. Winchester legte mit einer angenehm geringen Stückzahl von nur 19 999 Waffen sowie einer überdurchschnittlichen Ausstattung bei der »Bicentennial« den Grundstein für eine der schönsten Sammlerwaffen in der 94er-Baureihe.

Wie gefragt dieses Modell bereits im Erscheinungsjahr war, zeigte die Tatsache, daß nur etwa 300 Stück außerhalb der USA zum Verkauf gelangten.

Modell 94 »US Bicentennial«.

Der Schaft der »Bicentennial« ist aus bestem Wurzelholz mit einer sehr schönen Maserung, die bei dem matten Finish des Schaftes besonders gut zur Geltung kommt. Am Kolbenhals und am Vorderschaft befindet sich eine sauber und tief geschnittene Fischhaut. Die Schaftform gleicht mit dem abgeflachten Schaftrücken, der leicht gewölbten Schaftkappe und dem weit über das erste Laufband hinausgezogenen Vorderschaft den frühen Winchester-Karabinern, was das historische Bild noch unterstreicht.

Auf der rechten Seite ist in den Schaft eine Nickel-Silber-Plakette eingelassen, die den bekannten Winchester-Reiter zeigt. Die Inschrift dieser Plakette erinnert an den 200. Geburtstag der USA »Winchester salutes the United States Bicentennial 1776–1976«.

Der Systemkasten ist in einem matten Silberton gehalten, der von Winchester als »Antik-Silber« bezeichnet wird. Die Gravuren zeigen auf der linken Kastenseite den amerikanischen Adler. Auf der rechten Seite ist die Jahreszahl »76« von dreizehn Sternen zur Erinnerung an die dreizehn Gründerstaaten umgeben eingraviert.

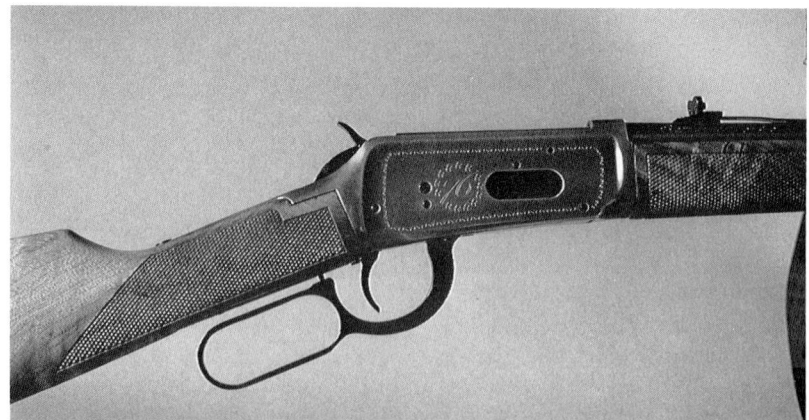

Der Systemkasten des Modells »US Bicentennial«.

120

Das Antiksilber bildet einen guten Kontrast zu dem warmen Schaftholz und der tiefschwarzen Brünierung auf Lauf, Röhrenmagazin, Schaftkappe, Unterhebel, Ladeklappe und Laufbändern. Das historische Bild dieses Modells wird abgerundet durch den auf der linken Seite befindlichen Sattelring.

Als Zubehör wurde zur »Bicentennial« ein Gewehrhalter mit einer Plakette mit der Inschrift »Winchester United States Bicentennial 1776–1976« geliefert. Ferner gab es im passenden Kaliber .30–30 Win. eine Sonderserie von Munition in extra gestalteten Schachteln. Die Seriennummern beginnen bei der »Bicentennial« mit den Buchstaben »USA«.

TECHNISCHE DATEN:

Kaliber:	.30–30 Win.
Magazinkapazität:	6 Schuß
Gesamtlänge:	37$^{3/4}$″ (96 cm)
Lauflänge:	20″ (51 cm)
Gewicht:	6$^{1/2}$ lbs. (2,94 kg)

Sioux – 1976

Nach Apachen und Comanchen waren die Sioux der dritte Indianerstamm, der mit einer Commemorative-Waffe von Winchester geehrt wurde. Auch beim Modell 94 »Sioux« handelt es sich um einen Karabiner im Kaliber .30–30 Win. Das augenfälligste Merkmal der »Sioux« ist der vergoldete Systemkasten, der von geschmackvollen Gravuren verziert wird. Die Gravuren zeigen auf der linken Seite eine Idianerszene sowie auf der rechten Kastenseite eine Friedenspfeife. Am unteren Rand sind auf der rechten Seite weiter Büffel und Indianerzelte zu erkennen. Ebenfalls vergoldet ist der Unterhebel und die den Vorderschaft abschließende Metallkappe. Diese Form des Vorderschaftabschlusses ist für einen Karabiner selten und entspricht dem von den Rifles gewohnten Bild. Ebenfalls an die Rifle-Ausführungen erinnert die mit einer tiefen Wölbung versehene Form des Schaftkolbens. Die auf der rechten Schaftseite eingelassene Plakette zeigt einen Indianerkopf. Den Gewohnheiten der Indianer folgend sind um die Plakette Ziernägel eingeschlagen.

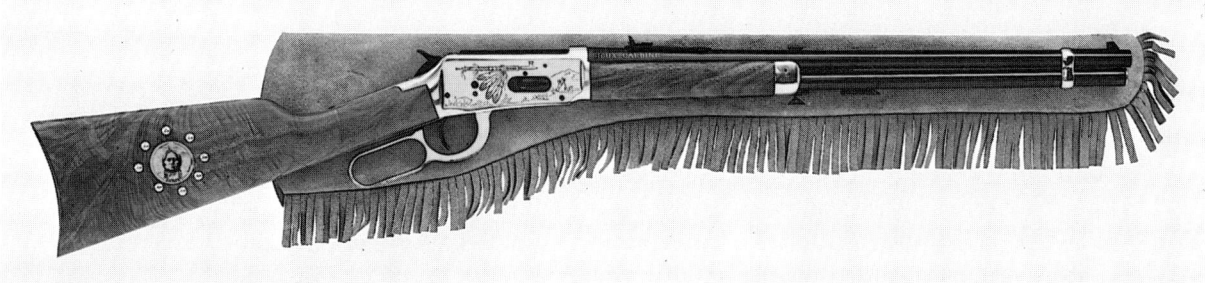

Modell 94 »Sioux«.

Die Seriennummern beginnen mit den Buchstaben »SU«. Gefertigt wurden rund 10 000 Waffen des Modells 94 »Sioux«. Als Zubehör wurden ein Lederfutteral mit Indianerverzierungen sowie ein Poster mitgeliefert.

TECHNISCHE DATEN:

Kaliber:	.30−30 Win.
Magazinkapazität:	6 Schuß
Gesamtlänge:	37³/4″ (96 cm)
Lauflänge:	20″ (51 cm)
Gewicht:	6¹/2 lbs. (2,94 kg)

Little Big Horn – 1976

Mit dem Modell 94 »Little Big Horn« kam im Jahre 1976 eine dritte Jubiläumsbüchse auf den Markt. Das Kaliber .44−40 Win. wurde im Hinblick auf den Anlaß, der Schlacht am Little Big Horn am 25./26. Juni 1876, von Winchester zutreffend gewählt. Als am 25. und 26. Juni 1876 die Sioux auf die 7. U.S.-Kavallerie unter Oberstleutnant Custer trafen, war neben der .44 Henry RF die .44−40 Win. die in Winchester-Gewehren am meisten verwendete Patrone. Entwickelt wurde sie 1873 als Schwarzpulverpatrone für die Winchester '73.

Modell 94 »Little Big Horn«.

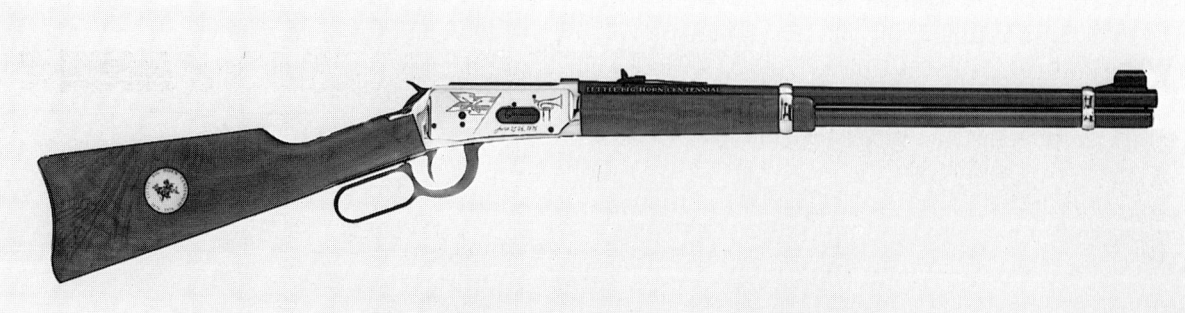

Das Röhrenmagazin des Karabiners faßt 10 Patronen. In der äußeren Erscheinungsform handelt es sich um einen typischen Karabiner. In den Schaftkolben sind die Insignien der 7. Kavallerie, zwei gekreuzte Säbel und darunter die Zahl »7«, eingeprägt. Die in den Schaftkolben eingelassene Plakette zeigt – umrahmt von der Inschrift »Little Big Horn Centennial 1876–1976« – in der Mitte Custers letzte Stellung. Der Systemkasten und die Laufbänder sind vergoldet. Die Gravuren zeigen auf der linken Kastenseite einen Indianerhäuptling mit Federschmuck. Auf der rechten Kastenseite sind die Insignien der Kavallerie, Trompete und Fahne. Ferner ist das Datum der Schlacht eingraviert.

Die Seriennummern beginnen mit »LBH«. Es wurden rund 11 000 Winchester 94 »Little Big Horn« gefertigt. Zum Lieferumfang gehörte als Zubehör ein Buch von C. Kain über die Schlacht am Little Big Horn.

TECHNISCHE DATEN:

Kaliber:	.44–40 Win.
Magazinkapazität:	10 Schuß
Gesamtlänge:	37¾″ (96 cm)
Lauflänge:	20″ (51 cm)
Gewicht:	6½ lbs. (2,94 kg)

Wells Fargo – 1977

Hinsichtlich Ausstattung und Qualität knüpft das Modell 94 »Wells Fargo« an die »Bicentennial« des Vorjahres an. Anlaß für das Modell 94 »Wells Fargo« war der 125. Geburtstag dieser berühmten Firma, die wesentlich am Erschließen des amerikanischen Westens durch ihre Postkutschenlinien und Banken beteiligt war. Genau wie der Name »Winchester« ist auch der Name »Wells, Fargo & Co.« eng mit der Pionierzeit des vorigen Jahrhun-

»Wells Fargo«-Commemorative

derts verbunden. Gegründet 1852 stand der Name Wells, Fargo & Co. in einer unsicheren Zeit für Sicherheit und Ordnung.

Das Modell »Wells Fargo« ist ein typischer Karabiner im Kaliber .30—30. Der Schaft ist aus bestem Nußbaumholz und hat an Vorderschaft und Kolbenhals sauber geschnittene Fischhaut. Der Systemkasten hat ein Antik-Silber-Finish. Auf der linken Kastenseite zeigen die Gravuren eine Postkutsche und auf der rechten Seite neben den Jahreszahlen »1852–1977« eine Westernstadt.

Die Seriennummern beginnen mit »WFC«. Gefertigt wurden 19 999 Waffen dieses Modells.

TECHNISCHE DATEN:

Kaliber:	.30—30 Win.
Magazinkapazität:	6 Schuß
Gesamtlänge:	37³/4″ (96 cm)
Lauflänge:	20″ (51 cm)
Gewicht:	6¹/2 lbs. (2,94 kg)

Cheyenne – 1977

Bei der Indianer-Serie fuhr man 1977 mit den Modellen »Cheyenne« in den Kalibern .44—40 Win. und .22 l.r. fort. Erstmals in dieser Serie gab es gleich zwei in der äußeren Aufmachung (Gravuren, Finish, Jubiläumsplakette usw.) gleiche Waffen. Technisch gesehen sind das natürlich zwei verschiedene Lever Action-Systeme. Während bei der Waffe im Kaliber .44—40 Win. der normale 94er-Karabiner als Ausgangsbasis diente, wurde die .22 l.r.-Waffe auf der Grundlage des Modells 9422 gestaltet.

Die Systemkästen sind vergoldet, ebenso die Unterhebel und die Laufbänder. Die rechte Systemkastenseite zeigt einen Cheyenne-Häuptling und die Bezeichnung »Cheyenne«. Auf der linken Kastenseite ist eine Jagdszene mit Büffel zu sehen. Neben Kimme und Korn verfügt die Ausführung im Kaliber .44—40 Win. auch über einen umklappbaren, auf dem Kolbenhals angebrachten Diopter.

Der Schaft ist aus gutem Nußbaumholz gefertigt und hat im Schaftkolben eine Jubiläumsplakette. Am Vorderschaft befinden sich die für Indianergewehre typischen Ziernägel. Winchester ehrte mit den »Cheyenne«-Modellen einen der berühmtesten Prärie-Indianerstämme.

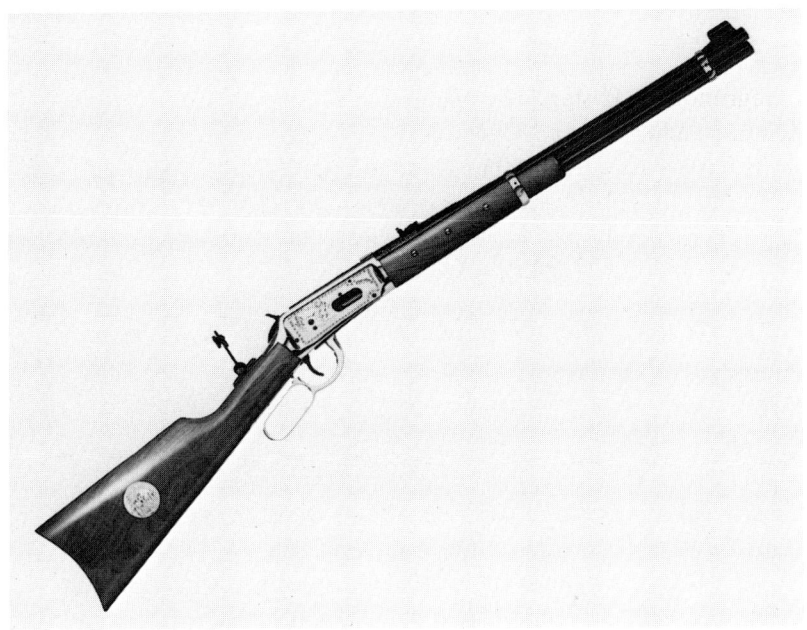

**Winchester 94 »Cheyenne«
im Kaliber .44—40.**

**Winchester 9422 »Cheyenne«
im Kaliber .22 l.r.**

Von der Großkaliberausführung wurden rund 11 500 Stück gefertigt. Die Seriennummern beginnen mit den Buchstaben »CH«. Seltener ist die KK-Ausführung mit einer Auflage von nur 5375 Waffen. Die Seriennummern des .22er-Modells tragen die zusätzlichen Buchstaben »CHF«.

TECHNISCHE DATEN – GROSSKALIBERVERSION:

Kaliber:	.44—40 Win.
Magazinkapazität:	10 Schuß
Gesamtlänge:	37³/₄″ (96 cm)
Lauflänge:	20″ (51 cm)
Gewicht:	6¹/₂ lbs. (2,94 kg)

TECHNISCHE DATEN – KLEINKALIBERVERSION:

Kaliber:	.22 l.r.
Magazinkapazität:	15 Schuß
Gesamtlänge:	37$^1/_8$″ (94 cm)
Lauflänge:	20$^1/_2$″ (52 cm)
Gewicht:	6$^1/_4$ lbs. (2,83 kg)

Cherokee – 1978

Die Cherokee-Indianer hatten ursprünglich ihre Heimat im Osten der Vereinigten Staaten, im Appalachengebirge. Dies sind heute die Bundesstaaten Tennessee, Georgia, Süd- und Nordkarolina. Die Cherokees waren ein hochzivilisiertes Volk, das über ein demokratisches Staatswesen verfügte. In den Jahren 1838/39 wurde dann eine der grausamsten Umsiedlungen in der nordamerikanischen Geschichte vorgenommen. Zwangsweise mußten die Cherokees ihre Heimat verlassen und in das Gebiet des heutigen Bundesstaats Oklahoma ziehen. Dieser »Marsch der Tränen« forderte durch Hunger, Durst und Krankheit das Leben vieler Indianer. Winchester ehrte die Cherokees mit zwei Jubiläumsgewehren. Wie bei der «Cheyenne» des Vorjahres gab es wieder in gleicher Aufmachung eine Großkaliber- und eine Kleinkaliberversion.

Die Systemkästen und die Laufbänder sind vergoldet. Die Gravuren zeigen Szenen aus dem »Marsch der Tränen« mit der Inschrift »Trail of Tears – 1839« auf der linken Seite. Auf der rechten Kastenseite ist das Porträt eines Cherokee-Indianers zu sehen.

Wincheser 94 »Cherokee« im Kaliber .30–30 Win.

Winchester 9422 »Cherokee« im Kaliber .22 l.r.

Das Großkalibermodell ist für das Kaliber .30−30 Win. eingerichtet. Auf der Unterseite des Schaftkolbens befindet sich ein Schaftmagazin zur Aufnahme von vier Patronen. Die Jubiläumsplakette ist auf der rechten Kolbenseite eingelassen und zeigt das Porträt eines Indianers sowie die Inschrift »Cherokee«. Die Seriennummern enthalten die Buchstaben »CK«. Gefertigt wurden rund 9000 Waffen. Vom KK-Modell im Kaliber .22 l.r., das auf dem Modell 9422 aufbaut, gibt es 3950 Stück, deren Seriennummern zusätzlich die Buchstaben »CKF« tragen.

TECHNISCHE DATEN – GROSSKALIBERVERSION:

Kaliber:	.30−30 Win.
Magazinkapazität:	6 Schuß
Gesamtlänge:	37³/₄″ (96 cm)
Lauflänge:	20″ (51 cm)
Gewicht:	6¹/₂ lbs. (2,94 kg)

TECHNISCHE DATEN – KLEINKALIBERVERSION:

Kaliber:	.22 l.r.
Magazinkapazität:	15 Schuß
Gesamtlänge:	37¹/₈″ (94 cm)
Lauflänge:	20¹/₂″ (52 cm)
Gewicht:	6¹/₄ lbs. (2,83 kg)

Mit den beiden »Cherokee«-Waffen endete die Indianer-Serie.

Winchester 94 »Legendary Lawmen«

Legendary Lawman – 1978

Im Jahre 1978 ehrte Winchester mit einem besonders handlichen Karabiner im Kaliber .30–30 Win., der über die interessante Lauflänge von nur 16″ verfügt, die Gesetzeshüter des amerikanischen Westens. Die »Legendary Lawman« knüpft in der Ausstattung an die »Bicentennial« und die »Wells Fargo« an. Der in der typischen frühen Karabinerform ausgeführte Schaft hat an Vorderschaft und Kolbenhals sauber geschnittene Fischhaut. Der Systemkasten sowie die Laufbänder sind in Antik-Silber-Finish ausgeführt. Der Systemkasten ist mit Szenen aus dem Leben der Ordnungshüter graviert.

Winchester 94 »Legendary Lawmen« rechte Kastenseite.

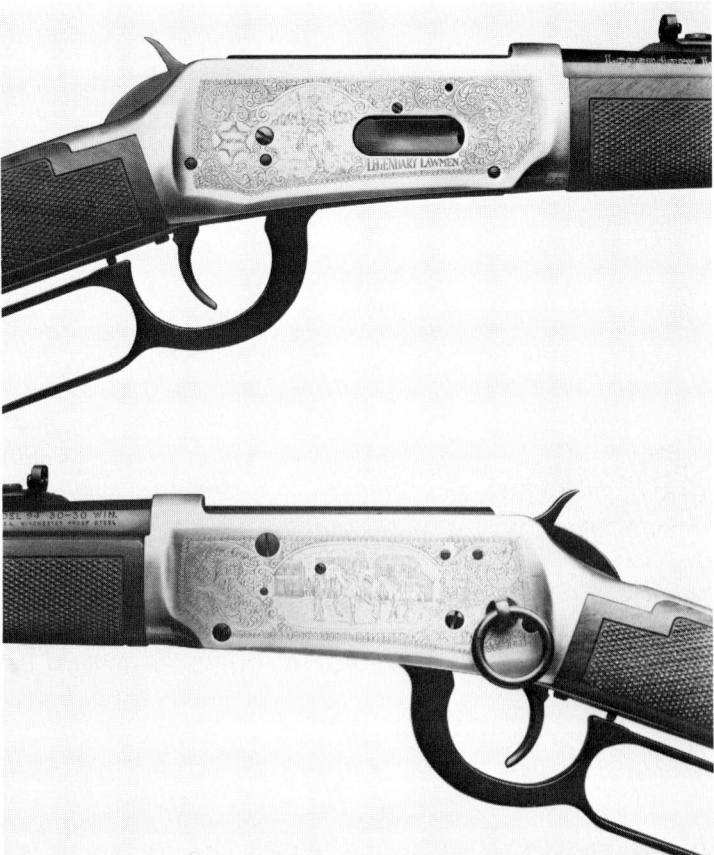

Winchester 94 „Legendary Lawmen« linke Kastenseite.

128

Gefertigt wurden 19 999 Karabiner, deren Seriennummer zusätzlich die Buchstaben »LL« tragen. Ferner wurde auch eine Sonderserie von Munition, die in ansprechenden Schachteln geliefert wurde, aufgelegt.

TECHNISCHE DATEN:

Kaliber:	.30−30 Win.
Magazinkapazität:	5 Schuß
Gesamtlänge:	33³/4″ (86 cm)
Lauflänge:	16″ (41 cm)
Gewicht:	6¹/4 lbs. (2,83 kg)

Antlered Game – 1978

Ein besonders schönes Commemorative-Modell kam 1978 mit dem Modell 94 »Antlered Game« in einer Stückzahl von 19 999 auf den Markt. Die den Geweih tragenden nordamerikanischen Wildtieren gewidmete Waffe verfügt über einen Schaft aus feinem Nußbaumholz. Fischhaut befindet sich an Vorderschaft und Kolbenhals. Der Systemkasten sowie Unterhebel und Laufbänder sind in einem matten Antik-Gold ausgeführt. Die Gravuren auf dem Systemkasten zeigen die typischen Tierarten: Elk, Moose, Deer und Caribou. Diese Motive finden sich auch auf der in den Schaftkolben eingelassenen Plakette. Die Seriennummern beginnen mit den Buchstaben »AG«.

Winchester 94 »Antlered Game«

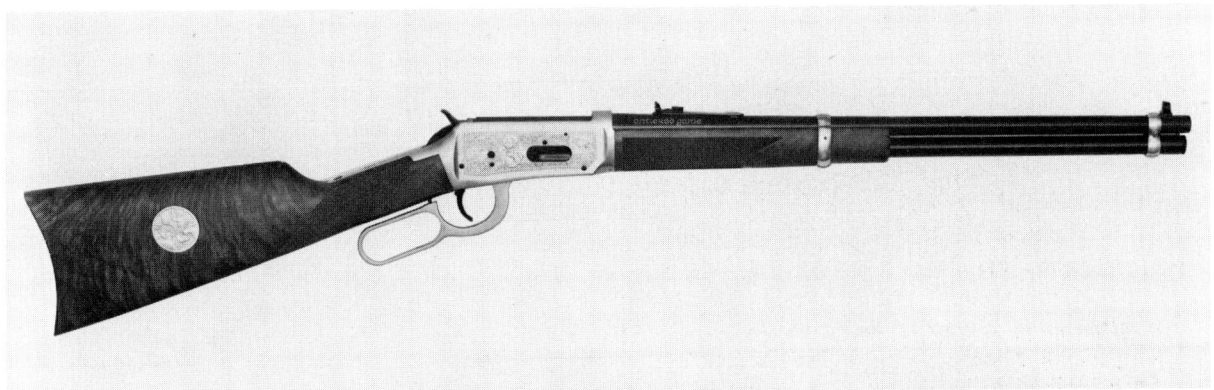

TECHNISCHE DATEN:

Kaliber:	.30–30 Win.
Magazinkapazität:	6 Schuß
Gesamtlänge:	37³/₄″ (96 cm)
Lauflänge:	20″ (51 cm)
Gewicht:	6¹/₂ lbs. (2,94 kg)

Legendary Frontiersman – 1979

In Erinnerung an jene Männer, die im vorigen Jahrhundert in das unbekannte Innere des nordamerikanischen Subkontinents vordrangen, fertigte Winchester in einer Auflage von 19 999 Stück das Modell 94 »Legendary Frontiersman«. Was die Sammler an diesem Modell besonders ansprach, war die seit langer Zeit wieder gefertigte Rifle-Ausführung sowie das Kaliber .38–55 Win.

Der Systemkasten ist in dem von früheren Modellen bekannten Antik-Silber-Finish ausgeführt. Die Gravuren auf dem Systemkasten zeigen typi-

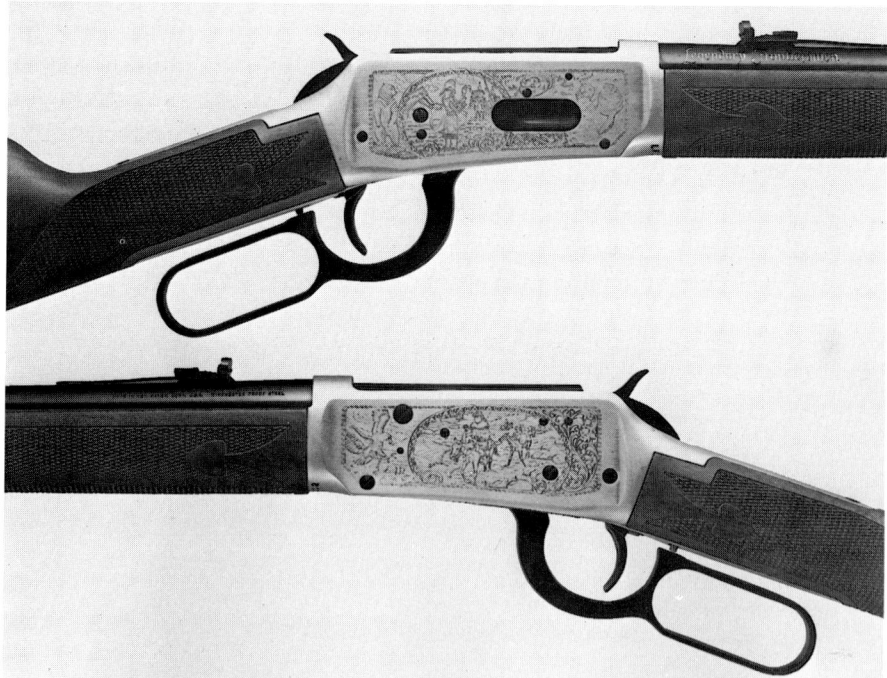

Winchester 94 »Legendary Frontiersmen« rechte Kastenseite.

Winchester 94 »Legendary Frontiersmen« linke Kastenseite.

130

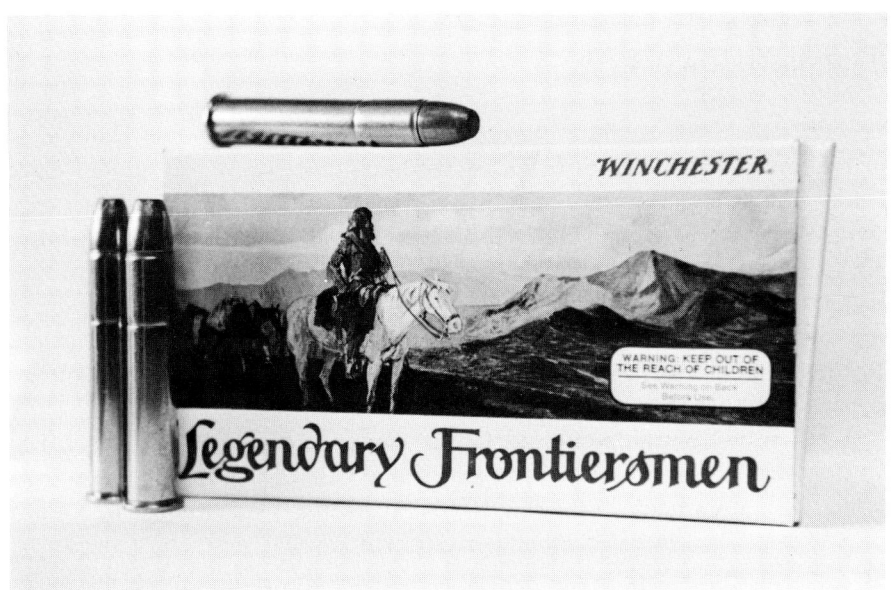

Munition im Kaliber .38−55 Win. gab es zum Modell 94 »Legendary Frontiersmen« in hübschen Schachteln.

sche Szenen aus dem Leben der Trapper, wie zum Beispiel die Begegnung mit Indianern. Auch die typischen Tiere sind bei den Gravuren vertreten: Adler, Bär, Biber und Schlange. Die in den Schaftkolben eingelassene Plakette zeigt den Kampf zwischen einem Trapper und einem Indianer.

Der Lauf der »Legendary Frontiersman« ist 24″ lang und trägt die klassische Visierung ohne Kornschutz. Der aus feinem Nußbaumholz gefertigte Schaft hat die typische Rifle-Form mit einer Metallkappe als Vorderschaftabschluß, die ebenfalls in Antik-Silber ausgeführt ist. Der Schaft verfügt an Kolbenhals und Vorderschaft über eine sauber geschnittene Fischhaut im klassischen Muster. Die Seriennummern beginnen mit den Buchstaben »LF«.

Gleichzeitig gab es die passenden Patronen im Kaliber .38−55 Win. in einer Jubiläumsverpackung.

TECHNISCHE DATEN:

Kaliber:	.38−55 Win.
Magazinkapazität:	7 Schuß
Gesamtlänge:	41³/₄″ (106 cm)
Lauflänge:	24″ (61 cm)
Gewicht:	7 lbs. (3,17 kg)

Bat Masterson – 1979

Von 1877 bis 1879 war Bat Masterson Sheriff von Dodge City, Kansas. In Erinnerung an den berühmten Gesetzeshüter fertigte Winchester in einer Auflage von 8000 Stück einen Jubiläumskarabiner im Kaliber .30–30 Win. Der Schaft des Modells »Bat Masterson« hat die übliche Karabinerform. An Kolbenhals und Vorderschaft befindet sich geschnittene Fischhaut. Der Systemkasten, der Unterhebel sowie die beiden Laufbänder sind mit einem Antik-Silber-Finish versehen. Der Systemkasten ist graviert und zeigt auf der linken Seite eine Szene mit einem Feuergefecht. Auf der rechten Kastenseite ist Bat Masterson zu sehen.

Die in den Schaftkolben eingelassene Plakette zeigt das Porträt von Bat Masterson.

Die Seriennummern enthalten die Buchstaben »BM«.

TECHNISCHE DATEN:

Kaliber:	.30–30 Win.
Magazinkapazität:	6 Schuß
Gesamtlänge:	37³/4″ (96 cm)
Lauflänge:	20″ (51 cm)
Gewicht:	6¹/2 lbs. (2,94 kg)

Oliver F. Winchester – 1980

Zum 100. Todesjahr des Firmengründers Oliver F. Winchester fertigte man in einer Auflage von 19 999 Stück das Jubiläumsmodell 94 »Oliver F. Winchester« in einer besonders interessanten Aufmachung. Zunächst war da die Rifle-Ausführung mit Achtkantlauf und das seltene Kaliber .38–55 Win. Ferner verwendete man ein besonders schönes Masernußbaumholz. Der Systemkasten, der Unterhebel und die den Vorderschaft abschließende Metallkappe versah man mit einem Antik-Gold-Finish. Die Jubiläumsplakette zeigt das Porträt von Oliver F. Winchester vor dem Hintergrund der ersten Fabrik in New Haven. Ferner sind die Jahreszahlen 1810–1880 eingraviert. Die Fabrik ist auch auf der linken Kastenseite zu sehen. Ferner befindet sich auf dieser Seite in der Gravur das Bild zweier Männer, die um ein Lagerfeuer sitzen. Auf der rechten Kastenseite sind typische Szenen aus der Zeit des vorigen Jahrhunderts zu sehen. Ferner befindet sich auf dieser Seite die Inschrift »W.R.A. & Co.«

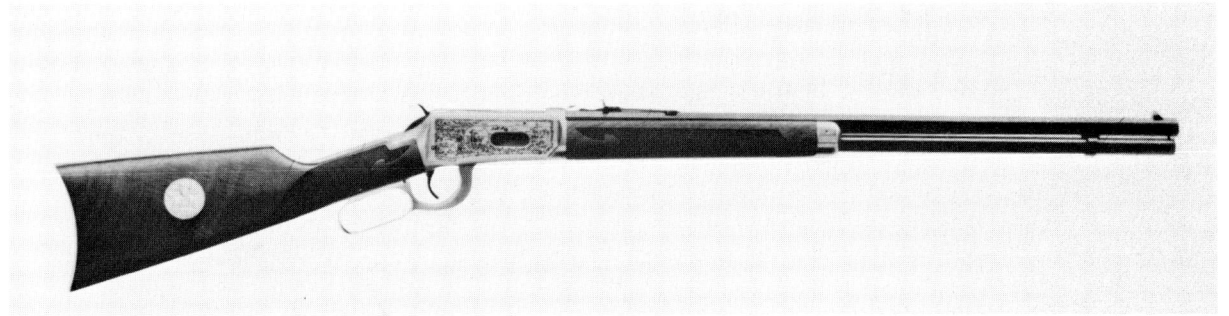

Winchester 94 »Oliver F. Winchester«

Jubiläumsplakette im Schaftkolben mit dem Portrait von Oliver F. Winchester.

Munitionsschachtel zum Modell »Oliver F. Winchester«.

133

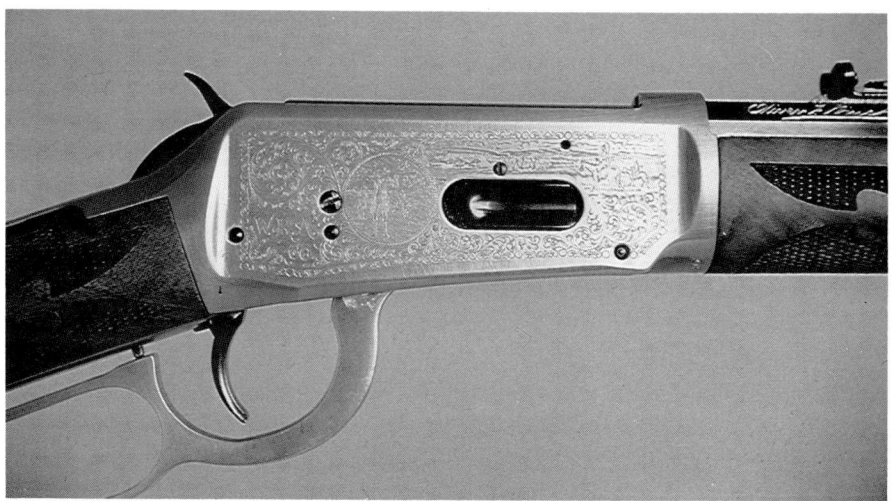

Systemkasten des Modells »Oliver F. Winchester«.

Die Seriennummern weisen die Buchstaben »OFW« auf.

Auch zu diesem Modell gab es in begrenzter Stückzahl Patronen in Jubiläumsverpackungen, die das Bild von O. F. Winchester zeigen.

TECHNISCHE DATEN:

Kaliber:	.38−55 Win.
Magazinkapazität:	7 Schuß
Gesamtlänge:	41³/₄″ (106 cm)
Lauflänge:	24″ (61 cm)
Gewicht:	7 lbs. (3,17 kg)

Alberta Diamond Jubilee – 1980

Zum 75. Geburtstag der kanadischen Provinz Alberta (1905–1980) fertigte Winchester in einer Auflage von 2700 Stück das Modell »Alberta Diamond Jubilee«.

Es handelt sich um eine Rifle im Kaliber .38−55 Win. mit versilbertem Systemkasten, der mit ansprechenden Gravuren versehen ist.

Ebenfalls versilbert sind die beiden Laufbänder. Der Schaft ist aus gutem Nußbaum gefertigt und hat an Kolbenhals und Vorderschaft Fischhaut im klassischen Muster.

Neben dem Standardmodell wurden noch 300 DeLuxe-Waffen hergestellt. Diese sind mit einem besseren Holz ausgestattet und wurden im Koffer geliefert.

Die Seriennummern werden durch die Buchstaben »ADJ« ergänzt.

TECHNISCHE DATEN:

Kaliber:	.38−55 Win.
Magazinkapazität:	7 Schuß
Gesamtlänge:	41³/₄″ (106 cm)
Lauflänge:	24″ (61 cm)
Gewicht:	7 lbs. (3,17 kg)

Saskatchewan Diamond Jubilee – 1980

Im gleichen Jahr wie Alberta feierte auch die kanadische Provinz Saskatchewan den 75. Geburtstag. Die Grundform dieser Jubiläumswaffe ist wie
beim Modell »Alberta«. Es handelt sich um die Rifle-Ausführung im Kaliber .38−55 Win. mit rundem Lauf und Magazin bis zur Laufmündung. Unterschiede bestehen natürlich in der Gravur des versilberten Systemkastens.

Beim Modell »Saskatchewan Diamond Jubilee« sind auf der rechten Seite
neben einer schönen Laubgravur die Jahreszahlen »1905–1980« zu sehen.
Auf der linken Kastenseite ist das tpyische Farmland dieser Provinz dargestellt.

Gefertigt wurden 2700 Standardgewehre sowie 300 DeLuxe-Modelle mit
besserem Holz und Koffer. Die Seriennummern enthalten die Buchstaben
»SDJ«.

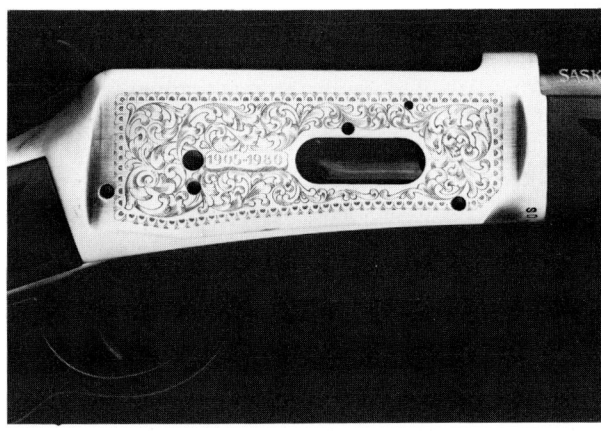

Winchester 94 »Sas-
katchewan Diamond
Jubilee«, rechte Ka-
stenseite.

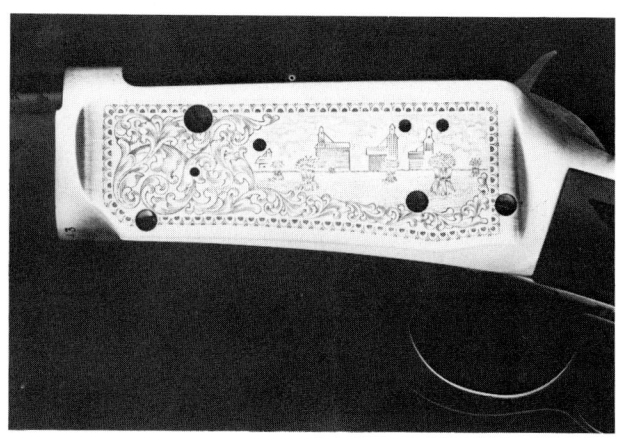

»Saskatchewan Dia-
mond Jubilee«, linke
Seite des Kastens.

TECHNISCHE DATEN:

Kaliber:	.38–55 Win.
Magazinkapazität:	7 Schuß
Gesamtlänge:	41³/4″ (106 cm)
Lauflänge:	24″ (61 cm)
Gewicht:	7 lbs. (3,17 kg)

Calgary Stampede – 1981

Das Modell »Calgary Stampede« im Kaliber .32 Win. Spec. gehört mit einer Auflage von nur 1000 Stück zu den seltensten Commemoratives von
Winchester.

Der Systemkasten hat ein Antik-Silber-Finish und ist graviert. Der Schaft
ist aus bestem Nußbaumholz und hat auf der rechten Kolbenseite die Ein-
prägung »CS«.

Die Seriennummern sind mit den Buchstaben »CS« versehen. Geliefert
wurde die »Calgary Stampede« in einem Koffer.

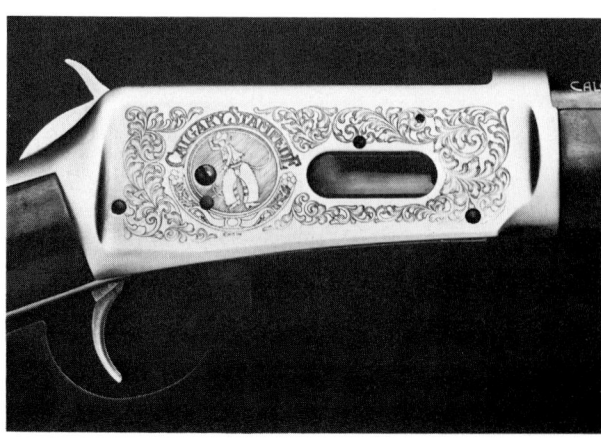

Winchester 94 »Cal-
gary Stampede«,
rechte Systemkasten-
seite.

136

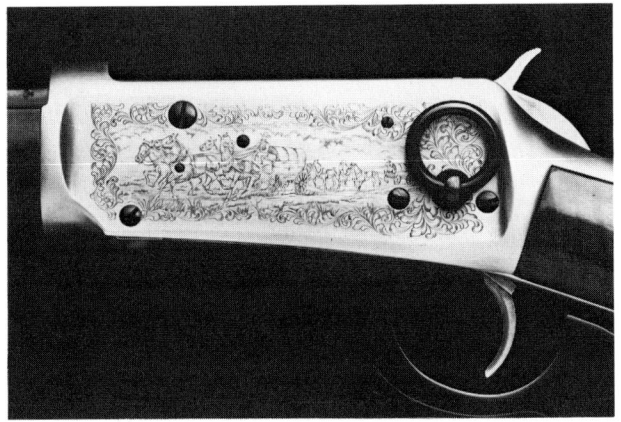

TECHNISCHE DATEN:

Kaliber:	.32 Win. Spec.
Magazinkapazität:	5 Schuß
Gesamtlänge:	33³/4″ (86 cm)
Lauflänge:	16″ (41 cm)
Gewicht:	6¹/4 lbs. (2,83 kg)

Canadian Pacific Centennial – 1981

Zum 100. Geburtstag der Canadian Pacific Railroad fertigte Winchester insgesamt 5000 Winchester 94 im Kalier .32 Win. Spec. mit ³/4 Magazinen und 24″ langen Läufen. Diese Rifles haben einen versilberten Kasten mit zum Thema passenden Gravuren.

Die Seriennummern der Standardgewehre tragen die Buchstaben »CPC«. Vom Standardmodell wurden 2700 Stück aufgelegt. 300 Stück gibt es vom Presentation-Modell, das in einem kostbaren Koffer geliefert wurde, in dem auch ein Nagel der Eisenbahnschienen liegt. Ferner verfügt dieses Modell

»Canadian Pacific Centennial«, rechte Kastenseite.

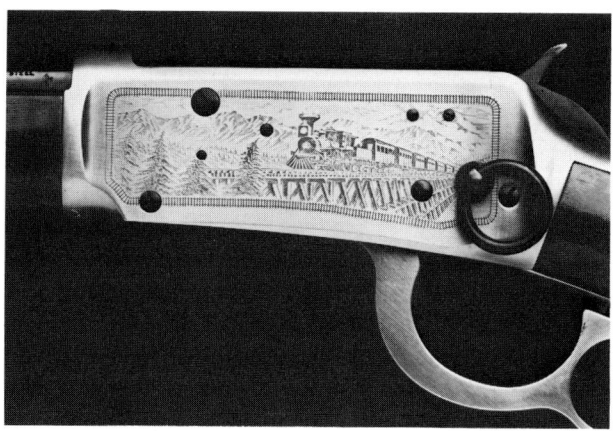

gegenüber dem Standardmodell über besseres Schaftholz. Das Modell »Canadian Pacific – Employees Model« wurde in einer Auflage von 2000 Stück hergestellt und an die Mitarbeiter der berühmten Eisenbahnlinie verkauft. Es unterscheidet sich vom Standardmodell in der Beschriftung.

TECHNISCHE DATEN:

Kaliber:	.32 Win. Spec.
Magazinkapazität:	5 Schuß
Gesamtlänge:	42$^{1/2}$″ (108 cm)
Lauflänge:	24″ (61 cm)
Gewicht:	7$^{1/2}$ lbs. (3,40 kg)

U.S. Border Patrol – 1981

Aufgrund der geringen Auflage von nur 1000 Stück gehört die Winchester 94 »U.S. Border Patrol« zu den besonders gesuchten Sammlerwaffen. Als Grundmodell diente die Trapperausführung. Die »Border Patrol« hat einen Nußbaumschaft mit Fischhaut an Kolbenhals und Vorderschaft. Die Stahlteile sind brüniert. Auf der linken Systemkastenseite ist die Bezeichnung »U.S. Border Patrol« eingraviert. Auf der rechten Kastenseite ist das Dienstzeichen der Border Patrol eingraviert. Die Seriennummern beginnen mit den Buchstaben »BP«. Für die Mitglieder der berühmten Polizeigrenztruppe gab es eine Sonderausführung als »Members Model«. Diese in einer Auflage von 800 Stück gefertigte Waffe unterscheidet sich nur durch die Se-

138

riennummerngestaltung von der Standardversion. Die Seriennummern des
»Members Model« reichen von »USBP 1« bis »USBP 800«.

TECHNISCHE DATEN:

Kaliber:	.30−30 Win.
Magazinkapazität:	5 Schuß
Gesamtlänge:	33³/₄″ (86 cm)
Lauflänge:	16″ (41 cm)
Gewicht:	6¹/₈ lbs. (2,77 kg)

John Wayne – 1982

John Wayne, mit bürgerlichem Namen Marion Michael Morrison, wurde
am 26. Mai 1907 in Winterset im amerikanischen Bundesstaat Iowa geboren. Als er am 11. Juni 1979 im Alter von 72 Jahren starb, war er bereits zu
seinen Lebzeiten zu einem Denkmal amerikanischen Pioniergeistes, harter
Männlichkeit und knorrigen Humors geworden. In fast allen seinen großen
Filmen spielen Waffen eine wichtige Rolle. Die Namen Winchester und
Colt sind mit ihm genauso verbunden wie mit dem Wilden Westen selbst.

1981 teilte Winchester mit, daß man mit der Fertigung von einem Commemorative »John Wayne« beginnen werde. Bis es jedoch zu größeren
Auslieferungen der Standardversion kam, wurde es Anfang 1982.

Ausgangsbasis ist das normale Modell 94. Augenfälligstes Merkmal des
Modell 94 »John Wayne« ist der erstmals bei Winchester gefertigte überdi-
mensionale Unterhebel, der allen Westernfans aus zahlreichen John-Way-
ne-Filmen bekannt ist. Der übergroße Unterhebel ist wie die Laufbänder
und der Systemkasten verzinnt (pewter plated). Der Systemkasten ist auf
beiden Seiten mit dekorativen Gravuren versehen. Auf der rechten Seite ist
eine typische Cowboyszene zu sehen. Die linke Kastenseite zeigt einen
Postkutschenüberfall. Auf diese Weise erinnerte man an so berühmte Filme
wie »Stagecoach« und »Red River«. Die Filmtitel der bekanntesten John-
Wayne-Filme sind auf beiden Seiten um die Gravurmotive herum eingraviert.

Neben dem großen Unterhebel ist die Lauflänge von nur 18¹/₂″ (47 cm)
ein weiteres Zugeständnis an die von John Wayne in zahlreichen Western
geführten Winchester-Gewehre. Der Schaft ist aus gutem Nußbaumholz gefertigt. Am Vorderschaft sowie am Kolbenhals befindet sich eine sehr sau-

Winchester 94 »John Wayne«
im Kaliber .32—40 Win.

Plakette mit dem Portrait von
John Wayne

Systemkasten der Winchester
94 »John Wayne«.

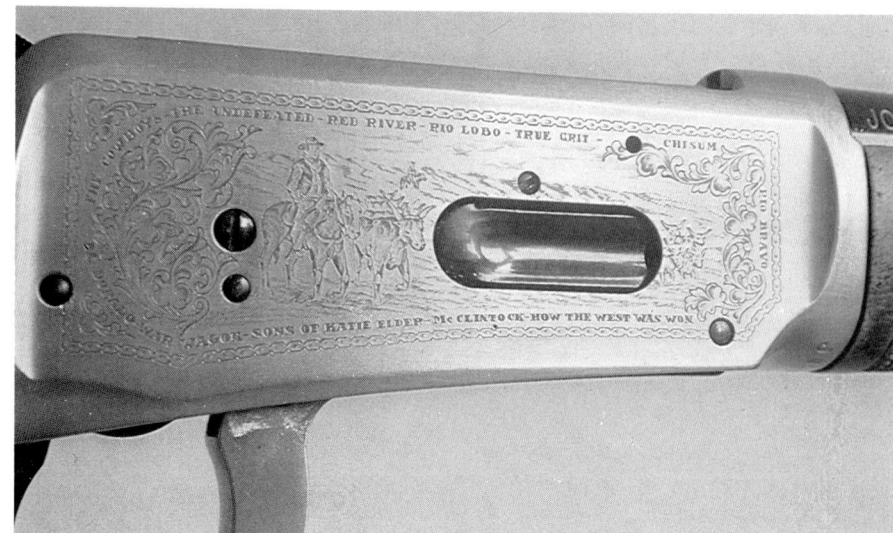

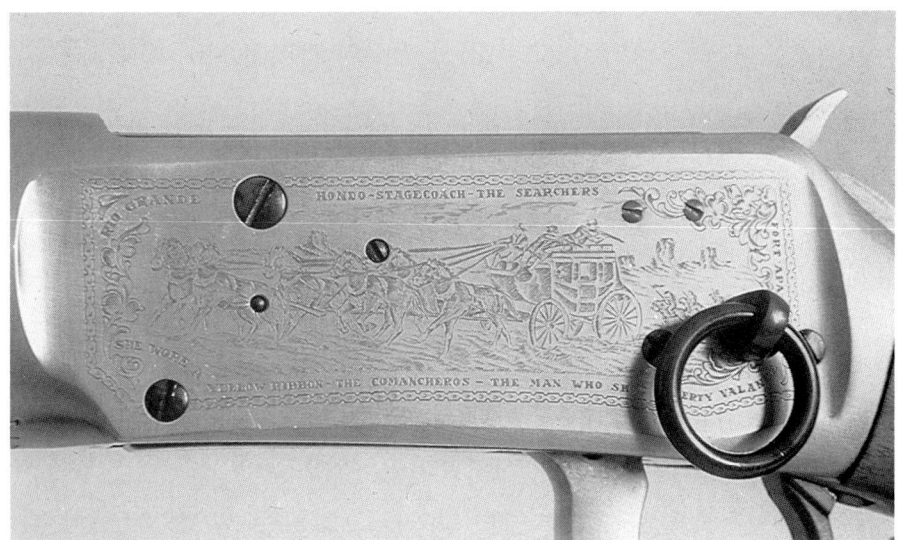

Linke Kastenseite des Modells
94 »Johne Wayne«.

Patronen des Kalibers .32—40
Win. gab es zur »John Wayne«-Waffe in einer Sonderver-
packung.

Blick auf den Bodenstempel
der »John-Wayne«-Jubiläums-
patrone.

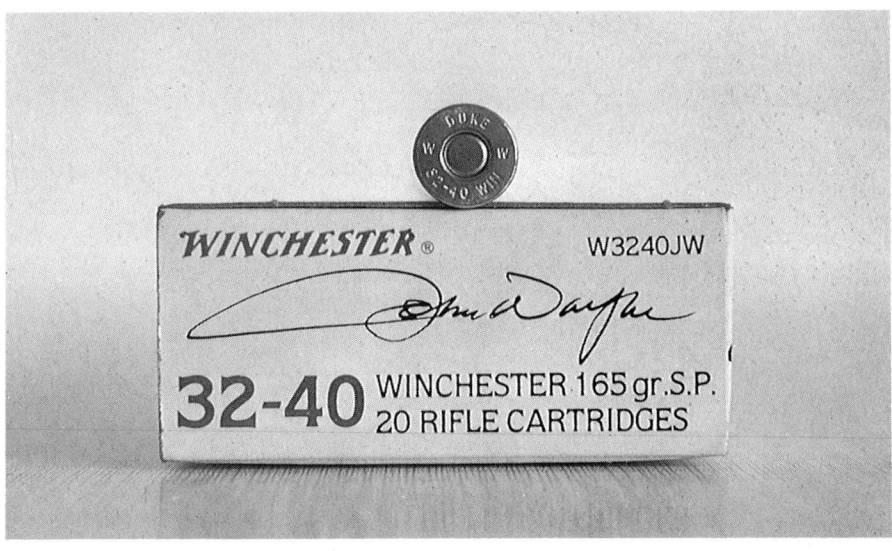

ber geschnittene Fischhaut. Mit abgeflachtem Schaftrücken und weit über das erste Laufband hinausreichendem Vorderschaft hat das Modell 94 »John Wayne« den typischen Karabinerschaft. In den Schaftkolben ist eine Plakette mit dem Porträt des Filmhelden eingelassen.

Mindestens ebenso interessant wie die bisher genannten Merkmale ist das Kaliber, nämlich .32−40 Win. Die heute seltene Patrone gab es in einer Jubiläumsverpackung in einer begrenzten Stückzahl.

Gefertigt wurden vom Modell »John Wayne« in der Standardversion 49 000 Stück, deren Seriennummern mit »JW« beginnen. In der gleichen Ausstattung, nur mit dem Unterschied, daß die Seriennummern mit »CJW« beginnen, wurde in einer Auflage von 1000 Stück das Modell »John Wayne Canadian« für den kanadischen Markt gefertigt. Die ersten 1000 »John-Wayne-Gewehre« wurden als Modell »John Wayne Duke« in Antik-Gold-Finish auf Systemkasten, Unterhebel und Laufbänder ausgeführt. Die Laufinschrift lautet: »Duke − One of One Thousand«. Die Seriennummern tragen zusätzlich die Bezeichnung »Duke«.

»John Wayne Matched Set« heißt das seltenste Commemorative dieser Serie. Es wurden 300 Sets bestehend aus jeweils zwei Waffen mit einem wertvollen Koffer gefertigt. Einmal handelt es sich um die Ausführung »Duke« und zum anderen um die Standardversion. Die Läufe tragen die Inschrift »One of Three Hundred«.

TECHNISCHE DATEN:

Kaliber:	.32−40 Win.
Magazinkapazität:	5 Schuß
Gesamtlänge:	36$^{1}/_{4}$″ (92 cm)
Lauflänge:	18$^{1}/_{2}$″ (47 cm)
Gewicht:	6$^{1}/_{4}$ lbs. (2,83 kg)

Oklahoma Diamond Jubilee − 1982

Zu den seltenen Commemoratives gehört das Modell »Oklahoma Diamond Jubilee«, das an den 75. Geburtstag des 46. US-Bundesstaates erinnert.

Interessant ist dieses Modell nicht nur wegen der geringen Auflage von 1000 Stück, sondern auch wegen der interessanten Ausstattung. Es handelt sich um eine Rifle mit Halbmagazin. Der Schaftkolben hat die typische Form der frühen Rifles. In den Kolben ist eine Jubiläumsplakette eingelassen. Der Vorderschaft wird mit einem Laufband, das vergoldet ist, gesichert. Die Lauflänge beträgt 23″. Das Kaliber ist .32–40 Win.

Der Systemkasten ist wie die übrigen Stahlteile brüniert. Die Gravurmotive sind in Gold ausgearbeitet. Auf der linken Kastenseite ist die Zahl »75« umgeben von einer Inschrift zu sehen sowie eine Flagge und ein Büffel. Auf der rechten Kastenseite ist ein Indianer bei der Büffeljagd zu sehen. Die Seriennummern enthalten die Buchstaben »ODJ«.

TECHNISCHE DATEN:

Kaliber:	.32–40 Win.
Magazinkapazität:	4 Schuß
Gesamtlänge:	40³/4″ (104 cm)
Lauflänge:	23″ (58 cm)
Gewicht:	6¹/2 lbs. (2,94 kg)

American Bald Eagle – 1982

The Bald Eagle, der Weißkopfadler, ist seit 1782 das Wappentier der Vereinigten Staaten von Amerika. Aus diesem Anlaß wurden insgesamt 3000 Jubiläumsgewehre im Jahr 1982 gefertigt. 200 dieser Gewehre sind als Modell »American Bald Eagle Gold« ausgeführt, während die übrigen als Modell »American Bald Eagle Silver« bezeichnet werden. Die Gravurmotive und waffentechnischen Merkmale sind bei beiden Waffen übereinstimmend. Die Gravuren sind jedoch bei den 200 teuren Gewehren mit Gold ausgelegt, während beim Standardmodell Silber verwendet wurde. Ferner hat die »Gold« ein besseres Schaftholz sowie sauber geschnittene Fischhaut. Auch die im Kolbenhals eingelassene Jubiläumsplakette ist jeweils in Gold oder Silber ausgeführt und zeigt den Adlerkopf.

Der Systemkasten ist auf der rechten Seite mit dem Kopf des Bald Eagle versehen, während auf der linken Kastenseite ein Adler im Flug eingraviert worden ist.

Dieses Modell ist besonders auch durch das Kaliber interessant. Man verwendete nämlich die noch junge Patrone .375 Win., was bedeutete, daß man auch den verstärkten Kasten der Big Bore-Version verwenden mußte. Diese Wahl der Basiswaffe läßt die »American Bald Eagle« zu den besonderen Raritäten unter den Commemorative-Waffen werden.

Die Seriennummern der »American Bald Eagle« beinhalten die Buchstaben »ABE«.

TECHNISCHE DATEN:

Kaliber:	.375 Win.
Magazinkapazität:	6 Schuß
Gesamtlänge:	37³/₄″ (96 cm)
Lauflänge:	20″ (51 cm)
Gewicht:	6¹/₄ lbs. (2,83 kg)

Annie Oakley – 1982

Ob man das Modell 9422 »Annie Oakley« dem Jahr 1982, das den Anlaß dafür bot, zuschreibt oder dem Jahr 1983, in dem es im Winchester-Katalog angeboten wurde, mag eine Streitfrage für die Geschichtsschreiber bleiben. Beim Modell »Annie Oakley« handelt es sich aus technischer Sicht um das normale Modell 9422 im Kaliber .22 l.r. Der Systemkasten, die Laufbänder sowie der Unterhebel sind in einem matten Antik-Gold ausgeführt. Auf der rechten Kastenseite ist das Porträt von Annie Oakley eingraviert. Auf der linken Seite ist eine Szene aus der Wild-West-Show dargestellt. Die Seriennummern beginnen mit den Buchstaben »AOK«, insgesamt wurden 6000 Waffen dieses Modells hergestellt.

Winchester ehrte mit dem Modell »Annie Oakley«, eine Frau, deren Namen mit Waffen und dem Namen Winchester verbunden ist. Von 1885 bis 1902 war Annie Oakley Kunstschützin in der Wild-West-Show von Buffalo Bill. Winchester ehrte mit diesem Modell erstmals eine amerikanische Heldin.

Modell 9422 »Annie Oakley« im Kaliber .22 l.r.

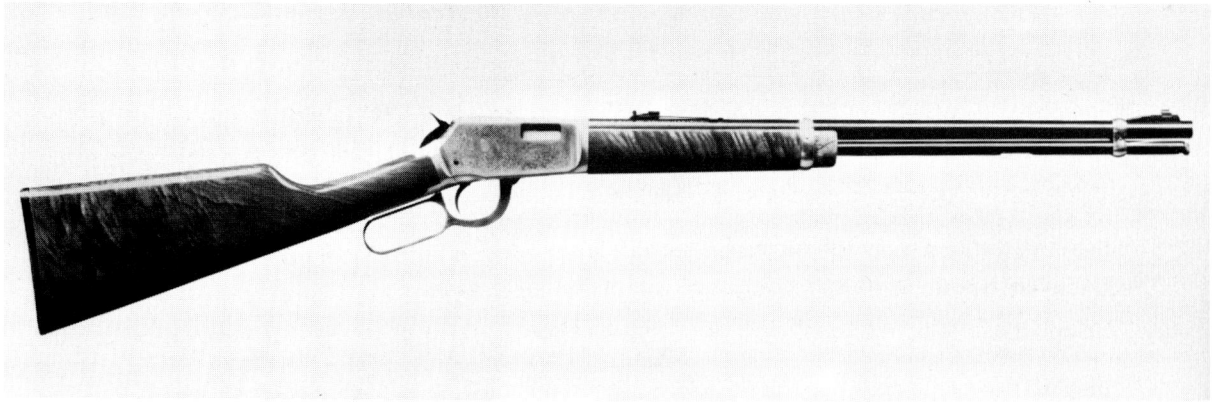

144

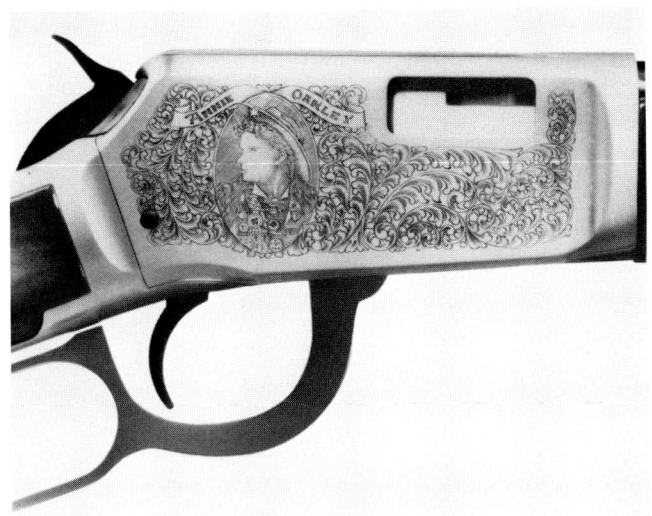

Systemkasten
(rechte Seite) Modell
9422 »Annie Oak-
ley«.

Linke Systemkasten-
seite der »Annie
Oakley«-Winchester.

TECHNISCHE DATEN:

Kaliber: .22 l.r.
Magazinkapazität: 15 Schuß
Gesamtlänge: 37$\frac{1}{8}$″ (94 cm)
Lauflänge: 20$\frac{1}{2}$″ (52 cm)
Gewicht: 6$\frac{1}{4}$ lbs. (2,83 kg)

Giuseppe Garibaldi – 1982

Zum 100. Todesjahr des italienischen Freiheitskämpfers Giuseppe Garibaldi gab es 1000 Jubiläumsgewehre Modell 94. Ausgangsbasis war der normale 94er-Karabiner im Kaliber .30–30 Win. Die Bezeichnung »WINCHESTER Europe – Limited Edition« sagt aus, daß es sich um eine europäische Sonderausführung speziell für den italienischen Markt handelte. Aber auch in den übrigen europäischen Ländern wurde dieses Modell angeboten.

Daß man Waffen aus der laufenden Serie verwendete, belegen die Seriennummern aus der Standardfertigung.

Der Systemkasten ist versilbert und zeigt von Bottega C. Giovanelli gestaltete Gravuren.

Geliefert wurde dieses Modell in einem Koffer.

TECHNISCHE DATEN:

Kaliber:	.30–30 Win.
Magazinkapazität:	6 Schuß
Gesamtlänge:	37³/4″ (96 cm)
Lauflänge:	20″ (51 cm)
Gewicht:	6¹/2 lbs. (2,94 kg)

Chief Crazy Horse – 1983

Chief Crazy Horse war einer der bedeutendsten Indianerhäuptlinge während der Zeit der Indianerkriege. Er war eine treibende Kraft im Kampf der Sioux-Stämme gegen die Landnahme durch weiße Siedler. Als 1876 Custer am Little Big Horn von den vereinten Sioux-Stämmen vernichtet wurde, hatte Crazy Horse daran einen wesentlichen Anteil.

In Erinnerung an diesen berühmten Sioux-Häuptling fertigte man 1983 bei Winchester insgesamt 19 999 Commemorative-Rifles im Kaliber .38–55 Win. Der Schaft hat die typische Rifle-Ausführung und wurde aus gutem Nußholz gefertigt. Im Schaftkolben befindet sich auf der rechten Seite eine Jubiläumsplakette. Ziernägel sind sowohl im Schaftkolben als auch in den Vorderschaft eingeschlagen. Der Systemkasten ist buntgehärtet und die Gravurmotive sind darin in Gold ausgeführt. Auf der linken Kastenseite ist eine Jagdszene auf Büffel zu sehen. Auf der rechten Seite ist das Porträt von Chief Crazy Horse. Die Namen der verschiedenen Sioux-Stämme sind auf der einen Seite in der Lakota-Sprache und auf der anderen Seite in

Winchester 94 »Chief Crazy Horse«.

Englisch um die Gravurmotive eingraviert. Die Seriennummern beginnen mit den Buchstaben »CCH«.

Zu jeder Waffe gehörte ein Umschlag mit zwei Crazy Horse 13-Cent-Briefmarken, abgestempelt in Crazy Horse, South Dakota am Tag der Erstausgabe, 15. Januar 1982.

TECHNISCHE DATEN:

Kaliber:	.38−55 Win.
Magazinkapazität:	7 Schuß
Gesamtlänge:	41³/₄″ (106 cm)
Lauflänge:	24″ (61 cm)
Gewicht:	6³/₄ lbs. (3,06 kg)

Winchester – Colt Set – 1984

Für das Jahr 1984 hatte man bei Winchester eine echte Sammlerrarität anzubieten. Erstmals brachten die beiden Firmen Winchester und Colt ein gemeinsames Commemorative-Projekt zur Ausführung. Beide Firmen sind eng mit der amerikanischen Pionierzeit und der Besiedlung des Westens verbunden. Entsprechend dieser Tradition wählte man auch die Waffen und deren Kaliber.

Das Winchester – Colt Set besteht aus einer 94er-Winchester (alte Ausführung mit Hülsenauswurf nach oben) und einem Colt-SAA-Revolver.

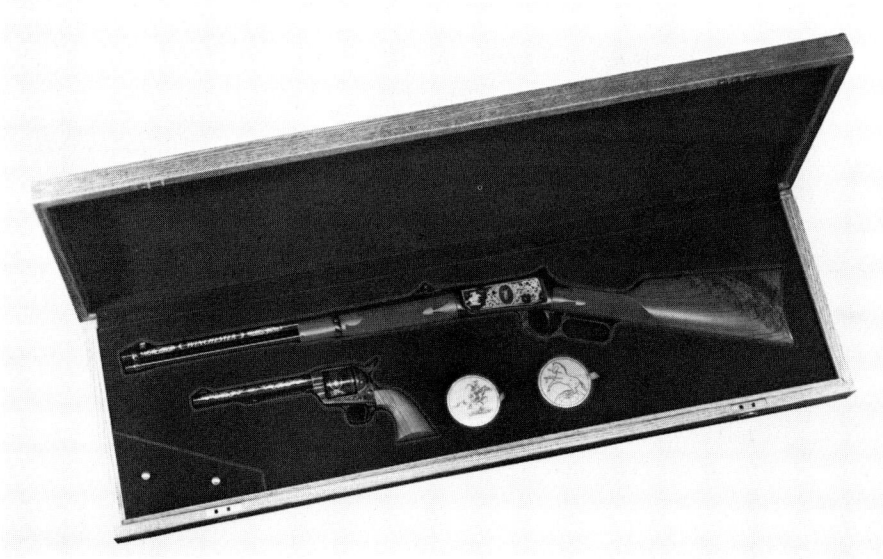

Winchester-Colt Set.

Beide Waffen sind für das Kaliber .44–40 Win. eingerichtet, das auch zur Pionierzeit die Waffen von Winchester und Colt verband. An dieser Stelle sei daran erinnert, daß bei Winchester die .44–40 Win. mit dem Modell Winchester '73 ins Programm kam und von Colt 1878 für den Frontier Sixshooter übernommen wurde.

Von der Kaliberzahl abgeleitet wurde auch die Stückzahl für dieses Set, nämlich 4.440.

Bei der Winchester handelt es sich um die 94er mit 20″ langem Lauf. Der aus bestem amerikanischem Nußbaumholz gefertigte Schaft hat im klassischen Muster an Vorderschaft und Kolbenhals eine sauber geschnittene Fischhaut. Die Stahlteile, Systemkasten, Lauf und Röhrenmagazin sind brüniert und bilden den Hintergrund für sehr schöne Vergoldungen. Auf der linken Systemkastenseite sind der Winchester-Reiter sowie die Buchstaben »WC« dargestellt. Umgeben werden diese Motive von Ranken in Gold. Auf der rechten Kastenseite ist das Porträt von Oliver F. Winchester zu sehen. Die restliche Fläche der rechten Kastenseite ist mit Goldranken ausgestattet. Die sich auf dem Kolbenhals fortsetzende Verlängerung des Kastens ist mit dem Namenszug des Firmengründers versehen. Auch beide Laufseiten zeigen vergoldete Gravuren. Auf der linken Seite ist die Bezeichnung »Winchester« und auf der rechten Laufseite die frühe Winchester-Fabrik eingraviert.

148

Im gleichen Gravurstil ist auch der mit einem 7¹/₂″-Lauf ausgestattete Colt SAA gehalten. Lauf und Trommel sind ebenso wie das Griffstück brüniert. Der Rahmen ist in Bunthärtung ausgeführt. Die Griffschalen sind aus Nußbaumholz gefertigt. Der Namen von Sam Colt befindet sich auf dem Rükken des Griffstückes in Gold. Die Goldgravuren der Trommel zeigen wiederum die Buchstaben »WC« sowie diesmal das Colt-Pferd. Umgeben werden diese Motive von Rankenmustern. Auf den Laufseiten sind der Firmenname »Colt« sowie eine Darstellung der Colt-Fabrik angebracht.

Geliefert wurden die beiden Waffen in einem Koffer, in dem sich auch Plaketten mit den Zeichen der beiden Firmen befinden.

TECHNISCHE DATEN – Winchester 94:

Kaliber:	.44–40 Win.
Magazinkapazität:	11 Schuß
Gesamtlänge:	38¹/₈″ (97 cm)
Lauflänge:	20″ (51 cm)
Gewicht:	6³/₄ lbs. (3,06 kg)

TECHNISCHE DATEN – COLT SAA:

Kaliber:	.44–40 Win.
Trommelkapazität:	6 Schuß
Gesamtlänge:	12⁷/₈″ (32,7 cm)
Lauflänge:	7¹/₂″ (19 cm)
Gewicht:	2¹/₂ lbs. (1,133 kg)

Boy Scout – 1985

Zum 75. Geburtstag der 1910 gegründeten Boy Scouts of America (Pfadfinder) fertigte Winchester 15 000 Commemorative-Gewehre des Modells 9422 im Kaliber .22 l.r. Die Seriennummern beginnen mit den Buchstaben »BSA«.

Unterhebel, Systemkasten und Laufbänder der »Boy Scout« sind verzinnt (pewter plated). Die Gravuren zeigen Motive aus dem Leben der Pfadfinder. Der Schaft ist aus gutem Nußbaumholz gefertigt und hat an Vorder-

Winchester 9422 »Boy Scout« im Kaliber .22 l.r.

schaft und Kolbenhals geschnittene Fischhaut. In den Schaftkolben ist eine Jubiläumsplakette eingelassen.

Ferner gab es auch .22-l.r.-Patronen in begrenzter Stückzahl in Jubiläumsverpackungen.

TECHNISCHE DATEN:

Kaliber:	.22 l.r.
Magazinkapazität:	15 Schuß
Gesamtlänge:	37$^1/_8$″ (94 cm)
Lauflänge:	20$^1/_2$″ (52 cm)
Gewicht:	6$^1/_4$ lbs. (2,83 kg)

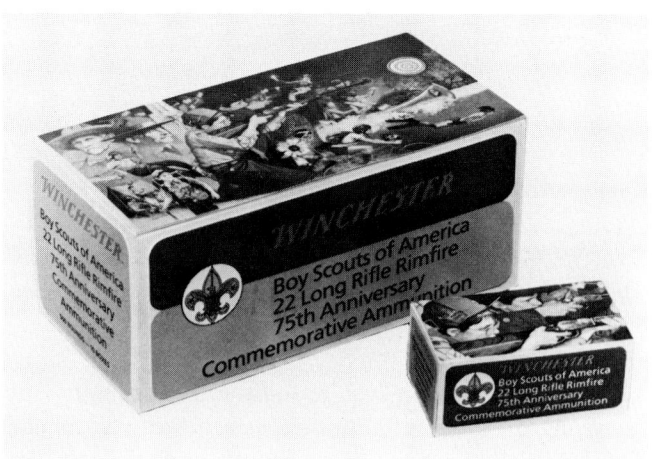

Jubiläumspatronen .22 l.r. für das Modell 9422 »Boy Scout«.

150

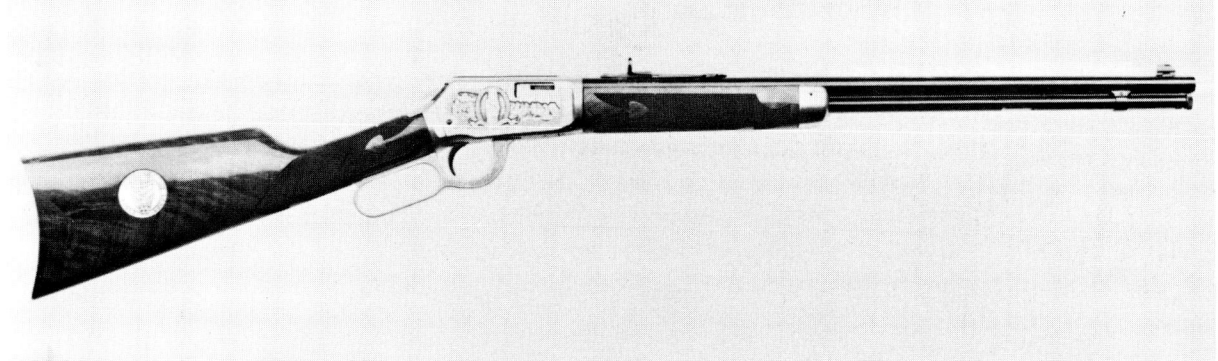

Winchester 9422 »Eagle Scout« im Kaliber .22 l.r.

Eagle Scout – 1985

Das Modell »Eagle Scout« wurde in einer Auflage von nur 1000 Stück gefertigt und in Koffern geliefert. Die Seriennummern beginnen mit »EAGLE«. Es handelt sich praktisch um die Luxusausgabe des Modells »Boy-Scout« und ist mit diesem weitgehend übereinstimmend. Die beim »Boy Scout«-Modell verzinnten Teile sind bei der »Eagle Scout« vergoldet. Ferner wurde besseres Schaftholz verwendet und eine aufwendigere Fischhaut geschnitten. Auch der Vorderschaftabschluß ist abweichend vom Modell »Boy Scout«.

Bei der »Eagle Scout« wurde anstatt eines Laufbandes der Abschluß mit einer Metallkappe gewählt.

Auch das vordere Laufband fiel weg. Verwendet wurde die bei Rifles übliche Befestigung des Röhrenmagazins mit Hilfe einer unter dem Lauf angebrachten Öse.

TECHNISCHE DATEN:

Kaliber:	.22 l.r.
Magazinkapazität:	15 Schuß
Gesamtlänge:	37$\frac{1}{8}''$ (94 cm)
Lauflänge:	20$\frac{1}{2}''$ (52 cm)
Gewicht:	6$\frac{1}{4}$ lbs. (2,83 kg)

Texas Sesquicentennial Carbine – 1986

Der Staat Texas feierte 1986 seinen 150. Geburtstag. Aus diesem Anlaß wurden insgesamt drei Commemorative-Projekte gestartet. Mit der größten Auflage wurde die Carbine-Version gefertigt. 15 000 Stück gibt es von diesem Modell, die Seriennummern beinhalten die Buchstaben »TEX«. Es handelt sich um einen besonders handlichen Karabiner im Kaliber .38–55 Win. Systemkasten und Laufbänder sind vergoldet. Der Systemkasten zeigt Gravurmotive aus der texanischen Geschichte und Gegenwart.

TECHNISCHE DATEN:

Kaliber:	.38–55 Win.
Magazinkapazität:	5 Schuß
Gesamtlänge:	36$^1/_4$″ (92 cm)
Lauflänge:	18$^1/_2$″ (47 cm)
Gewicht:	6$^1/_4$ lbs. (2,83 kg)

Texas Sesquicentennial Rifle – 1986

Die Rifle-Ausführung zum 150. Geburtstag von Texas gab es nur in einer Auflage von 1500 Stück. Geliefert wurde die Rifle in einer Holzkassette zusammen mit einem Bowie-Messer. Die Rifle hat einen brünierten Systemkasten, in den die Gravurmotive in Gold eingelegt sind. Die Seriennummern beinhalten die Buchstaben »TSR«.

TECHNISCHE DATEN:

Kaliber:	.38–55 Win.
Magazinkapazität:	7 Schuß
Gesamtlänge:	41$^3/_4$″ (106 cm)
Lauflänge:	24″ (61 cm)
Gewicht:	6$^3/_4$ lbs. (3,06 kg)

Texas-Sesquicentennial-Set – 1986

Es handelt sich um 150 Sets, die aus Carbine und Rifle bestehen. Geliefert zusammen mit einem Bowie-Messer wurden diese beiden Gewehre in einer kostbaren Holzkassette.

Winchester 120th Anniversary – 1986

Das bis jetzt letzte Commemorative-Modell mit dem alten 94er-Modell (Hülsenauswurf nach oben) kam zum 120. Bestehen der Firma Winchester in einer Auflage von 1000 Stück auf den Markt. Die Seriennummern beginnen mit den Buchstaben »WRA«. Es handelt sich um einen Karabiner im Kaliber .44–40 Win. Nicht zu klären ist, warum Winchester für dieses Modell den großen vom Modell »John Wayne« bekannten Unterhebel wählte. Diese Form hat nämlich in der Winchester-Geschichte keinen Bezug, sondern stammt aus den Western-Filmen mit John Wayne.

Der Schaft aus schönem Nußbaumholz hat eine sauber geschnittene Fischhaut an Vorderschaft und Kolbenhals. Die Stahlteile sind brüniert. Die Gravuren auf Lauf und Systemkasten sind in Gold ausgeführt. Auf der rechten Laufseite ist die frühe Winchester-Fabrik zu sehen. Auf der linken Laufseite wurde der Name »Winchester« eingraviert. Auf der linken Kastenseite befindet sich in Gold ein Medaillon, das auf den 120. Firmengeburtstag hinweist. Ferner ist auf dieser Seite der Winchester-Reiter zu sehen.

Auf der rechten Seite des Systemkastens ist das Porträt des Oliver F. Winchester in Gold ausgeführt sowie ein schönes Rankenmuster.

Winchester 94 »120th Anniversary«.

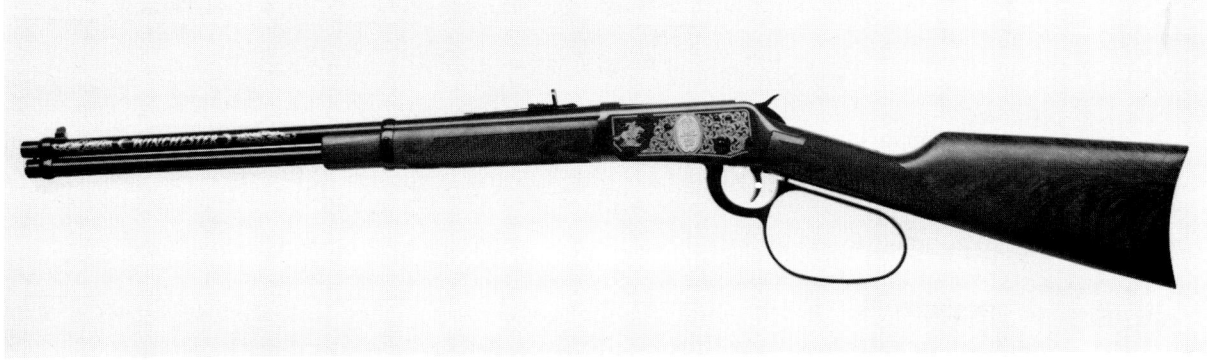

Besondere Einfälle kann man Winchester für dieses Commemorative-Gewehr leider nicht bescheinigen. Für mich hat es eine große Ähnlichkeit hinsichtlich der Ausstattung mit dem Gewehr aus dem Winchester-Colt-Set. Eine Rarität ist die 94er »120th Anniversary« aus der Sammlersicht in jedem Fall, da es eine geringe Auflage hat und auch wohl das letzte Jubiläumsmodell mit dem alten System 94 sein wird.

TECHNISCHE DATEN:

Kaliber:	.44−40 Win.
Magazinkapazität:	11 Schuß
Gesamtlänge:	38$^{1/8}$″ (97 cm)
Lauflänge:	20″ (51 cm)
Gewicht:	6$^{3/4}$ lbs. (3,06 kg)

Model 70 Anniversary Edition – 1987

Nach über 20 Jahren Commemorative-Waffen mit Lever Action-Systemen gab es im Katalog 1987 keine solche Waffe. 1987 feierte man mit einer Sonderauflage des Bolt Action-Modells 70, über das im Kapitel über die Winchester 70 berichtet wurde, den 50. Geburtstag dieser berühmten Winchester-Büchse.

Winchester 94 – Sondermodelle –

Neben den bereits vorgestellten Commemorative-Waffen fertigte man noch weitere Sonderauflagen der Modelle 94 und 9422. Überwiegend handelte es sich dabei um besonders kostbare Waffen, die teilweise auch handgraviert wurden.

Limited Edition I – 1977

Mit dem Modell »Limited Edition I« fertigte man für Sammler eine äußerst interessante Sonderwaffe des 94er-Karabiners. Geliefert wurde der für das Kaliber .30−30 Win. eingerichtete Karabiner in einer kostbaren Kassette. Der Schaft wurde aus feinstem Nußbaumholz gefertigt und hat an Kolben-

Limited Edition I, rechte Kastenseite.

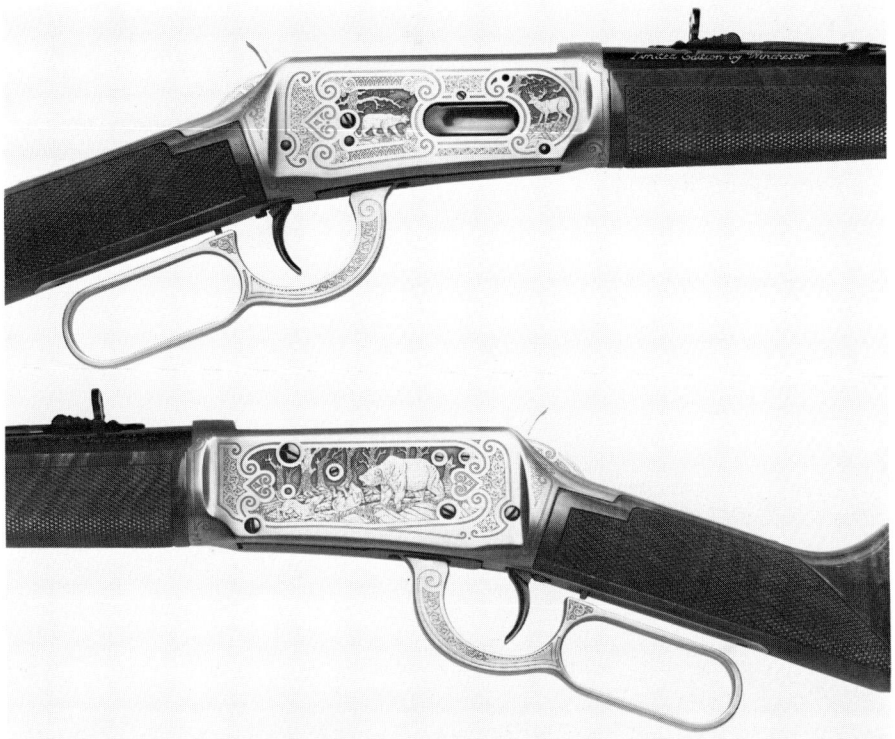

Limited Edition I, linke Kastenseite.

hals und Vorderschaft geschnittene Fischhaut. Der Systemkasten sowie der Unterhebel und der Hahn sind vergoldet. Etwas Besonderes hatte man bei den Gravuren vorzuweisen, nämlich Nachbildungen von Gravuren des Meistergraveurs John Ulrich. Die Gravuren zeigen auf der linken Kastenseite eine Szene mit einem Grizzly und auf der rechten Kastenseite eine Szene mit einem Berglöwen.

Die Seriennummern beginnen mit »77 L«. Es wurden nur 1500 Waffen dieses Modells hergestellt.

TECHNISCHE DATEN:

Kaliber:	.30−30 Win.
Magazinkapazität:	6 Schuß
Gesamtlänge:	37³/4″ (96 cm)
Lauflänge:	20″ (51 cm)
Gewicht:	6¹/2 lbs. (2,94 kg)

Limited Edition II, Ansicht von rechts.

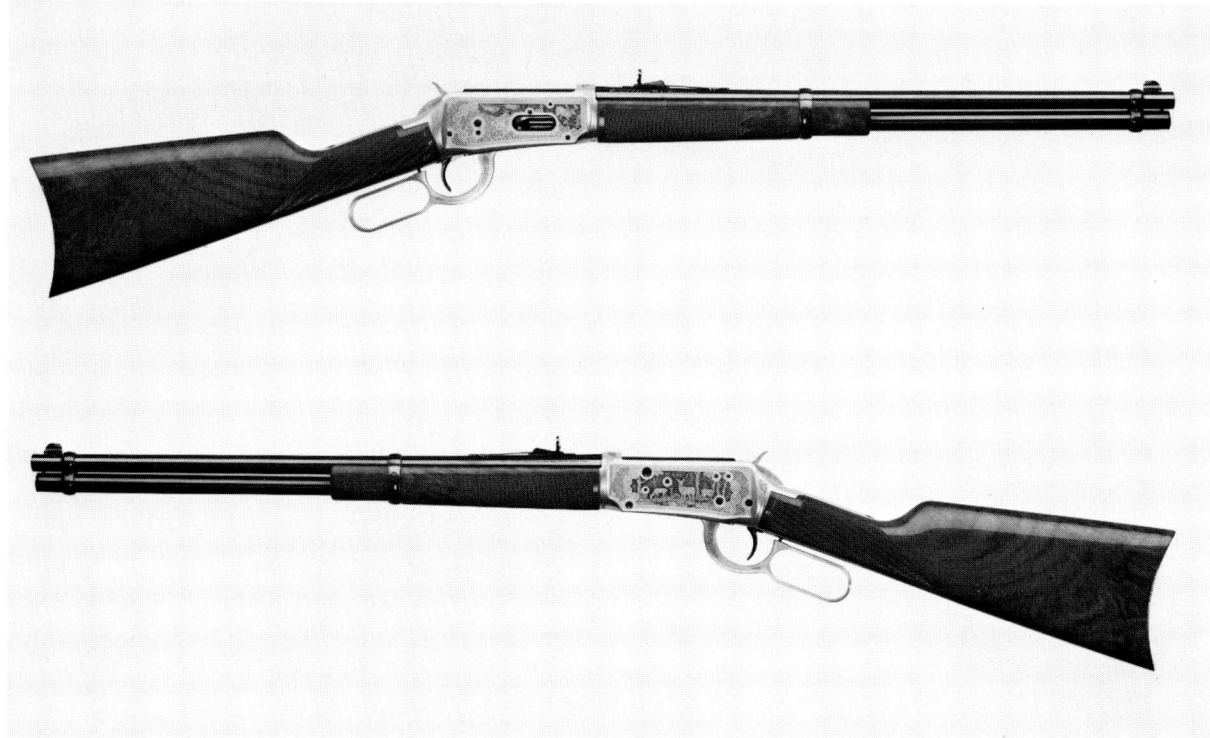

Limited Edition II, Ansicht von rechts.

Limited Edition II, Ansicht von links.

Limited Edition II – 1978

Ein Jahr später gab es eine weitere Ausgabe mit der Bezeichnung »Limited Edition II«. Hinsichtlich der Ausstattung gab es zur ersten Version keine wesentlichen Unterschiede, nur die Gravurmotive waren anders, aber auch wiederum nach Vorlagen von John Ulrich.

Die Stückzahl betrug 1500, und die Seriennummern begannen mit »78 L«.

TECHNISCHE DATEN:

Kaliber:	.30−30 Win.
Magazinkapazität:	6 Schuß
Gesamtlänge:	37³/4″ (96 cm)
Lauflänge:	20″ (51 cm)
Gewicht:	6¹/2 lbs. (2,94 kg)

156

Matched Set of One Thousand – 1979

Mit den Modellen »Limited Edition I« und »Limited Edition II« in den Vorjahren hatte man echte Raritäten für den Sammler geschaffen. 1979 wurde dies mit 1000 Sets, bestehend aus einer Rifle im Kaliber .30–30 Win. und einer KK-Büchse 9422 im Kaliber .22 Magnum, nochmals übertroffen. Die Systemkästen beider Waffen sind vergoldet, ebenso Hahn, Vorderschaftabschluß und Unterhebel. Die Gravuren zeigen Jagdszenen.

Die Schäfte wurden aus bestem Nußbaumholz gefertigt und mit feiner Fischhaut ausgestattet.

Die Seriennummern der 94er-Rifle beginnen mit den Buchstaben »MC«, die Seriennummern der Randfeuerwaffen tragen vor den Seriennummern die Buchstaben »MR«.

Jeweils eine Winchester 94 und 9422 bildeten die Basiswaffen für »The Matched Set of One Thousand«.

Matched Set of One Thousand im Koffer.

TECHNISCHE DATEN – MODELL 94 RIFLE:

Kaliber: .30–30 Win.
Magazinkapazität: 7 Schuß
Gesamtlänge: 41³/₄″ (106 cm)
Lauflänge: 24″ (61 cm)
Gewicht: 6³/₄ lbs. (3,06 kg)

TECHNISCHE DATEN – MODELL 9422:

Kaliber: .22 Magum
Magazinkapazität: 11 Schuß
Gesamtlänge: 37¹/₈″ (94 cm)
Lauflänge: 20¹/₂″ (52 cm)
Gewicht: 6¹/₄ lbs. (2,83 kg)

One of One Thousand – 1978

Die Bezeichnung »One of One Thousand« tauchte erstmals beim Modell Winchester '73 auf. Damals hatte man bei Winchester die Idee geboren, mit dem Hintergedanken die Verkaufszahlen zu erhöhen. Nach dem Zweiten Weltkrieg wurde durch die bewiesene Seltenheit solcher Gewehre eine

Nur 250 Gewehre gab es vom Modell 94 »One of One Thousand«.

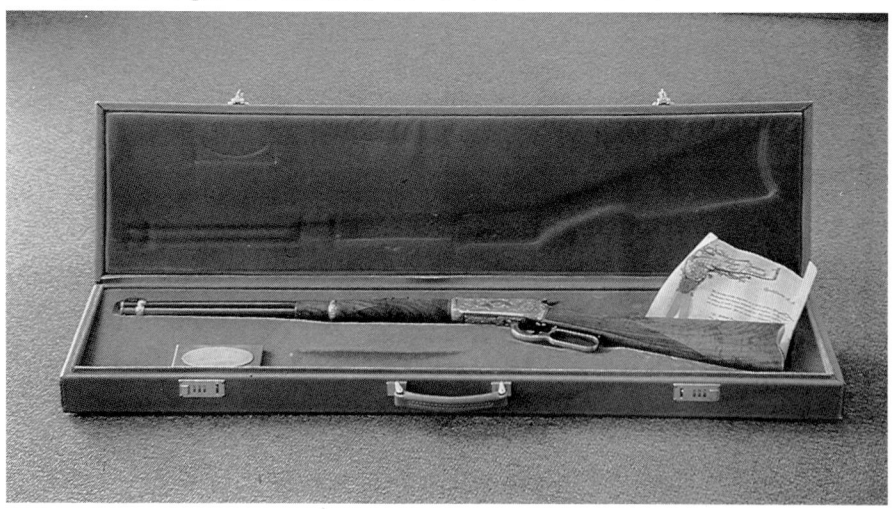

158

Linke Systemkastenseite der »One of One Thousand«.

erstrangige Sammlerrarität daraus. Im Jahr 1978 stellte Winchester den europäischen Sammlern eine der seltensten Winchester 94 vor, die jemals gefertigt wurden. Man hatte die 94er-Karabiner, deren Nummern mit drei Nullen enden, aus der Serie genommen und für ein spezielles Modell 94 »One of One Thousand« zurückgehalten.

Gefertigt wurden nur 250 Waffen, was eine sehr kleine Stückzahl darstellt. Diese kleine Stückzahl war aber auch eine Voraussetzung für die gewählte aufwendige Ausstattung mit Gravuren des italienischen Meistergra-

Rechte Seite der »One of One Thousand«.

veurs Cesare Giovanelli. Die Gravuren zeigen auf der linken Kastenseite den galoppierenden Winchester-Reiter und auf der rechten Seite des Kastens zwei Hirsche. Diese beiden Szenen sind von englischen Gravuren umgeben, die sich auch auf dem Unterhebel, der Schaftkappe und den beiden Laufbändern befinden. Die Gravuren sind von Goldeinlagen umrandet, ebenso die Laufmündung. Auf der Schaftkappe, die sich auf dem abgeflachten Schaftrücken fortsetzt, befindet sich die Bezeichnung »One of One Thousand« in Gold, ebenso auf der Laufoberseite. Auch die Modell- und Kaliberangabe ist auf dem Lauf in Gold ausgelegt. Die Seriennummer befindet sich an der üblichen Stelle auf der Unterseite des Systemkastens und ist ebenfalls in Gold ausgeführt. Sie endet wie bereits gesagt mit drei Nullen. Auf der linken Unterkante des Systemkastens befindet sich die Signatur des Graveurs und die Angabe der Nummer auf der Basis der Auflage von nur 250 Stück. Bei der abgebildeten Waffe lautet diese Beschriftung »Bottega C. Giovanelli 054/250«. Es handelt sich also um die 54. Waffe dieser Serie. Diese Nummer wird auf dem beigefügten Zertifikat nochmals bestätigt.

Lauf, Hahn, Röhrenmagazin und Ladeklappe sind tiefschwarz brüniert. Für den Schaft wurden ausgesuchte Nußbaumhölzer verwendet. Sehr sauber und handgeschnitten ist die Fischhaut an Vorderschaft und Kolbenhals.

Geliefert wurden diese Traumgewehre in Lederkoffern mit Zahlenkombinationsschlössern. Im Koffer untergebracht ist ferner eine Monogrammplatte.

TECHNISCHE DATEN:

Kaliber:	.30–30 Win.
Magazinkapazität:	6 Schuß
Gesamtlänge:	37³/₄″ (96 cm)
Lauflänge:	20″ (51 cm)
Gewicht:	6¹/₂ lbs. (2,94 kg)

One of One Thousand II – 1983

Angeregt vom Erfolg der ersten Auflage nahm man 1983 eine weitere 94er »One of One Thousand« in Angriff. Man begrenzte auch für dieses zweite Modell die Stückzahl auf 250 und gab den Besitzern der ersten Ausgabe Gelegenheit, das Vorkaufsrecht für die gleiche Nummer wie bei der ersten

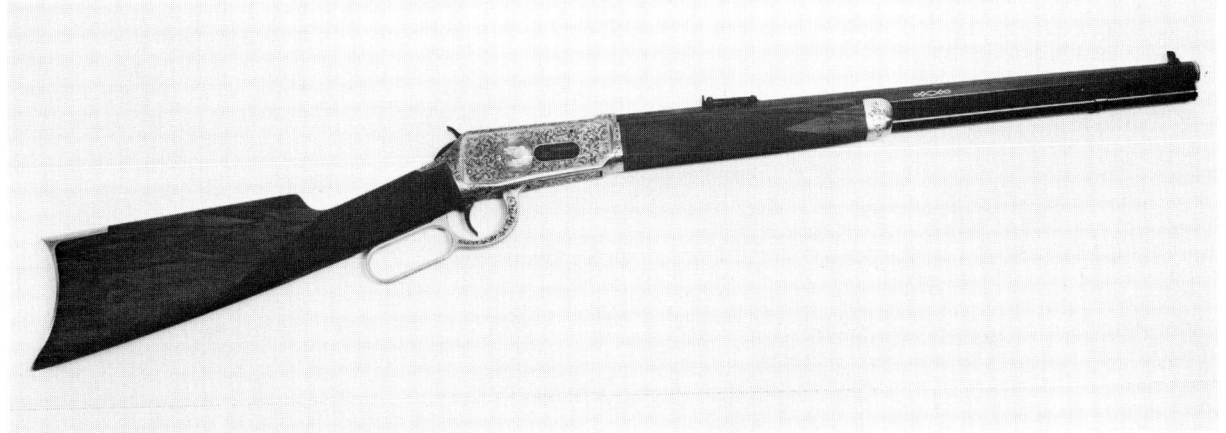

Modell 94 »One of One Thousand II«.

Auflage auszuüben. Nur die nach dieser Frist verbliebenen Waffen wurden auf den freien Markt gebracht.

Wie auch beim ersten Modell ist das augenfälligste Merkmal der »One of One Thousand« die von Cesare Giovanelli ausgeführten Gravuren. Die Gravuren zeigen auf der linken Kastenseite den Kopf eines Bergschafes und auf der rechten Seite den Kopf eines Bären. Beide Tierstücke sind in Gold ausgeführt. Streiten kann kann man sich über die Tierwahl. Der Bär paßt einwandfrei zur Lever Action des Kalibers .30–30 Win., das Wildschaf ist zwar typisch amerikanisch, aber persönlich könnte ich mir dieses Motiv auf einer Bolt Action im Kaliber .270 Win. besser vorstellen.

Linke Seite des Modells 94 »One of One Thousand II«.

Auf der rechten Kasten-
seite der »One of One
Thousand II« ist ein Bä-
renkopf in Gold eingelegt.

Auf der linken Seite der
»One of One Thousand II«
ist der Kopf eines Wild-
schafes zu sehen.

Die beiden Tierstücke sind von englischen Gravuren umgeben, die sich auch auf dem Unterhebel und der Vorderschaftkappe aus Metall befinden. Auch die Schaftkappe sowie der Abschluß des Röhrenmagazins sind graviert.

Auf der Laufoberseite befindet sich die Beschriftung »One of One Thousand«.

Während die erste Auflage im Karabinerstil gehalten war, wählte man für die zweite Auflage den Riflestil, was die Schaftdetails betrifft.

Der Schaft ist aus ausgesuchtem Nußbaumholz gefertigt und hat feine geschnittene Fischhaut. Abgerundet wird das Bild durch einen schweren 20″

162

langen Achtkantlauf. Hier hat man allerdings die Rifle-Ausführung nicht durchgezogen, sonst hätte man zum Beispiel einen 24″ langen Achtkantlauf nehmen müssen. Sehr sauber – wie auch bereits beim ersten Modell – fiel bei der »One of One Thousand II« die Verarbeitung aller Teile aus.

TECHNISCHE DATEN:

Kaliber:	.30–30 Win.
Magazinkapazität:	6 Schuß
Gesamtlänge:	37³/₄″ (96 cm)
Lauflänge:	20″ (51 cm)
Gewicht:	7 lbs. (3,17 kg)

Die beiden Modelle »One of One Thousand« gehören zu den besonders kostbaren Ausführungen des Modells 94. Ihre Preise lagen bereits bei der Auslieferung durch Winchester bei 8800,-- DM (erste Ausführung).

Great Western Artists – 1982

Unter dieser Bezeichnung kamen 1982 zwei Modelle, »Great Western Artist I« und »Great Western Artist II«, in einer Auflage von jeweils 999 Stück auf den Markt. Gewidmet sind diese Gewehre den beiden berühmtesten Malern aus der Zeit des Wilden Westens. In unzähligen Gemälden haben Charles M. Russel und Frederic Remington das Leben der Pioniere dargestellt. Vier der bekanntesten Gemälde bildeten für den italienischen Graveur Cesare Giovanelli die Vorlage für die Gravuren. Ferner gehörten Abdrucke der betreffenden Gemälde zu den in Koffern gelieferten Gewehren.

Das Modell »Great Western Artist I» ist Charles M. Russel gewidmet.

Die linke Kastenseite zeigt einen Hotelüberfall und die rechte Kastenseite eine Büffeljagd.

Beim Modell »Great Western Artist II«, das Frederic Remington gewidmet ist, zeigt die linke Kastenseite Indianerkämpfe und die rechte Seite einen Cowboy.

Die Systemkästen sowie die Laufbänder sind bei beiden Modellen versilbert.

Die Schäfte wurden aus ausgesuchtem Nußbaumholz gefertigt und haben an Vorderschaft und Kolbenhals fein geschnittene Fischhaut.

TECHNISCHE DATEN (GELTEN FÜR BEIDE WAFFEN):

Kaliber:	.30–30 Win.
Magazinkapazität:	6 Schuß
Gesamtlänge:	37³/4″ (96 cm)
Lauflänge:	20″ (51 cm)
Gewicht:	6¹/2 lbs. (2,94 kg)

Winchester-Patronenentwicklungen

Eng mit der Konstruktion der Winchester-Waffen war von den ersten Tagen an die Entwicklung von neuen Patronen verbunden. Zwar wurden und werden Winchester-Waffen auch in Kalibern, die nicht bei Winchester herausgebracht worden sind, hergestellt, aber dennoch haben die Winchester-Kaliber einen großen Anteil am Erfolg vieler Modelle gehabt und haben dies bis zum heutigen Tag noch.

Es ist im Hinblick auf die unzähligen Winchester-Kaliber nicht möglich, alle ausführlich vorzustellen. Um besonders für den Wiederlader eine praktische Nutzanwendung dieses Buches zu erreichen, wurden die heute noch gefertigten Nitropatronen bei der Erörterung vorrangig behandelt, was sich in praktischen Angaben zum Wiederladen niederschlug.

Sofern in diesem Kapitel Ladeangaben gemacht werden, haben sich diese bei Testschießen des Verfassers bewährt. Dies kann jedoch nur für die verwendeten Testwaffen gelten. Jede Waffe ist ein Individuum und jede Waffe reagiert bezüglich der Präzision anders. Dies gilt sogar für Versuche mit Waffen des gleichen Modells.

Da das Verwenden der Ladeangaben außerhalb der Kontrolle von Verlag und Verfasser erfolgt, kann keinerlei Haftung übernommen werden. Die Angaben der Patronenabmessungen und der Ladeangaben erfolgen ohne Gewähr. Jeder Wiederlader ist verpflichtet, die in der Anlage III zur 3. Verordnung zum WaffG festgelegten Abmessungen und Gasdruckwerte einzuhalten und dies in eigener Verantwortung zu überwachen.

Während die Waffenfertigung in New Haven seit 1981/82 von der Firma US Repeating Arms Co. betrieben wird, gehört die Munitionsherstellung wie früher auch die Fabrik in New Haven zur Olin-Gruppe. Hauptsitz der Munitionsherstellung ist East Alton, Illinois. Es werden aber auch in Italien Schrotpatronen und in Australien KK-Patronen hergestellt. Warum die Winchester-Munitionsfertigung zur Olin-Gruppe gehört, ist schnell erklärt. Am 22. Dezember 1931 wurde die Winchester Repeating Arms Co. von der Western Cartridge Company aufgekauft und fertigte unter dem alten Namen weiter. Mit Ablauf des Jahres 1938 erfolgte dann eine Namensänderung in Winchester Repeating Arms Company, Division of Western Cartridge Company.

Die nächste Änderung erfolgte 1944 in Winchester Repeating Arms Company, Division of Olin Industries, Inc. Im Jahr 1954 kam der Zusammenschluß von Olin Industries, Inc. mit Mathieson Chemical Corporation und damit der Firmenname Olin Mathieson Chemical Corporation mit Winchester-Western als einer Division.

Die Randfeuerpatronen

.44 HENRY FLAT

Wie im Kapitel über das Henry-Gewehr nachzulesen ist, wurde die .44 Henry Flat von B. T. Henry für die Henry Rifle des Jahres 1860 entwickelt. Die .44 Henry Flat stellt den ersten der großen Meilensteine in der Entwicklung von Winchester-Patronen dar. Übernommen wurde die .44 Henry Flat auch für das Nachfolgemodell der Henry Rifle, die Winchester 1866. Hergestellt wurden Patronen dieses Kalibers bis etwa zum Jahr 1934. Geladen wurde die .44 Henry mit einem 200 grains schweren Bleigeschoß und 26 bis 28 grains Schwarzpulver. Wie bedeutsam die Entwicklung von Henry für Winchester war und ist, zeigt der Buchstabe »H« für Henry auf den Winchester-Randfeuerpatronen bis heute.

In Erinnerung B. T. Henry werden auch heute noch die Winchester-Randfeuerpatronen mit einem »H« auf dem Boden versehen. Die Abbildung zeigt Patronen des Kalibers .22 l.r.

.22 WINCHESTER RIMFIRE (WRF)

Entwickelt wurde die .22 WRF im Jahre 1890 für das Pumpgewehr des gleichen Jahres. Auf lange Sicht konnte sich die .22 WRF gegenüber der .22 l.r. nicht behaupten und hat heute nur noch Bedeutung für den Sammler. Bedingt durch die etwas größeren Abmessungen der .22 WRF läßt sich diese in .22 l.r.-Waffen nicht verwenden. Ursprünglich wurde die .22 WRF mit einem Flachkopfgeschoß geladen. Später waren auch Rundkopfgeschosse sowie Hohlspitzgeschosse erhältlich. Die Geschoßgewichte liegen im Bereich von 40 bis 45 grains.

.22 WINCHESTER AUTOMATIC

Die .22 Winchester Automatic wurde speziell für das Selbstladegewehr Modell 1903 entwickelt und bisher nur in dieser Waffe verwendet. Das Geschoßgewicht beträgt 45 grains. Heute hat diese Patrone nur noch Bedeutung für den Sammler. In ihrer Leistung entspricht sie etwa der .22 long.

.22 WINCHESTER MAGNUM RIMFIRE (WMR)

Von den Winchester-Randfeuerpatronen-Entwicklungen ist das Kaliber .22 WMR mit Abstand am erfolgreichsten. Auf den Markt kam die .22 WMR 1959. Schnell übernahmen auch andere nordamerikanische Waffenhersteller das neue Kaliber. In Europa begann ebenfalls die Verbreitung der .22 WMR als Schonzeitpatrone. Geladen wird die .22 WMR mit 40 grains schweren Mantelgeschossen, die es auch in Hohlspitzausführung gibt. Die .22 WMR erreicht Geschoßanfangsgeschwindigkeiten von etwa 580 m/s.

Zentralfeuerpatronen-Entwicklungen für Lever-Action-Gewehre und Single Shot Rifle bis 1945

.218 BEE

Die .218 Bee wurde 1938/39 entwickelt für das Lever Action-Modell 65, das auf dem System der Winchester '92 aufbaut. Ausgangshülse für die .218 Bee ist die .32−20er-Hülse, was verdeutlicht, daß es sich um eine Randpatrone handelt. Trotz guter Präzision konnte die .218 Bee keinen großen Anhängerkreis finden. In ihrer ballistischen Leistung liegt sie geringfügig über der .22 Hornet. Insbesondere für einschüssige Büchsen ist die .218 Bee auch heute noch eine gute Wahl für den Abschuß von Raubzeug. In Europa erlangte sie kaum größere Bedeutung. Der Geschoßdurchmesser für die .218 Bee beträgt .224″, womit keine Beschaffungsprobleme bestehen. Für das Wiederladen eignen sich Treibladungspulver wie zum Beispiel Hercules 2400, IMR 4227 und IMR 4198.

.22 WCF

Die .22 WCF kam 1885 auf den Markt und war ursprünglich für die Winchester Single Shot Rifle 1885 entwickelt worden. Ursprünglich mit Schwarzpulver geladen, wurde die .22 WCF um die Jahrhundertwende auf rauchschwache Nitropulver umgestellt. Sie befand sich bis zum Jahr 1936 im Winchester-Programm. Mit dem 45 grains schweren Geschoß wurde eine Anfangsgeschwindigkeit von etwa 470 m/s erreicht. Aus europäischer Sicht handelt es sich damit um eine Schonzeitpatrone, die man gut in Kipplaufwaffen wegen der Randhülse verwenden konnte. Größere Bedeutung erlangte dieses Kaliber nicht. Vielmehr leistete Winchester mit dieser Patrone Pionierarbeit auf dem Gebiet der kleinkalibrigen Büchsenpatronen.

.219 ZIPPER

Ausgangshülse für die .219 Zipper ist die .25–35 WCF, womit gesagt ist, daß die .219 Zipper eine Randhülse hat, die von ihren Abmessungen für das System Winchester '94 geeignet ist. Entwickelt wurde sie auch für dieses System in den Jahren 1937/38, nämlich für die Winchester 64, die bekanntlich auf dem System 94 aufbaut. Leistungsmäßig konnte sich die .219 Zipper durchaus mit der späteren .222 Rem. messen, aber sie hat gegenüber dieser erhebliche Nachteile. Erstens taugt die Randhülse nicht gut für Bolt Action-Waffen, und zweitens mußten Rundkopf- bzw. Flachkopfgeschosse für die Röhrenmagazine verwendet werden. Winchester stellte die Fertigung der .219 Zipper im Jahr 1962 ein. Für den Wiederlader ist die .219 Zipper kein Problem. Der Geschoßdurchmesser beträgt .224″, und Pulver des mittleren Brennbereichs sollten verwendet werden.

.25−20 WIN.

Winchester brachte die .25−20 Win. in der Mitte der 90er Jahre für das Modell Winchester '92 auf den Markt.

Ausgangshülse ist die .32−20 Win. Bei der .25−20 Win. handelt es sich um eine typische Patrone für den Abschuß von Raubzeug. Der Geschoßdurchmesser beträgt .257″.

Fabrikpatronen gibt es von Winchester und Remington mit 86 grains schweren Teilmantelgeschossen, die eine Anfangsgeschwindigkeit von rund 445 m/s erreichen.

.25−35 WIN.

Die .25−35 Win. kam 1895 zusammen mit der .30−30 Win. als eine der ersten Nitropatronen von Winchester auf den Markt. Die Vorstellung erfolgte zusammen mit dem Modell 94. Die .25−35 Win. gehört zu den besten Randpatronen im Bereich der leichten Jagdpatronen. In Europa wurde sie auch als 6,5×52 R in Kipplaufwaffen bekannt. Sie verfügt über eine ausgezeichnete Präzision und zählt zu den besten Lever-Action-Patronen. Der Geschoßdurchmesser beträgt .257″. In ihrer ballistischen Leistung liegt sie geringfügig unter der randlosen Patrone .250 Savage.

.30−30 WIN.

Mit der .30−30 Win. oder .30 WCF, wie sie auch zu ihrer Entstehungszeit vor über 90 Jahren genannt wurde, begann in Nordamerika ein neuer Abschnitt in der Munitionsgeschichte. Die .30−30 Win. ist nämlich die erste mit Nitropulver geladene amerikanische Jagd- und Sportpatrone. Wie im Kapitel über die Winchester '94 nachzulesen ist, konnte sie erst im zweiten Fertigungsjahr des Modells 94 nach der Entwicklung der Nickelstahlläufe in die Serienfertigung gehen. Bis heute blieb die .30−30 Win. die Standardpatrone des Modells 94. Ihr Erfolg veranlaßte natürlich auch andere Waffenhersteller, ihre Büchsen für die .30−30 Win. einzurichten.

In ihrer nordamerikanischen Heimat gehört die Randpatrone .30–30 Win. zu den umstrittensten Büchsenpatronen. Mit keiner anderen Patrone wurden jedoch mehr Weißwedelhirsche in Nordamerika erlegt als mit der .30−30 Win. Genau da beginnt jedoch der Streit um ihre Leistungsklasse, die man bei einem zulässigen Maximalgasdruck von 2700 bar erahnen kann. Bei den Fabrikpatronen hat man die Auswahl von den leichten Laborierun-

gen mit nur 93 grains schweren Geschossen bis zu Geschoßgewichten von 170 grains. Die am häufigsten verwendeten Geschoßgewichte sind 150 grains und 170 grains. Mit 150 grains schweren Geschossen lassen sich Anfangsgeschwindigkeiten von etwa 725 m/s bei etwa 2550 Joule Energie erzielen. Aus europäischer Sicht handelt es sich somit um eine Rehwildpatrone. Wegen der Röhrenmagazine muß man natürlich von Spitzgeschossen absehen. Für den Wiederlader gibt es durch die Verbreitung der .30−30 Win. keine Beschaffungsprobleme mit den notwendigen Komponenten. Die Hülsen gibt es von den namhaften Munitionsherstellern mit Boxerzündung. Verwendet werden Large-Rifle-Standardzündhütchen. Der Geschoßdurchmesser beträgt .307″ bzw. .308″. Bei den Treibladungspulvern ist man mit Pulversorten, wie zum Beispiel Norma 201 und IMR 3031, gut versorgt.

.32−20 WIN.

Die .32−20 Win. kam um das Jahr 1882 als Schwarzpulverpatrone auf den Markt und wurde für das Winchester-Modell 1873 entwickelt. Später wurde die .32−20 Win. auf Nitropulver umgestellt. Sie gehört zu den Patronen, die in Gewehren und Revolvern verwendet werden. Mit 100 grains schweren Geschossen läßt sich eine Vo von etwa 395 m/s erreichen. Der Geschoßdurchmesser der .32−20 Win. beträgt .312″. Aus heutiger Sicht ist die .32−20 Win. den Sportschützen und Sammlern vorbehalten.

.32 Win. SPECIAL

Die .32 Win. Special gehört von ihrer Leistungsklasse in die Reihe der 94er Lever-Action-Patronen .25−35 Win. und .30−30 Win. Mit einem Geschoß-durchmeser von .320″ hat sie ein etwas weniger vorkommendes Kaliber. Das häufigste Geschoßgewicht beträgt 170 grains. Das Modell 94 wurde erstmals 1902 für dieses Kaliber eingerichtet. Bis in die jüngste Zeit gab es Winchester '94-Modelle in diesem interessanten Kaliber.

.33 WINCHESTER

Die Randpatrone .33 Winchester wurde in den Jahren 1902/03 für die schwere Lever-Action-Büchse Modell 1886 entwickelt. Heute werden keine Patronen dieses Kalibers mehr fabrikmäßig hergestellt. Mit 200 grains schweren Geschossen erreichte die .33 Win. eine Anfangsgeschwindigkeit von rund 670 m/s bei einer Energie von 2914 Joule. Der Geschoßdurchmes-ser der .33 Win. beträgt .338″.

.348 WINCHESTER

Mit der .348 Win. liegt die Nachfolgerin für die ältere .33 Win vor. Vorge-stellt und entwickelt wurde die .348 Win. für das Modell 71, eine Lever Ac-tion-Büchse auf der Basis des Modells 1886. Die .348 Win. wird auch heute noch fabrikmäßig bei Winchester geladen. Das 200 grains schwere Geschoß (Diam. .348″) erreicht eine Vo von etwa 770 m/s, was eine Eo von 3823 Joule bedeutet. Damit handelt es sich bei der .348 Win. um eine echte Hochwildpatrone für kurze bis mittlere Entfernungen.

.35 WINCHESTER

Das Kaliber .35 Winchester wurde 1903 für das Modell 1895 entwickelt und vorgestellt. Die Randpatrone .35 Win. ist geringfügig in der ballistischen Leistung hinter der .348 Win. zurück und hat einen ähnlichen Einsatzbe-reich. Der Geschoßdurchmesser beträgt .358″.

.38—56 WINCHESTER

Die .38—56 Win. ist eine Randpatrone, die 1887 für das Lever Action-Modell 1886 auf den Markt kam. Leistungsmäßig gehört die .38–56 zu den typischen Schwarzpulverpatronen dieser Zeit. Geschosse im Gewicht von 255 grains erreichen eine Anfangsgeschwindigkeit von etwa 425 m/s. Der Geschoßdurchmesser beträgt .376″.

.38—70 WINCHESTER

Die .38—70 Win. wurde 1894 mit dem Modell 1886 vorgestellt. Es handelt sich um eine Randpatrone in der Leistungsklasse der .38—55. Die .38—70 Win. erfuhr keine größere Verbreitung. Der Geschoßdurchmesser beträgt .376″.

.38—72 WINCHESTER

Die .38—72 Win. wurde für das Modell 1895 entwickelt. Es handelt sich um eine fast zylindrische Randpatrone, die mit einem 275 grains schweren Geschoß geladen wurde. Die Geschoßgeschwindigkeit beim Verlassen des Laufes beträgt rund 450 m/s. Der Geschoßdurchmesser beträgt .378″.

.38—90 WINCHESTER

Die .38—90 Winchester wurde 1886 für das Winchester-Blockgewehr Modell 1885 als Schwarzpulverpatrone entwickelt. Das 217 grains schwere Geschoß erreichte eine Vo von etwa 485 m/s. Der Geschoßdurchmesser beträgt .376″.

.38—40 WIN.

Die .38—40 Win. wurde auf der Basis der .44—40 Win. für das Modell Winchester '73 in den 70er Jahren des vorigen Jahrhunderts entwickelt. Die .38—40 Win. gehört zu den Patronen, die auch als Revolverpatronen erfolgreich eingesetzt wurden. Man darf sich durch die Kaliberbezeichnung nicht täuschen lassen, die .38—40 Win. hat einen Geschoßdurchmesser von .401″.

.40−60 WINCHESTER

Die .40−60 Winchester wurde als Schwarzpulverpatrone für das Modell Winchester '76 entwickelt. Es handelt sich um eine Randpatrone mit konischer Hülsenform. Das 210 grains schwere Geschoß vom Durchmesser .404″ erreichte eine Anfangsgeschwindigkeit von rund 480 m/s. Die Eo liegt bei rund 1540 Joule.

.40−65 WINCHESTER

Die Patrone .40−65 Winchester wurde für das Modell 1886 im Jahr 1887 vorgestellt. Weiter wurde auch das Blockgewehr Modell 1885 in diesem Kaliber angeboten. Da die .40−65 Win. bis in die dreißiger Jahre gefertigt wurde, wurde sie auf Nitropulver umgestellt. Geladen wurde die .40−65 Win. mit 260 grains schweren Geschossen (Diam. .406″), die eine Anfangsgeschwindigkeit von rund 430 m/s erreichten.

.40−70 WINCHESTER

Vorgestellt wurde diese mit einem 330 grains schweren Geschoß (Diam. .405″) geladene Patrone 1894 für das Modell 1886. Verwendung fand die .40−70 auch in der Single Shot Rifle 1885. Das 330 grains schwere Geschoß erreicht eine Vo von rund 420 m/s.

.40−72 WINCHESTER

Die .40−72 Win. wurde zusammen mit dem Modell 1895 vorgestellt. Sie erlangte keine weitere Verbreitung. Das Geschoßgewicht betrug 330 grains. Die ballistische Leistung liegt etwas über der der .40−70 Win. Der Geschoßdurchmesser beträgt .406″.

.40−82 WINCHESTER

Das Kaliber .40−82 Win. wurde 1885 für das Modell Single Shot Rifle 1885 entwickelt und ein Jahr später auch für das Lever Action-Modell 1886 übernommen. Geladen mit einem 260 grains schweren Geschoß (Diam. 406″) gehört die .40−82 Win. zu den verbreiteten Patronen ihrer Zeit. Die Anfangsgeschwindigkeit des 260 grains-Geschosses lag bei rund 455 m/s.

.40—110 WINCHESTER

Diese Patrone wurde 1886 für das Modell 1885 Single Shot Rifle entwickelt und stellt eine leistungsstarke Patrone aus der damaligen Sicht dar. Das 260 grains schwere Geschoß (Diam. .403″) erreichte eine Anfangsgeschwindigkeit von fast 500 m/s.

.405 WINCHESTER

Das Kaliber .405 Win. wurde 1904 für die Winchester '95 als eine der leistungsstärksten Lever Action-Patronen entwickelt. Geladen mit einem 300 grains schweren Geschoß (Diam. .412″) erreicht die .405 Win. bei einer Vo von 670 m/s eine beachtliche Eo von rund 4350 Joule. Damit liegt eine echte Hochwildpatrone vor. Die Randpatrone .405 Win. wurde auch in Blockbüchsen und Doppelbüchsen verwendet.

.44—40 WIN.

Die .44—40 Win. kam 1873 zusammen mit dem Modell 1873 auf den Markt. Über die geschichtliche Bedeutung dieses Kalibers ist im Kapitel über die Winchester '73 ausführlich geschrieben worden. Daher sei an dieser Stelle nur der seltene Geschoßdurchmeser von .427″ angesprochen.

.44 HENRY CF

Wenig bekannt ist, daß es von der .44 Henry auch eine Zentralfeuerversion in der Übergangszeit zur .44—40 Win. gab. Stückzahlenmäßig ist dieses Kaliber ohne Bedeutung.

.45—60 WINCHESTER

Die .45—60 Win. wurde 1879 für die Winchester '76 entwickelt. Geladen mit einem 300 grains schweren Geschoß (Diam. .454″) wurden Anfangsgeschwindigkeiten beim Verlassen des Laufes von rund 400 m/s erreicht.

.45−75 WINCHESTER

Die .45−75 Winchester war das erste Kaliber, in dem die schwere Lever-Action-Büchse Modell 1876 vorgestellt wurde. Geladen wurde diese Patrone mit einem 350 grains schweren Geschoß, das eine Vo von rund 420 m/s erreichte. Der Geschoßdurchmesser beträgt .454″. Das Kaliber .45−75 Win. wurde zusammen mit dem Modell 1876 von der kanadischen Royal Northwest Mounted Police als Dienstwaffe bzw. Dienstkaliber übernommen.

.45−90 WINCHESTER
.45−82 WINCHESTER
.45−85 WINCHESTER

Die Patrone .45−90 Win. stellt eine verlängerte .45−70 dar und liegt mit ihren ballistischen Leistungen auch über der alten US-Armeepatrone. Ursprünglich wurde das Modell 1886 sowie die Single Shot Rifle Modell 1885 für dieses Kaliber eingerichtet. Der Geschoßdurchmesser beträgt .457″. Die Geschoßgewichte liegen zwischen 300 und 405 grains. Bei den beiden Kalibern .45−82 Win. und .45−85 Win. handelt es sich um die gleiche Hülse wie bei der .45−90 Win., allerdings wurden abweichende Ladungen verwendet. So betrachtet sind die beiden Patronen .45−82 Win. und .45−85 Win. Unterarten der .45−90 Win.

.45−125 WINCHESTER

Die Patrone .45−125 Winchester wurde 1886 für die Single Shot Rifle 1885 entwickelt. Die riesige Hülse läßt eigentlich auf eine hohe ballistische Leistung schließen, aber die leigt keineswegs wesentlich besser als bei der .45−90 Win. Geladen wurde die .45−125 Win. mit einem 300 grains schweren Geschoß im Durchmesser .456″.

.50−95 WINCHESTER

Die Patrone .50−95 Win. wurde 1879 für das Lever Action-Modell 1876 entwickelt und hat eine relativ kurze Hülse für das riesige Kaliber. Geladen wurde die nicht besonders verbreitete .50−95 Win. mit einem 300 grains schweren Geschoß (Diam. .513″). Die Vo liegt bei rund 475 m/s.

.50–110 WINCHESTER
.50–100 WINCHESTER
.50–105 WINCHESTER

Die .50–110 Winchester wurde in den 90er Jahren entwickelt für das Modell 1886. Eingerichtet wurden aber auch die Single Shot Rifles für die mächtige Expreßpatrone. Ursprünglich wurde sie mit einem 300 grains schweren Geschoß (Diam. .512″) geladen. Die beiden Patronen .50–100 Win. und .50–105 Win. sind in den Hülsenabmessungen mit der .50–110 Win. übereinstimmend. Nur die Ladungen sind verschieden.

.50–140 WINCHESTER

Die .50–140 Win. kam Ende der 80er Jahre für das Modell 1885 Single Shot Rifle auf den Markt. Der Geschoßdurchmesser beträgt .512″. Die Hülse der .50–140 Win. ist 3¼″ lang. Das Geschoßgewicht liegt bei 473 grains. Die Vo beträgt rund 480 m/s.

.70–150 WINCHESTER

Diese Patrone soll nie gefertigt worden sein. Sie wurde um 1888 auf Winchester-Patronentafeln gezeigt. Die einzige Waffe, die dafür gefertigt wurde, war das Winchester-Modell 1887 (Lever Action-Schrotflinte) mit einem Büchsenlauf. Die Fertigung der Patrone erfolgte wahrscheinlich durch die Schützen auf der Basis von Schrotpatronenhülsen.

Erfolgreiche Büchsenpatronen vor 1945

Neben den winchestertypischen Entwicklungen für die Lever Action-Waffen sowie die Single Shot Rifle brachte Winchester noch einige weitere sehr interessante und teilweise bis heute erfolgreiche Büchsenpatronen auf den Markt. Überwiegend waren diese Kaliber für Waffen mit Zylinderverschlüssen gedacht. Die meisten haben jedoch auch bei anderen Waffentypen Eingang gefunden.

176

6 MM LEE NAVY (.236 NAVY)

Die Patrone 6 mm Lee Navy kam zusammen mit dem Zylinderverschluß-Modell Lee Straight Pull Rifle kurz vor der Jahrhundertwende auf den Markt. Zu diesem Zeitpunkt stand die Entwicklung der Nitropulver noch ganz am Anfang. Sowohl in Europa, z. B. Mauser, als auch in Nordamerika machte man Versuche, die Armeekaliber zu verkleinern. Winchester wagte den Schritt zum kleinen 6 mm-Kaliber (Geschoßdiam. .244″) und leistete Pionierarbeit auf diesem Gebiet. Daß die 6 mm Lee Navy kein großer Erfolg wurde, lag an der noch nicht abgeschlossenen Entwicklung der Treibladungspulver. Die .236 Navy, wie sie auch genannt wurde, war einfach 30 Jahre zu früh. Die Hülse der .236 Navy war rund 59,6 mm lang. Geladen wurde die 6 mm Lee Navy mit einem 112 grains schweren Geschoß, das eine Geschwindigkeit beim Verlassen des Laufes von 780 m/s erreichte. Die Eo lag bei 2217 Joule. Die Fertigung von Fabrikpatronen im Kaliber .236 Navy wurde bei Winchester im Jahr 1935 eingestellt.

.22 HORNET

Die .22 Hornet ist bei näherem Hinsehen keine reine Entwicklung von Winchester. Vielmehr schloß Winchester in den 30er Jahren mit der Standardisierung zur .22 Hornet eine bereits runde 10 Jahre andauernde Bewegung in der Wildcatscene ab. Amerikanische Wiederlader hatten nämlich zu Beginn der 20er Jahre damit begonnen, auf der Basis der alten .22 WCF eine mit Nitropulvern geladene Varmintpatrone zu entwickeln. Als Winchester die .22 Hornet ins Fabrikprogramm nahm, konnte man kaum ahnen, daß damit eine der weltweit erfolgreichsten Büchsenpatronen geboren war.

Mit Geschoßgeschwindigkeiten von ca. 750 m/s und Eo-Werten von etwa 820 Joule liegt der Einsatzbereich hauptsächlich beim Abschuß von Raubzeug. In Nordamerika ist die .22 Hornet somit eine der schwächeren Varmintpatronen für mittlere Entfernungen. In Deutschland erfreut sich die kleine Hornet auch besonderer Beliebtheit bei den jagdsportlichen Schießwettbewerben. Geladen wird sie hauptsächlich mit Geschossen im Gewichtsbereich von 45 bis 46 grains. Dem Wiederlader stehen aber auch etwas schwerere Geschosse, bis zu 55 grains, zur Verfügung. Der Geschoßdurchmesser beträgt .223″/.224″. Achten muß man auf die Dralllänge, die teilweise nur für die leichten Geschosse passend ist. Wichtig ist es für den Wiederlader auch, daß er zu stabile Geschosse des Durchmessers .224″ vermeidet, diese Geschosse sind nämlich für die leistungsstärkeren .224er-Kaliber gedacht. Bei den Zündhütchen wird die .22 Hornet mit Small-Rifle-Zündhütchen versorgt. Unter dem hierzulande üblichen Pulverangebot sind für die .22 Hornet besonders gut geeignet zum Beispiel die Pulver Kemira N 110, Norma R 123, IMR 4227 und Rottweil 30 Carbine.

.220 SWIFT

Mit einem Vo-Wert von 1253 m/s bei Verwendung eines 50 grains schweren Geschosses gilt die .220 Swift als die schnellste Büchsenpatrone kommerzieller Fertigung. Winchester brachte die .220 Swift 1935 für das Modell 54 auf den Markt und übernahm die superschnelle Patrone auch für das 1937 vorgestellte Modell 70. Bei der Entwicklung konnte man auf die Erfahrungen mit der 6 mm Lee Navy zurückgehen. Die .220 Swift ist eine echte Varmintpatrone für das Schießen auf kleinste Ziele auf weite Entfernungen. Im Geschoßdurchmesser .224″ steht eine reiche Auswahl an Geschossen für das Wiederladen zur Verfügung. Die Leistungsklasse der .220 Swift wird deutlich, wenn man sich den Maximalgasdruck von 3700 bar verdeutlicht. Bei den Zündhütchen benötigt man für die .220 Swift Large-Rifle-Zündhütchen in der Standardausführung.

Unter den Treibladungspulvern eignen sich die Pulver des mittleren bis langsamen Brennbereichs besonders gut. IMR 4064, IMR 4350 und Norma 204 ergeben beste Laborierungen. Bei der Auswahl der Geschosse muß man wegen der hohen Geschwindigkeit darauf achten, daß man keine dünnwandigen Geschosse, wie sie teilweise für die .222 Rem. angeboten werden, verwendet.

Gestattet sei auch eine Bemerkung zum bei manchen Schützen schlechten Ruf der .220 Swift. Wie bei allen besonders leistungsstarken Kalibern wird der Lauf extrem beansprucht. Bei rascher Schußfolge, die zu heißen Läufen führt, kann daher bei einer Patrone wie der .220 Swift mit einem schnellen Verlust der Präzision gerechnet werden. Aber wer eine Patrone dieser Leistungsklasse kauft, sollte wissen, daß man damit keine 50 Schüsse ohne Pause machen soll. Bei normalem jagdlichem Gebrauch ist der Ruf als Laufkillerpatrone nicht zu rechtfertigen. Ferner muß man bedenken, daß sich die Laufstähle sowie die Laufherstellungsverfahren seit der Zeit der Entwicklung der .220 Swift auch verbessert haben.

.270 WINCHESTER

Die .270 Winchester gehört zu den überragenden Patronenentwicklungen der Firma Winchester. Seit über 60 Jahren gehört die .270 Winchester zu den besten Weitschußpatronen für Schalenwild. Das Kaliber .270 Win. wurde speziell für den Zylinderverschlußrepetierer Winchester 54 entwickelt und mit diesem zusammen im Jahr 1925 vorgestellt. Winchester verwendete als Ausgangsbasis für die neue Patrone die Hülse der .30−06. Aus der Sicht ihrer Entwicklungszeit war die .270 Win. eine echte Hochleistungspatrone. Auch heute im Magnum-Zeitalter gehört die .270 Win. noch zu den leistungsstarken Standardpatronen, die nur unwesentlich hinter mancher modernen Magnum-Konstruktion zurückbleiben. Es dauerte natürlich nicht lange, bis die Winchester-Patrone weltweite Anerkennung fand. Insbesondere die Hersteller von Custom-Waffen verwenden sehr gerne die .270 Win. in Büchsen mit Winchester 70, Mauser 98 und Springfield '03 Actions. Zahlreiche Waffenexperten beschäftigten sich mit der .270 Win. und wurden teilweise begeisterte Anhänger. Keiner von ihnen hat jedoch mehr für den Ruhm der .270 Win. getan als der Fachautor und Jäger Jack O'Connor. Er beschäftigte sich über mehrere Jahre mit der .270 Win. und verfaßte eine große Zahl an Fachbeiträgen in der amerikanischen Waffen- und Jagdliteratur. Im deutschsprachigen Raum wurde die .270 Win. erst nach dem Zweiten Weltkrieg in größerem Umfang unter der Jägerschaft bekannt. Es gibt heute kaum einen Büchsenhersteller in Amerika oder Europa, der auf das Kaliber .270 Win. in seinem Programm verzichtet.

Die Leistungsklasse und der Einsatzbereich werden deutlich, wenn man sich die Ausgangshülse .30−06 betrachtet. Eingezogen auf das engere Kaliber vermindert sich gegenüber der .30−06 zwar der Geschoßgewichtsbereich, die Rasanz für den Schuß auf weite Distanzen verbessert sich jedoch durch die bei gleichem Geschoßgewicht höhere Querschnittsbelastung. Die .270 Win. ist eine echte Weitschußpatrone in der Hochwildklasse. Ihre Leistung ist der unserer einheimischen 7×64 sehr ähnlich und kann mit dieser verglichen werden, wenn auch für das 7 mm-Kaliber schwerere Geschosse zur Verfügung stehen. Fabrikpatronen im Kaliber .270 Win. gibt es mit Geschoßgewichten von 100 grains bis 155 grains. Dem Wiederlader stehen im benötigten Geschoßdurchmesser .277″ sogar noch leichtere Geschosse zur Verfügung. Während die leichten Geschosse auf der .270 Win. eine ausgezeichnete und leistungsstarke Varmintpatrone ergeben, sind die Geschoßgewichte 130 grains und 150 grains für Hochwild ideal. Mit einem 130 grains schweren Geschoß werden Geschwindigkeiten beim Verlassen des Laufes von etwa 950 m/s bei einer Eo von rund 3800 Joule erreicht. Mit 150-grains-Geschossen kann man Geschwindigkeiten um 890 m/s erreichen. 100 grains Varmintgeschosse lassen sich bis zu einer Vo von etwa 1050 m/s laden. Der zulässige Maximalgasdruck von 3700 bar zeigt an, daß die .270 Win. eine typische Patrone für Zylinderverschlüsse und ähnlich stabile Blockverschlüsse ist. In diesen Waffentypen feiert sie auch ihre größten Erfolge.

Dem Wiederlader steht ein sehr breites Angebot von 90 grains bis 180 grains schweren Geschossen im Geschoßdurchmesser von .277″ zur Verfügung. Optimal sind die Geschosse im Bereich von 130, 140 und 150 grains. Bei den Zündhütchen kommt man bei den meisten Pulversorten mit den Standard-Large Rifle-Zündhütchen aus. Die benötigten Treibladungspulver liegen im langsamen Brennbereich. Rottweil R 904 und R 905, Kemira N 160, IMR 4350 und IMR 4831 sowie Norma 204 und MRP sind die geeigneten Pulvertypen. Bei den leichten Varmintgeschossen können auch etwas schnellere Pulversorten, wie zum Beispiel Rottweil R 907, IMR 4320 und IMR 4064, Kemira N 140 sowie Norma 202, verwendet werden.

Moderne Standardbüchsenpatronen nach 1945

Auch nach dem Zweiten Weltkrieg gehen einige der erfolgreichsten Patronenneuentwicklungen auf das Konto von Winchester. Im Mittelpunkt steht bei den meisten dieser Entwicklungen die Hülse der Nato-Patrone .308 Win.

.225 WINCHESTER

Die .225 Winchester löste 1964 im Programm der Winchester 70 die .220 Swift ab. Geladen mit den gleichen Geschossen (Diam. 224″) wie die berühmte Vorgängerin konnte die .225 Win. allerdings keine große Verbreitung erlangen. Im Jahr 1972 wurde sie bereits aus der Kaliberauswahl des Modells 70 gestrichen. Leistungsmäßig handelt es sich um eine ausgezeichnete Varmintpatrone, deren Einsatzbereich sich mit dem der weitaus beliebteren .22−250 Rem. deckt. In Europa konnte die .225 Win. kaum an Boden gewinnen.

.243 WINCHESTER

Die .243 Winchester hat als Ausgangshülse die etwas jüngere .308 Win. 1955 brachte Winchester das neue 6 mm-Kaliber für die Winchester 70 auf den Markt. Zuvor hatte es zahlreiche ähnliche 6 mm-Wildcatpatronen gegeben. Heute ist die .243 Win. die wohl populärste 6 mm-Patrone und konnte auch hierzulande eine bedeutende Verbreitung erlangen. Der Geschoßgewichtsbereich reicht von 70 grains bis zu 105 grains. Der Einsatzbereich der .243 Win. liegt mit den leichten Geschossen bei der Varmintjagd. Mit den schweren Geschossen im Bereich von 100 grains ist die .243 Win. eine ausgezeichnete Rehwildpatrone.

Dem Wiederlader steht ein breites Angebot an Geschossen im benötigten Durchmesser .243″ zur Auswahl. Bei den Zündhütchen wird das Large Rifle in der Standardausführung verwendet. Wegen des relativ großen Hülsenvolumens im Verhältnis zum Kaliber sowie zum Geschoßgewicht eignen sich die langsamen Pulvertypen besonders gut zum Erreichen höchster Geschoßgeschwindigkeiten. Neben der jagdlichen Verwendung erlangte die .243 Win. auch bei jagdlichen Sportschießen eine wichtige Rolle.

.284 WINCHESTER

Winchester entwickelte das Kaliber .284 Win. 1963 für die moderne Lever Action-Büchse Modell 88. Man wollte mit der .284 Win. die Leistung der .270 Win. in kurzen Systemen unterbringen. Zur Erreichung dieses Zieles verwendete man den Stoßbodendurchmesser der .308 Win., vergrößerte aber den Pulverraum im Querschnitt. So entstand eine der wenigen Patronen mit einem eingezogenen Rand. Eine größere Verbreitung konnte die .284 Win. nicht erlangen. Daß man dieser Patrone um jeden Preis bei kurzer Hülse (Hülsenlänge beträgt 55,12 mm) eine hohe Leistung verleihen wollte, zeigt auch der Maximalgasdruck von 3800 bar. Für den Wiederlader gibt es kaum Probleme, im benötigten Geschoßdurchmesser .284″ gibt es eine breite Auswahl an Geschossen.

.308 WINCHESTER

Nach dem Zweiten Weltkrieg begann das Frankford Arsenal mit der Entwicklung einer neuen Militärpatrone für die amerikanische Armee. Die neue Patrone sollte die alte .30−06 ablösen. Im Dezember 1953 wurde die neue Patrone dann unter der Bezeichnung T 65 E3 als US-Armeepatrone übernommen. 1954 wurde sie zur offiziellen Nato-Dienstpatrone. Obwohl keine echte Winchester-Entwicklung, trägt diese Patrone heute den Namen Winchester wegen der zivilen Ersteinführung durch Winchester in den frühen fünfziger Jahren. Die .308 Win. konnte sowohl als Jagdpatrone wie auch als Sportpatrone ihren Siegeszug weltweit antreten.

.358 WINCHESTER

Winchester brachte die .358 Win. im Jahr 1955 für das Modell 70 auf den
Markt und verwendete dafür als Ausgangsbasis die Hülse .308 Win. Der
Geschoßdurchmesser beträgt .358″. Verwendet wird die .358 Win. hauptsächlich für kurze bis mittlere Distanzen. Sie ist eine ausgezeichnete Drück-
jagdpatrone. Trotz guter Eigenschaften konnte die .358 Win. keine popu-
läre Standardpatrone werden.

Winchester Magnum-Büchsenpatronen

Zu den Pioniertaten auf dem Munitionssektor gehört die Entwicklung der
vier kurzen, für Standardsysteme geeigneten Magnum-Büchsenpatronen.
Diese Entwicklung vollzog sich von 1956 bis zum Jahr 1963 und ist eng mit
dem Modell Winchester 70 verknüpft. Winchester ist es mit den vier Patronen .264 Win. Mag., .300 Win. Mag., .338 Win. Mag. und .458 Win. Mag.
gelungen, eine Kaliberlinie zu entwickeln, die von der perfekten Weitschußpatrone bis zur verbreiteten Elefantenpatrone alle Anwendungsbereiche ab-
deckt.

.458 WINCHESTER MAGNUM

Die große Zeit der White Hunters ging in Afrika einher mit der Ära der
englischen Kolonialzeit auf dem Schwarzen, mit Abenteuern lockenden
Kontinent. Als dieses Zeitalter bereits seinen Zenit überschritten hatte,
versuchten sich die Amerikaner erstmals mit einer echten, für Afrika taug-
lichen Großwildpatrone. Sicherlich finden sich unter den zahlreichen ameri-

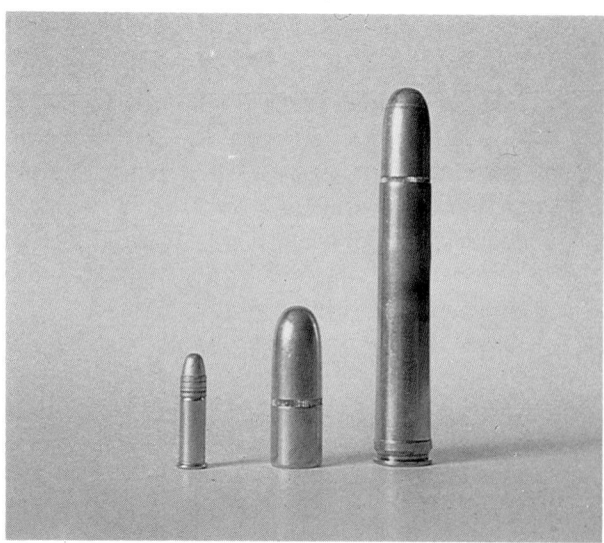

**Größenvergleich: Links eine .22 l.r.,
in der Mitte ein Geschoß im Diam.
458″ und rechts die Patrone .458
Win. Mag.**

182

Verschiedene Geschosse für die Patrone .458 Win. Mag.

kanischen Patronenentwicklungen auch brauchbare Großwildpatronen, aber so richtig war man den führenden Engländern nie nahe gekommen. Den Stein ins Rollen brachte der Aufsichtsratsvorsitzende der Firma Winchester, John Olin. Auf seine Anregung wurde die .458 Win. Mag. entwickelt und 1956 zusammen mit dem Winchester-Modell 70 »African« der Öffentlichkeit vorgestellt. Es dauerte nicht lange, bis auch andere Büchsenhersteller ihre Waffen für die neue Winchester-Patrone einrichteten.

Heute gehört die .458 Win. Mag. zu den am meisten verwendeten Patronen für die afrikanische Großwildjagd. Insbesondere auf die Dickhäuter Elefant, Nashorn und Büffel schätzt man ihre »umwerfende« Wirkung. Der Erfolg der .458 Win. Mag. hat mehrere Ursachen. Da ist erstens das Modell Winchester 70, das zweifelsfrei zu den besten Waffen dieser Art gehört. Der zweite Faktor sind die Abmessungen der .458 Win. Mag. Ihre Länge ist nämlich so gestaltet, daß sie in die normalen Standardsysteme (Länge der .30−06) paßt. Auch beim Stoßboden wurde Gängiges verwendet, nämlich der Stoßboden der .375 H & H Mag. Übernommen wurde auch der Gürtel der H & H-Patrone. Diese Abmessungen ermöglichten es, normale Systeme wie zum Beispiel Springfield '03 und Mauser 98 für die .458 Win. Mag. einzurichten. Einen weiteren Grund für den Erfolg findet man in der Ausgewogenheit. Genügend Leistung für die Dickhäuter, aber auch noch gut zu beherrschen. Ein Grund, den die Berufsjäger besonders schätzen. Und dann ist da noch die gesicherte Munitionsversorgung, die bei Winchester stets gewährleistet ist.

Fabrikpatronen werden mit 500 grains/510 grains schweren Teil- und Vollmantelgeschossen geladen und sind für Großwild gedacht. Dem Wiederlader stehen aber auch leichtere Geschosse in den Gewichtsbereichen 300 grains, 350 grains und 400 grains zur Verfügung. Mit den schweren 500 grains-Geschossen wird eine Geschwindigkeit beim Verlassen des Laufes von etwa 640 m/s erreicht. Die Energie beträgt dann etwa 7.000 Joule. Mit den leichteren Geschossen lassen sich schwächere Laborierungen herstellen, die dann für Hochwild auf kurze bis mittlere Distanzen gut geeignet sind. Geladen wird die .458 Win. Mag. mit schnellen bis mittleren Treibladungspulvern. Besonders gute Erfahrungen hat der Autor mit IMR 3031 gesammelt. Bei den Zündhütchen reichen nach den vorliegenden Erfahrungen Large-Rifle-Standardzündhütchen aus.

Ein oft erörtertes Thema im Zusammenhang mit der .458 Win. Mag. ist der Rückstoß. Man erzählt sich teilweise wilde und abenteuerliche Geschichten. Wahr ist, daß eine Patrone dieser Leistungsklasse einen merklichen Rückstoß hat, der auch deutlich fühlbar über dem eines normalen Militärkarabiners liegt. Für Anfänger ist die .458 Win Mag. nicht zu empfehlen. In der Hand eines erfahrenen Schützen leistet sie genau das, wozu sie entwickelt worden ist. Achten sollte man stets auf eine genügend schwere Waffe. Unter 4,0 kg ist eine .458 Win. Mag.-Büchse nach den Erfahrungen des Autors zu leicht.

.338 WINCHESTER MAGNUM

Die Patrone .338 Win. Mag. kam um das Jahr 1958 auf den Markt. Angeregt durch Wildcats, wie zum Beispiel die .333 OKH, entwickelte Winchester die .338 Win. Mag. auf der Basis der .458 Win. Mag.-Hülse. Vorgestellt wurde auch diese Patrone mit dem entsprechenden Modell 70 von Winchester. Hinsichtlich des Verwendungszweckes füllt die .338 Win. Mag. die Lücke zwischen der .30−06 und der .375 H & H Magnum. In ihrer Leistung kann man sie mit der einheimischen 8×68 S vergleichen, obwohl das Kaliber abweichend ist. Fabrikpatronen im Kaliber .338 Win. Mag. gibt es mit Geschossen im Gewichtsbereich von 200 grains bis 250 grains. Mit den 200 grains schweren Geschossen werden Vo-Werte von etwa 900 m/s und Eo-Werte von etwa 5.300 Joule erreicht. Ins metrische System übertragen wäre die .338 Win. Mag. eine 8,6×63,5. Ideal ist die .338 Win. Mag. für

Patronen des Kalibers .338 Win. Mag.

stärkstes Hochwild. Besonders die Jäger in Alaska schätzen dieses Kaliber. Beim Wiederladen werden langsame Treibladungspulver verwendet. Ferner ist bei manchen Pulversorten die Verwendung von Magnum-Zündhütchen erforderlich.

.264 WINCHESTER MAGNUM

Die .264 Win. Mag. kam als dritte der Winchester-Magnums auf den Markt. Vorgestellt wurde sie um das Jahr 1959 mit dem Modell Winchester 70 »Westerner«. Es handelt sich praktisch um eine auf 6,5 mm (Diam. .264″) eingezogene .338 Win. Mag. Entwickelt wurde die .264 Win. Mag. als Weitschußpatrone. Mit dem beliebten Geschoßgewicht von 140 grains sind Geschwindigkeiten von 924 m/s erreichbar, was eine Eo von rund 3.900 Joule bedeutet. Mit leichten Geschossen im Gewichtsbereich von 100 grains sind Geschoßgeschwindigkeiten von bis zu 1100 m/s erreichbar. Wegen der extrem langsamen Pulversorten sollte man auf eine Mindestlauflänge von 61 cm achten. Ferner sollte man eine .264 Win. Mag.-Büchse nicht als Waffe für schnelle Schußfolgen verwenden, da die Läufe extrem beansprucht werden. Die .264 Win. Mag. steht in dem Ruf, ein Laufkiller zu sein. Beim Wiederladen mit den langsamen Pulversorten wird bei der .264 Win. Mag. das Verwenden von Magnum-Zündhütchen erforderlich.

.300 WINCHESTER MAGNUM

Als letzte der vier Winchester-Magnum-Patronen kam 1963 die .300 Win. Mag. mit dem Modell Winchester 70 auf den Markt. Als Ausgangshülse diente die .338 Win. Mag. Allerdings wurde die Schulter etwas nach vorne versetzt, um das Hülsenvolumen zu erhöhen. Mit 66,55 mm ist die Gesamthülsenlänge auch etwas größer als bei den Schwesterpatronen. In der Leistung zwischen den beiden Schwesterpatronen .264 Win. Mag. und .338 Win. Mag. liegend, kann die .300 Win. Mag. als eine ideale Universal-Weitschußpatrone für Hochwild angesehen werden. Ihre Leistung liegt deutlich über der .30−06 und ist mit der älteren .300 H & H Mag. vergleichbar. Bedingt durch den verbreiteten Geschoßdurchmesser .308″, bietet die .300 Win. Mag. dem Wiederlader ein vielseitiges Betätigungsfeld. Für optimale Leistung muß man langsame Pulver sowie Magnum-Zündhütchen verwenden. Mit 180 grains schweren Geschossen erreicht die .300 Win. Mag. Geschwindigkeiten von etwa 930 m/s bei Eo-Werten von um die 5.000 Joule. Heute ist die .300 Win. Mag. unter den .300er-Magnum-Patro-

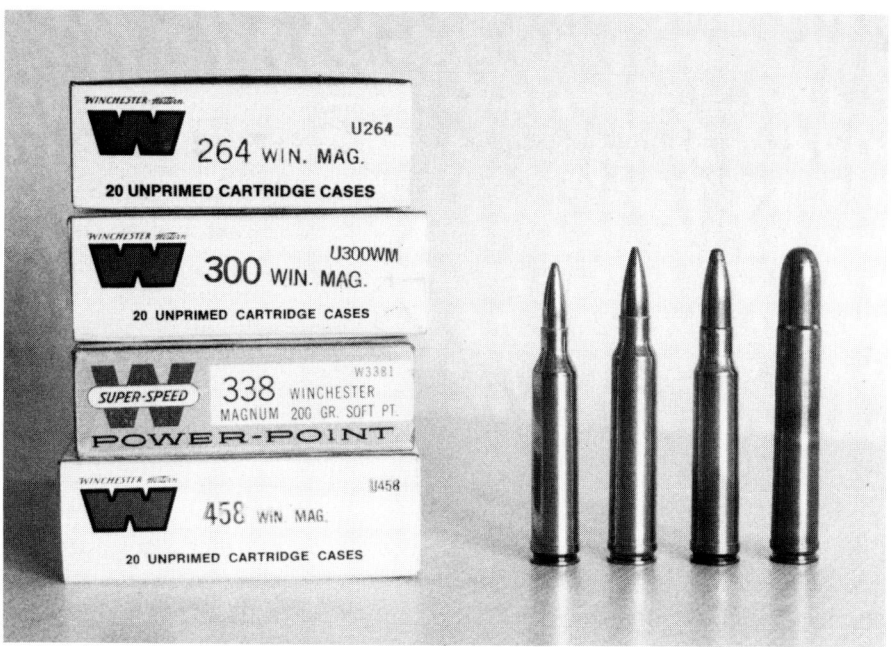

Die Serie der Winchester Magnum-Büchsenpatronen: .264 Win. Mag., .300 Win. Mag., .338 Win. Mag. und .458 Win. Mag.

nen die wohl verbreitetste. Gute Präzisionseigenschaften sowie das Vorhandensein von Matchgeschossen machen die .300 Win. Mag. auch zu einer hervorragenden Scheibenpatrone für die weiten Distanzen.

Moderne Lever Action-Patronen

.375 WINCHESTER

Ende der siebziger Jahre startete Winchester mit dem Modell 94 Big Bore den Versuch, dem Lever Action-Karabiner 94 ein neues Image als leistungsstarke Jagdbüchse zu verpassen. Dazu wurde das System des Modells 94 im rückwärtigen Bereich verstärkt und die neue Patrone .375 Win. 1978/79 der Öffentlichkeit vorgestellt. Um Verwechslungen und Trugschlüssen vorzubeugen, sei bereits an dieser Stelle festgestellt, daß die .375 Win. nichts mit der Leistungsklasse der Großwildpatrone .375 H & H Mag. gemeinsam hat. Einzige Gemeinsamkeit beider Kaliber ist der Geschoßdurchmesser von .375″.

Zu den noch jungen Patronen gehört die .375 Winchester.

Bei der Entwicklung der .375 Win. konnte man auf eine alte und traditionsreiche Patrone aus der Pionierzeit zurückgreifen, die .38−55. Die in den Abmessungen der alten .38−55 sehr ähnliche neue .375 Win. liegt in der ballistischen Leistung allerdings deutlich über der alten Schwarzpulverpatrone, die später auf Nitropulver umgestellt worden ist.

Entwickelt wurde die .375 Win. für den Einsatz auf kleines und mittleres Wild auf kurze Distanzen, wo die Lever Action-Büchse besonders beliebt ist. Nach der Auffassung vieler amerikanischer Waffenexperten liegt ihre obere Leistungsgrenze bei der Jagd auf den Schwarzbären. Das 200 grains schwere Geschoß erreicht eine Vo von 671 m/s und eine Eo von 2.915 Joule. Das 250 grains schwere Geschoß erreicht auf der .375 Win. eine Anfangsgeschwindigkeit beim Verlassen des Laufes von 580 m/s und eine Eo von 2.718 Joule. Im Vergleich mit einheimischen Patronen liegt die .375 Win. deutlich über der 9,3×72 R und erreicht nicht ganz die 8×57 IR. Beim Wiederladen muß in erster Linie der Geschoßauswahl Aufmerksamkeit gewidmet werden. Es können nämlich nicht die für die .375 H & H Mag. konstruierten Geschosse verwendet werden, da diese in der Regel für die leistungsschwächere .375 Win. einen zu dicken Geschoßmantel haben, im Gewicht zu hoch liegen und ferner als Spitzgeschosse für Röhrenmagazine nicht verwendet werden dürfen. Daher gibt es spezielle Flachkopfgeschosse von verschiedenen Herstellern in USA. Bei den Treibladungspulvern sollte man sich an die schnellen Sorten halten.

.307 WINCHESTER

Mit dem Modell 94 Big Bore AE mit seitlichem Auswurf wollte man die Leistungsklasse der Lever Action weiter verbessern und stellte 1983 zur ent-

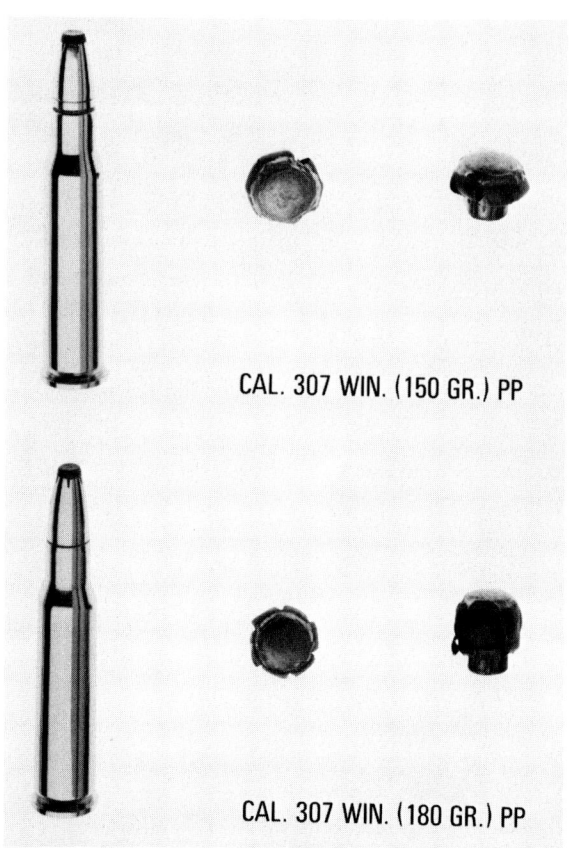

Patronen im Kaliber .307 Win.

CAL. 307 WIN. (150 GR.) PP

CAL. 307 WIN. (180 GR.) PP

sprechenden Waffe zwei neue Kaliber vor. Die .307 Win. hat den Patronenboden der .30–30 Win., aber den Hülsenkörper der .308 Win. Damit liegt praktisch eine Randversion der .308 Win vor. Allerdings muß man wegen der Röhrenmagazine Flachkopfgeschosse verwenden. In der ballistischen Leistung liegt die .307 Win. etwas unter der .308 Win. Winchester bot zunächst zwei Laborierungen des Kalibers .307 Win. mit 150 grains und 180 grains schweren Geschossen an. Im Katalog des Jahres 1987 ist nur noch die Laborierung mit dem 150 grains schweren Geschoß vertreten. Ein großer Erfolg wurde die .307 Win. bisher nicht.

.356 WINCHESTER

So wie die .307 Win. ein Gegenstück zur .308 Win. ist, ist die .356 Win. das Gegenstück zur .358 Win. Die .356 Win. kam ebenfalls 1983 mit ihrer Schwesterpatrone .307 Win. in zwei Laborierungen auf den Markt. Geladen wurde die .356 Win. mit 200 grains und 250 grains schweren Geschossen.

188

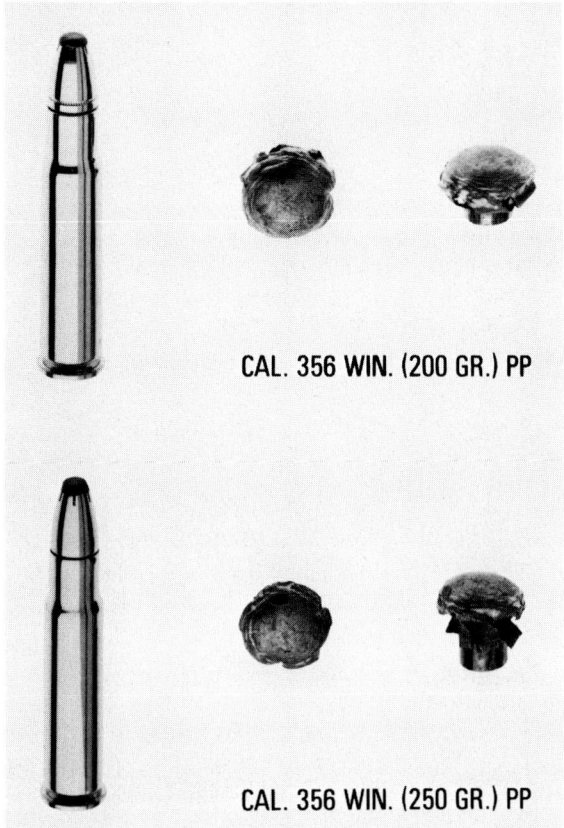

CAL. 356 WIN. (200 GR.) PP

CAL. 356 WIN. (250 GR.) PP

Zur Zeit wird auch im Kaliber .356 Win. nur noch eine Laborierung mit 200 grains schwerem Geschoß angeboten.

Winchester-Patronen für Selbstladebüchsen

.32 WINCHESTER SELF-LOADING

Die .32 Winchester Self-Loading wurde für das Selbstladegewehr Modell 1905 entwickelt und kann aus jagdlicher Sicht nur für den Abschuß von Raubzeug als sinnvoll bezeichnet werden. Das 165 grains schwere Geschoß erreicht eine Vo von etwa 425 m/s bei einer Eo von 1.030 Joule. Der Geschoßdurchmesser der .32 Win. Self-Loading beträgt. 320″.

.35 WINCHESTER SELF-LOADING

Die .35 Win. Self-Loading wurde 1905 für das Selbstladegewehr Modell 1905 entwickelt. Das 180 grains schwere Geschoß erreicht eine Geschwindigkeit beim Verlassen des Laufes von etwa 440 m/s und eine Eo von rund 1.140 Joule. Der Geschoßdurchmesser beträgt .351″. Heute spielt die .35 Win. SL genau wie die .32 Win. SL keine praktische Rolle mehr und ist im Regelfall dem Sammler vorbehalten.

.351 WINCHESTER SELF-LOADING

Mit dem Selbstladegewehr Modell 1907 stellte Winchester eine verbesserte Version der .35 Win. Self-Loading vor. Die .351 Win. Self-Loading liegt gegenüber der älteren .35 Win. SL in der ballistischen Leistung deutlich höher. Das 180 grains schwere Geschoß der .351 Win. SL erreicht eine Vo von 564 m/s und eine Eo von 1.857 Joule. Die Patrone .351 Win. SL wird auch heute noch von Winchester angeboten.

.401 WINCHESTER SELF-LOADING

Die .401 Win. SL kam 1910 zusammen mit dem Selbstladegewehr Modell 1910 auf den Markt und ist die leistungsstärkste Self-Loading-Patrone in dieser Winchester-Reihe. Geladen mit 200 grains bzw. 250 grains schweren Geschossen (Diam. .406″) erreichte sie mit dem leichten Geschoß die beachtliche Geschwindigkeit von 650 m/s bei einer Eo von 2.738 Joule.

Pistolen- und Revolverpatronen

.357 MAGNUM

Zu den Wegbereitern der .357 Mag. gehörte der amerikanische Waffenexperte Philip B. Sharpe, der bereits zu Beginn der 30er Jahre bei Smith & Wesson auf die Entwicklung stärkerer Revolverpatronen drängte. Sharpe hatte selbst mit stärksten Laborierungen des Kalibers .38 Spec. gearbeitet und wies Smith & Wesson wiederholt auf die Fertigung eines Revolvers, der seine wesentlich stärker geladenen .38 Special-Patronen auch bei Dauergeb-

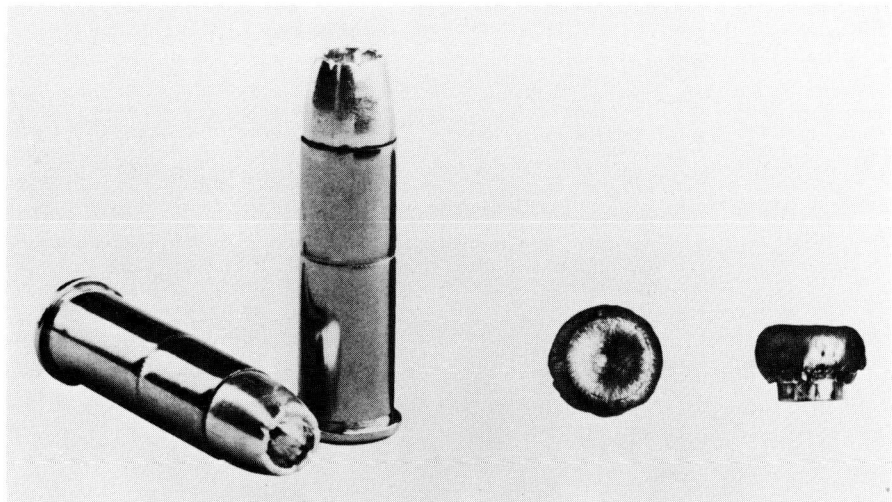

Speziell für Pistolen- und Revolverpatronen entwickelte vor einigen Jahren Winchester das Silvertip Hollow Point-Geschoß. Wie das Werksfoto zeigt, hat dieser Geschoßtyp eine sehr gute Staucheigenschaft und ist daher besonders für Verteidigungszwecke interessant. In der Bundesrepublik Deutschland ist dieser Geschoßtyp verboten.

rauch verkraftete, hin. Smith & Wesson beauftragte schließlich Winchester mit der Entwicklung einer neuen Revolverpatrone. Etwa 1934 hatte Winchester die neue Patrone fertig. Um zu vermeiden, daß die neue Magnum-Patrone in den kalibergleichen .38 Spec.-Waffen verschossen werden konnte, hatte man einfach die Hülse der neuen .357 Mag. etwas länger gehalten. Am 6. April 1935 war es dann soweit. Der erste Smith & Wesson-Revolver im neuen Kaliber .357 Mag. war fertig und wurde dem Direktor des FBI, J. Edgar Hoover, überreicht. Aus der einst als Spezialpatrone entwickelten .357 Mag. wurde eine der Standard-Magnum-Patronen, die heute eine vorherrschende Stellung einnimmt.

.256 WINCHESTER MAGNUM

Winchester stellte 1960 die .256 Win. Mag. als neue Faustfeuerwaffenpatrone vor. Ausgangsbasis für die .256 Win. Mag. ist die Hülse .357 Mag. Diese wurde am Hülsenhals eingezogen und erhielt eine Schulter. Der Geschoßdurchmesser beträgt .257″. Die .256 Win. Mag. wurde kein Erfolg.

9 MM WINCHESTER MAGNUM

Die Pistolenpatrone 9 mm Winchester Magnum wurde von Winchester 1979 zusammen mit der .45 Win. Mag. vorgestellt. Ursprünglich gedacht waren

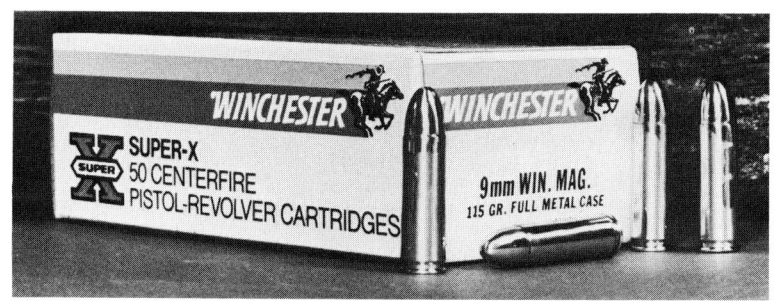

**Patronen 9 mm
Win. Mag.**

beide Patronen für die Wildey-Selbstladepistole. Da jedoch keine Waffen
zeitnah zur Verfügung standen, wurde es um die sehr interessante Patrone
zunächst ruhig. Erst in jüngster Zeit kommt man wieder auf dieses Kaliber
zurück. Leistungsmäßig gehört die 9 mm Win. Mag. in die Klasse der .357
Magnum-Revolverpatrone.

.45 WINCHESTER MAGNUM

Die .45 Win. Mag. kam 1979 auf den Markt und war wie die 9 mm Win.
Mag. für die Wildey-Pistole bestimmt. Auch die .45 Win. Mag. wäre fast
wieder verschwunden, da keine Waffen vorhanden waren. Thompson/Cen-
ter richtete jedoch bald die Contender-Pistole für dieses Kaliber ein. In der
Zwischenzeit gehört die .45 Win. Mag. auch bei den Selbstladepistolen, für
die sie eigentlich entwickelt wurde, fest ins Programm verschiedener Hersteller. Insbesondere die L.A.R.-Pistole macht einen guten Eindruck im
Kaliber .45 Win. Mag. Leistungsmäßig gehört die .45 Win. Mag. in die
Klasse der .44 Magnum.

**Patronen .45
Win. Mag.**

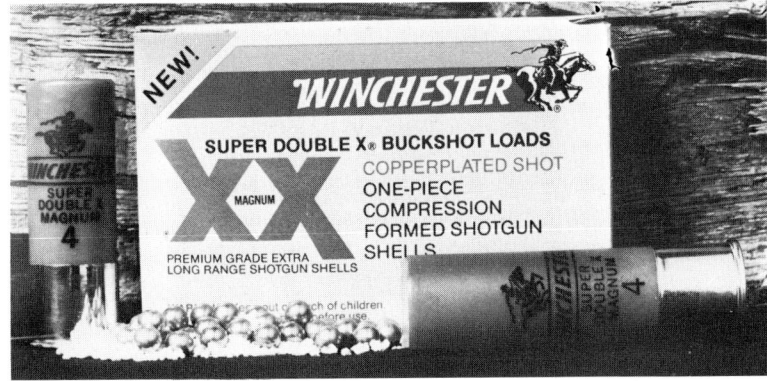

Auch auf dem Gebiet der Schrotpatronen leistete Winchester Pionierarbeit.

Schrotpatronen

Innerhalb des Munitionsprogramms von Winchester nehmen die Schrotpatronen einen breiten Raum ein. Winchester gehört heute zu den Schrotpatronen-Herstellern mit den umfangreichsten Programmen. Auf dem Gebiet der Schrotpatronenentwicklung wurde oftmals von Winchester Pionierarbeit geleistet. Auch beim neuesten Schrotpatronenthema, Stahlschrot, steht Winchester wieder an der Spitze der Bewegung. Das Angebot an Winchester-Schrotpatronen umfaßt eine fast nicht überschaubare Zahl an Laborierungen. Das reicht von den Sportpatronen bis zu speziellen Jagdpatronen und Verteidigungspatronen.

Wiederladekomponenten

Bereits im vorigen Jahrhundert, mit dem Aufkommen der ersten nachladbaren Zentralfeuerpatronen, hat sich Winchester um diesen Markt mit be-

Die zur Zeit aktuelle Gestaltung der Munitionsschachteln.

193

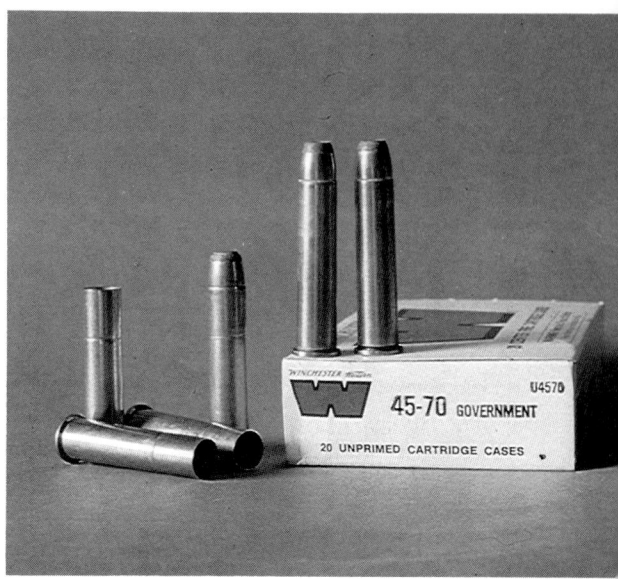

Für Tradition hatte man bei Winchester zu allen Zeiten einen Sinn. Die Abbildung zeigt die Nachbildung einer historischen Munitionskiste gefüllt mit Patronen des Kalibers .22 l.r.

Winchester belieferte auch die Wiederlader mit Komponenten, wie zum Beispiel Hülsen in allen gängigen US-Kalibern.

stem Erfolg bemüht und Geräte und Komponenten angeboten. Heute im Jahr 1987 befinden sich zwar keine Ladegeräte mehr im Winchester-Programm, dafür aber ein umfangreiches Angebot an Komponenten.

Leider werden zur Zeit aus wirtschaftlichen Gründen keine Geschosse mehr von Winchester für den Wiederlader geliefert. Erhältlich sind derzeitig Zündhütchen, Treibladungspulver und Hülsen sowie Schrotpatronen-Komponenten.

Winchester-Kleinkalibergewehre (Randfeuer)

Neben den bekannten Winchester-Zentralfeuerbüchsen gab es und gibt es im Winchester-Programm stets auch Kleinkalibergewehre in den verschiedenen .22er-Randfeuerkalibern. Teilweise erreichten diese Modelle sehr hohe Fertigungszahlen, die oftmals über denen der berühmten Lever Action-Zentralfeuerbüchsen lagen. Es würde den Rahmen dieses Buches sprengen, wollte man sämtliche Winchester-Randfeuerbüchsen im Detail vorstellen. Um dem Sammler dennoch einen Überblick zu geben, sind nachfolgend nur die wichtigsten technischen Daten angegeben. Nur das heute noch in der Produktion befindliche Modell 9422 wird etwas ausführlicher besprochen.

WINCHESTER '73 RIMFIRE

Berühmt wurde das Modell 73 als Zentralfeuerbüchse. Jedoch fertigte Winchester in den Jahren von 1884 bis 1904 auch eine Randfeuerversion in den Kalibern .22 Short und .22 Long. Es gab von diesem Modell die gleichen Ausstattungen wie von der Zentralfeuerbüchse. Das Magazin nahm 25 Patronen des Kalibers .22 Short bzw. 20 Patronen beim Kaliber .22 Long auf. Das Kaliber .22 Extra Long gab es nur auf Sonderwunsch. Wichtigstes Erkennungsmerkmal der Randfeuerausführung ist das Fehlen der Ladeöffnung in der Mitte der rechten Systemkastenseite. Hergestellt von der Winchester '73 Rimfire wurden etwa 19 500 Stück. Damit gehört dieses Modell zu den sehr seltenen 73er Waffen.

WINCHESTER 1890

Das Modell 1890 ist ein Vorderschaftrepetierer mit Röhrenmagazin. Es wurde bis zum Jahr 1932 gefertigt und zählt mit einer Auflage von rund 849 000 Stück zu den erfolgreichsten Randfeuerbüchsen im Winchester-Programm. Eingerichtet wurde das Modell 1890 für die Kaliber .22 Short, .22 Long, .22 WRF, und .22 l.r. Ausgerüstet waren die 90er Gewehre mit ei-

Winchester Modell 1890.

nem 24″ (61 cm) langen Achtkantlauf. Es gab eine Standard- sowie eine Luxusausführung. Je nach Kaliber nahm das Magazin 11 bis 15 Patronen auf.

WINCHESTER 1900

Beim Modell 1900 handelt es sich um eine einfache, einschüssige, mit einem Zylinderverschluß ausgerüstete KK-Waffe. Eingerichtet wurde das Modell 1900 für die Kaliber .22 Short und .22 Long. Bis zur Produktionseinstellung im Jahr 1902 sollen rund 105 000 Stück gefertigt worden sein.

WINCHESTER 1902

Das Modell 1902 ist die Weiterentwicklung des Modells 1900 und wie dieses eine einschüssige Randfeuerbüchse mit Zylinderverschluß. Zunächst wurde das Modell 1902 für die Patronen .22 Short und .22 Long gefertigt. 1914

196

kam dann noch die .22 Extra Long dazu. Etwa um das Jahr 1927 wurde dann gewechselt zu den Kalibern .22 Short, .22 Long und .22 Long Rifle. Gefertigt wurden bis zum Jahr 1931 rund 640 000 Stück.

WINCHESTER 1903

Im Jahre 1903 kam das erste Selbstladegewehr für Randfeuerpatronen ins Programm. Eingerichtet wurde das Modell 1903 für das Kaliber .22 Win. Automatic Rimfire. Bis zum Jahr 1932 wurden ungefähr 126 000 Stück gefertigt.

WINCHESTER 99

Das Modell 99 kam 1904 ins Winchester-Programm und ist eigentlich eine Sonderform des Modells 1902. Wesentlichste Änderung gegenüber dem Modell '02 ist der Daumenabzug des Modells 99. Die Kaliberauswahl entsprach der des Modells '02. Gefertigt wurde das Modell 99 bis zum Jahr 1923. Die Stückzahl betrug etwa 75 000.

WINCHESTER 1904

Dieses Modell ist ebenfalls eine Weiterentwicklung aus dem Modell 1902 und unterscheidet sich von diesem durch einen längeren und schwereren Lauf. Die Kaliberauswahl entspricht dem Modell 1902. Eingestellt wurde die Fertigung beim Modell 1904 im Jahr 1931. Bis zu diesem Zeitpunkt waren etwa 300 000 Stück hergestellt.

WINCHESTER 1906

Es handelt sich um eine etwas preiswertere Ausführung des Modells 1890 mit 20″ (51 cm) langem Rundlauf. Winchester wollte mit diesem Modell den Kunden einen preiswerten Vorderschaftrepetierer anbieten. Gefertigt wurde das Modell 1906 bis zum Jahr 1932. Je nach Kaliber nahm das Röhrenmagazin 11 bis 15 Patronen der Kaliber .22 Short, .22 Long oder .22 Long Rifle auf. Anfangs war das Modell nur für das Kaliber .22 Short eingerichtet.

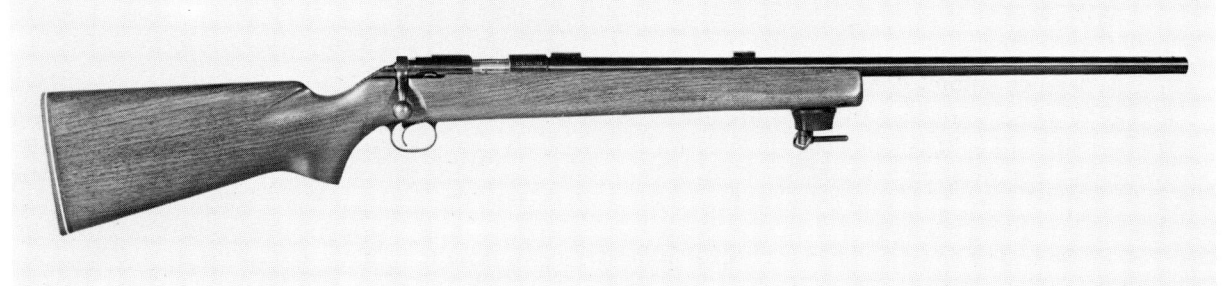

KK-Büchse Modell 52 in der Standardausführung.

WINCHESTER 52

Mit dem Modell 52 stellte Winchester 1920 eine hochwertige KK-Büchse im Kaliber .22 l.r. für präzises Scheibenschießen vor. Es gibt von diesem Zylinderverschlußgewehr die verschiedensten Ausführungen. Die Auswahl reichte von der feinen Schonzeitbüchse bis zu Matchbüchsen aller Klassen. Nach 60 Jahren wurde 1980 die letzte Ausführung des Modells 52 aus dem Programm genommen. Die Produktion belief sich auf insgesamt etwa 125 000 Stück aller Ausführungen.

Das Modell 52 in der Match-Version.

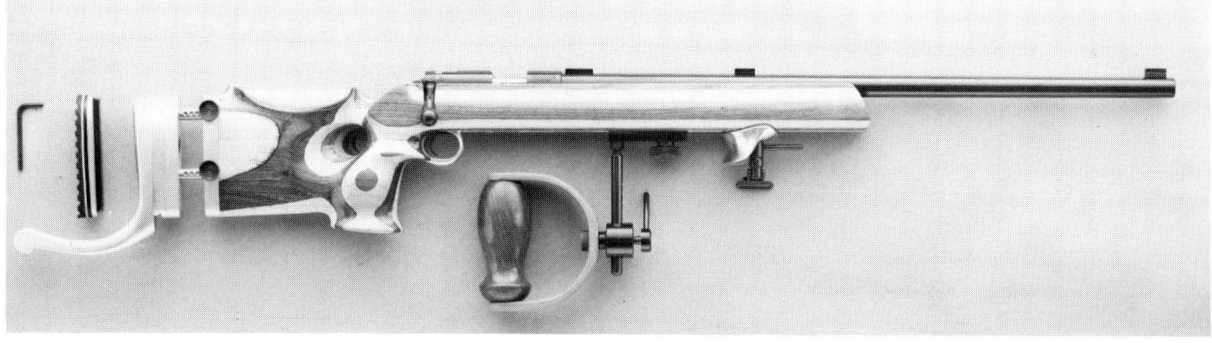

WINCHESTER 56

Das Modell 56, ein Repetierer mit Zylinderverschluß und Steckmagazin für 5 Patronen des Kalibers .22 l.r., kam 1927 ins Programm. Die Produktion wurde bereits 1929 wieder eingestellt, als rund 8000 Stück gefertigt waren.

198

WINCHESTER 57

Technisch stimmt das Modell 57 weitgehend mit dem Modell 56 überein. Jedoch wurde für das Modell 57 ein etwas schwerer Schaft verwendet. Hergestellt wurden Waffen in den Kalibern .22 Short und .22 l.r. Das Modell 57 befand sich bis zum Jahr 1936 im Programm. Ein Erfolg war es mit 18 600 Stück sicherlich nicht.

WINCHESTER 58

Es handelt sich um eine einschüssige Zylinderverschlußbüchse der unteren Preisklasse. Technisch entspricht die Winchester 58 weitgehend dem Modell 1902. Man wollte mit dem Modell 58 unbedingt eine extrem preiswerte Waffe anbieten. Eingestellt wurde die Fertigung 1931, als rund 39 000 Stück hergestellt waren. Wahlweise verschoß das Modell 58 die Patronen .22 Short, .22 Long oder .22 l.r.

WINCHESTER 59

Die Reihe der einschüssigen Randfeuerbüchsen mit Zylinderverschluß wurde 1930 mit dem Modell 59 fortgesetzt. Gefertigt wurde dieses Modell nur 1930 in einer Auflage von etwas mehr als 9000 Stück. Technisch betrachtet handelt es sich beim Modell 59 um das System des Modells 58.

WINCHESTER 60

Dies ist die verbesserte Ausführung des Modells 59. Das Modell 60 war als einschüssige Büchse mit Zylinderverschluß wahlweise für die Patronen .22 Short, .22 Long und .22 l.r. zu verwenden. Die Fertigung lief von 1931 bis 1934. Es wurden in dieser Zeit rund 165 000 Stück gefertigt.

WINCHESTER 62

Mit diesem Modell legte Winchester 1932 eine verbesserte Ausführung des Vorderschaftrepetierers 1890 für die .22er-Randfeuerkaliber vor. Das Modell 62 war bis zum Jahr 1958 erfolgreich – über 400 000 Stück wurden gefertigt – im Winchester-Programm.

WINCHESTER 61

Mit dem Modell 61 kam im Jahr 1932 ein Vorderschaftrepetierer ohne außenliegenden Hahn auf den Markt. Erhältlich waren verschiedene Ausführungen sowie die verschiedenen .22er-Randfeuerkaliber. Das Modell 61
wurde bei einer Stückzahl von etwa 340 000 im Jahr 1963 aus der Serie genommen.

WINCHESTER 60 A

Beim Modell 60 A handelt es sich um eine Target-Ausführung des Modells
60. Das Modell 60 A, eingerichtet für das Kaliber .22 l.r., kam 1933 auf den
Markt und wurde 1939 relativ erfolglos – etwa nur 6000 Stück wurden gebaut – aus dem Programm genommen.

WINCHESTER 63

Als sich die Patrone .22 l.r. immer stärker am Markt gegenüber den ande-
ren .22er-Kalibern durchsetzte, wurde es notwendig, für den Selbstlader
Modell 1903, der für das Kaliber .22 Win. Automatic RF eingerichtet war,
Ersatz im gängigen Kaliber .22 l.r. zu schaffen. Dies geschah 1933 mit dem
Modell 63, das bis 1958 hergestellt worden ist. Gefertigt wurden rund
174 000 Stück des Modells 63.

WINCHESTER 67

1934 nahm Winchester einen weiteren Anlauf für eine preiswerte einschüssige KK-Büchse mit Zylinderverschluß und stellte das Modell 67 vor. Eingerichtet wurde das Modell 67 für die gängigen .22er-Kaliber. Es gab verschiedene Ausführungen, wie zum Beispiel das Junior-Modell. Das Modell
67 hielt sich im Winchester-Programm bis 1963. Die Fertigungszahl liegt bei
rund 383 000 Stück. Ferner gab es unter der Bezeichnung 677 eine Sonderausführung mit Zielfernrohr.

WINCHESTER 68

Das Modell 68 ist eine Winchester 67 in etwas besserer Ausführung, was
sich besonders auf die Visierung bezieht. Winchester lieferte das Modell 68
von 1934 bis 1946. Rund 100 000 Stück wurden hergestellt.

WINCHESTER 69

Die Reihe der KK-Büchsen wurde 1935 mit dem Repetierer-Modell 69 fortgesetzt. Zylinderverschluß und Steckmagazin sind die Merkmale dieses Gewehrs im Kaliber .22 l.r., das bis 1963 in einer Auflage von etwa 355 000 Stück gefertigt worden ist. Mit der Modellbezeichnung 697 gab es eine Sonderausführung des Modells 69 mit Zielfernrohr.

WINCHESTER 72

Mit dem Modell 72 stellte Winchester 1938 einen Zylinderverschlußrepetierer mit Röhrenmagazin vor. Es gab dieses Modell im Kaliber .22 l.r., aber auch eine Sonderausführung im Kaliber .22 Short. Bis zum Jahr 1959 wurden 161 412 Waffen dieses Modells gefertigt.

WINCHESTER 75

Es handelt sich um einen Zylinderverschlußrepetierer mit Steckmagazin. Das Modell 75, das es in verschiedenen Ausführungen im Kaliber .22 l.r. gab, war in der mittleren Preislage angesiedelt und ergänzte das Angebot zum Modell 52. Bis zum Jahr 1958 wurden vom Modell 75 rund 88 000 Stück gebaut.

WINCHESTER 74

Das Modell 74, ein Selbstlader mit Röhrenmagazin, befand sich von 1939 bis 1955 im Winchester-Programm. Rund 406 000 Stück wurden hergestellt. Es gab das Modell 74 in den Kalibern .22 Short und 22. l.r.

MODELL 77 RIFLE

Das Modell 77 im Kaliber .22 l.r. wurde 1941 als Übungsgewehr für das US Marine Corps entwickelt. Es handelt sich um eine Semi-Automatic-Waffe mit Steckmagazin.

WINCHESTER 47

Das Modell 47 ist eine einschüssige Zylinderverschlußbüchse im Kaliber .22 l.r., die 1949 ins Programm kam und bis zum Jahr 1954 in einer Stückzahl von rund 43 000 gefertigt wurde.

WINCHESTER 77

Das Modell 77 ist ein Selbstlader im Kaliber .22 l.r., der 1955 vorgestellt wurde. Es gab zwei Ausführungen. Man konnte zwischen Röhrenmagazin und Steckmagazin wählen. Aus dem Programm genommen wurde das Modell 77 endgültig 1963.

WINCHESTER 55 RF

Das KK-Modell 55 darf nicht mit dem Lever Action-Gewehr Modell 55 verwechselt werden. Winchester verwendete die Modellnummer »55« zweimal. Das Modell 55 RF gab es von 1957 bis 1961.

DIE SERIE 200

Im Jahr 1963 stellte Winchester eine neue Serie von KK-Büchsen vor. Die dreistelligen Modellnummern beginnen mit einer »2«. Die nächsten Ziffern

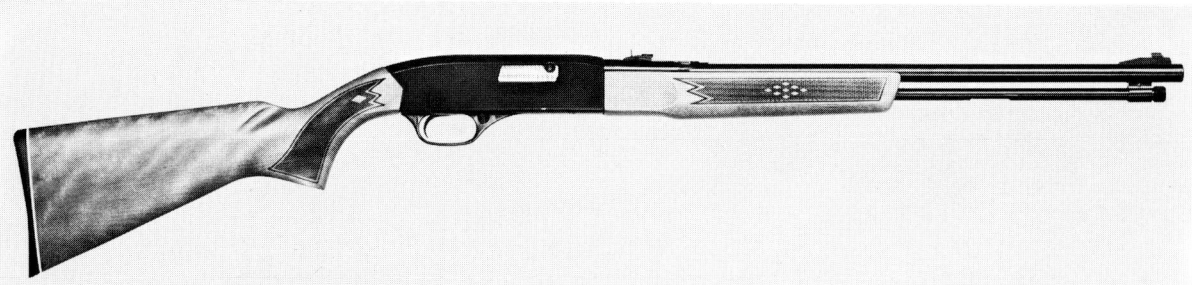

Winchester Modell 290.
Winchester Modell 270.

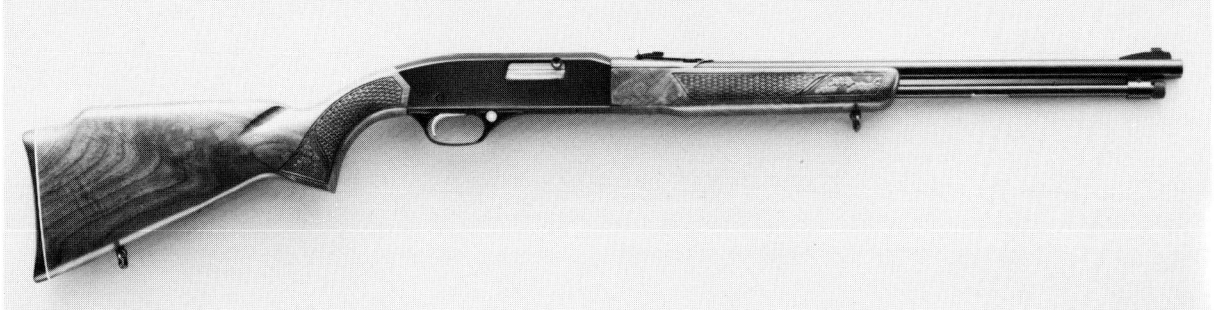

Winchester Modell 290 Deluxe.
Winchester Modell 275 Deluxe.

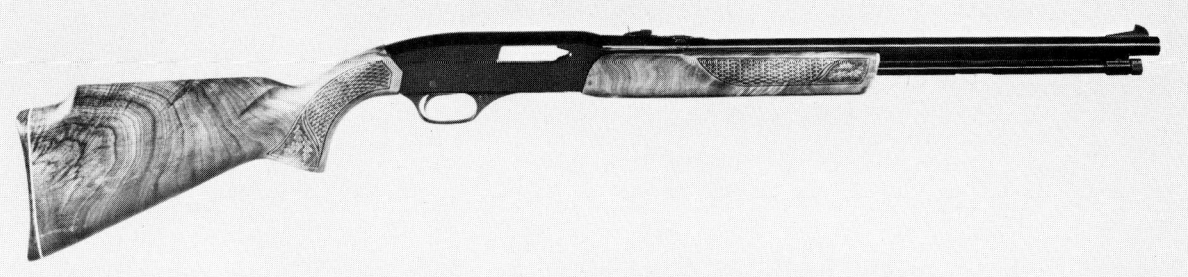

sagen etwas über den Typ aus. Das äußere Erscheinungsbild der Serie 200 war einheitlich, und nur die unterschiedlichen Konstruktionen sorgten für technisch geringe Abweichungen bei den Schäften. Beim Modell 250 handelt es sich um die Lever Action-Waffe. Mit der Modellnummer 270 gab es einen Vorderschaftrepetierer. Die Selbstladeversion trug die Bezeichnung 290. Neben den Standardausführungen gab es zeitweise auch die De-Luxe-Ausstattung, die sich hauptsächlich durch bessere Schäfte vom Normalmodell unterschied. Eingerichtet waren die Waffen der Serie 200 für das Kaliber .22 l.r. Beide Repetierwaffen gab es als Modell 255 (Lever Action) und Modell 275 (Slide Action) auch im Kaliber .22 Winchester Magnum Rimfire. Die Serie 200 gab es im Winchester-Programm bis in die 70er Jahre, als eine Ausführung nach der anderen aus der Produktion genommen wurde.

WINCHESTER 190

Es handelt sich um eine in der Ausstattung etwas einfachere Version des Modells 290. Es gab vom Modell 190 eine Rifle- und eine Carbine-Version. Das Modell 190 verschwand wie die Modellreihe 200 Ende der 70er Jahre aus dem Programm.

Winchester Modell 190 Carbine.

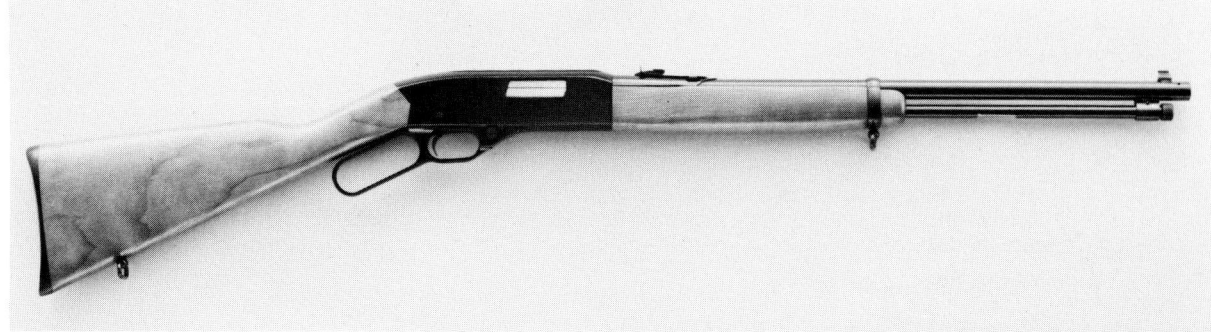

Winchester Modell 150 Carbine.

WINCHESTER 150

Das Modell 150 ist eine etwas einfachere Version des Modells 250 (Lever Action) im Westernstil und wurde von 1967 bis 1973 gefertigt. Wie das Modell 250 war auch das Modell 150 eingerichtet für das Kaliber .22 l.r.

WINCHESTER 121

Das Modell 121 ist eine einschüssige Zylinderverschlußbüchse im Kaliber .22 l.r., die 1967 vorgestellt wurde. Es gab vom Modell 121 neben der Standardversion auch eine De-Luxe-Ausführung sowie eine etwas kleinere Youth Rifle für den Schützennachwuchs. Als die Produktion 1972 eingestellt wurde, waren rund 72 000 Waffen der Modellreihe 121 gefertigt.

WINCHESTER 131

Das Modell 131 ist ein Repetierer mit Zylinderverschluß und Steckmagazin. Es ist praktisch die Mehrladeversion des Modells 121. Wie dieses wurde auch das Modell 131 von 1967 bis 1972 gefertigt.

WINCHESTER 141

Als drittes Modell der 1967 vorgestellten KK-Gewehre mit Bolt Action-System kam das Modell 141 auf den Markt. Es unterscheidet sich vom Modell

204

131 in erster Linie durch das Röhrenmagazin. Auch das Modell 141 wurde nur bis 1972 hergestellt.

WINCHESTER 310 UND 320

Im Jahr 1971 stellte Winchester zwei KK-Büchsen (Einzellader Modell 310 und Mehrlader mit Steckmagazin Modell 320) im Stil der berühmten Repetierbüchse Winchester 70 vor. Beide Waffen sind für das Kaliber .22 l.r. eingerichtet und unterscheiden sich nur durch das beim Modell 320 vorhandene Magazin. Die beiden Modelle 310 und 320 waren nur bis zum Jahr 1974 im Programm.

Winchester Modell 310

Winchester Modell 320.

WINCHESTER 9422

Mit dem Modell 9422 begegnen wir dem einzigen zur Zeit (1987) im Winchester-Programm befindlichen Kleinkalibergewehr. Wie die Modellbezeichnung bereits aussagt, handelt es sich um eine im Stil des Modells 94 gefertigte .22er-Waffe. Wie gesagt, das Modell 9422 hat den Stil des Modells 94, aber natürlich eine völlig andere technische Konstruktion, die auf die

Randfeuerpatronen abgestimmt ist. So wird zum Beispiel das unter dem Lauf liegende Röhrenmagazin durch eine Öffnung vor dem Vorderschaft geladen. Eine seitliche Ladeöffnung im System fehlt daher. In kürzester Zeit hatte das in bester Qualität ausgeführte Modell 9422 den Markt weltweit erobert. Neben den laufend in der Produktion befindlichen Standardmodellen wurden auf der Basis des Modells 9422 auch verschiedene Erinnerungsgewehre gefertigt.

Winchester Modell 9422 XTR.
Winchester Modell 9422 XTR Classic.

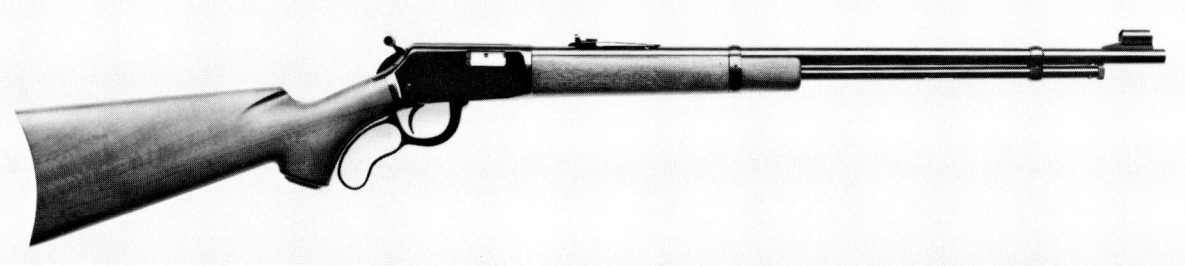

Vorgestellt wurde das Modell 9422 im Jahr 1972 in zwei Ausführungen. Einmal die Version im Kaliber .22 l.r. und zweitens die Version im Kaliber .22 Winchester Magnum Rimfire. Das Magazin nimmt im Kaliber .22 l.r. 15 Patronen und im Kaliber .22 Magnum Rimfire 11 Patronen auf. Die Lauflänge beträgt 20 1/2″ (52 cm). Im Schaft entspricht das Modell 9422 ganz dem Vorbild des 94er-Karabiners. 1978 wurde auch beim Modell 9422 das neue XTR-Finish eingeführt. Die nächste Finish-Verbesserung folgte 1980, als an Vorderschaft und Kolbenhals Fischhaut angebracht wurde. 1985 kam eine weitere Version des Modells 9422 auf den Markt. In den Kalibern .22 l.r. und .22 WMR wurde das Modell 9422 XTR Classic vorgestellt. Vom Karabiner unterscheidet sich die Classic durch den Schaft mit Pistolengriff

206

und den 22 ¹/₂″ (57 cm) langen Lauf. Das Röhrenmagazin reicht nicht ganz bis zur Laufmündung.

Die jüngste Erweiterung der Serie 9422 kam 1987 mit dem Modell 9422 Win-Cam im Kaliber .22 WMR. Dieses Modell unterscheidet sich von der Standardwaffe durch den in Tarnfarben ausgeführten Schichtholzschaft.

WINCHESTER 490

Das Modell 490 kam 1974 ins Winchester-Programm. Es handelt sich um eine hochwertige KK-Selbstladebüchse im Kaliber .22 l.r., die bis zum Jahr 1978 in einer Stückzahl von 32 893 hergestellt wurde.

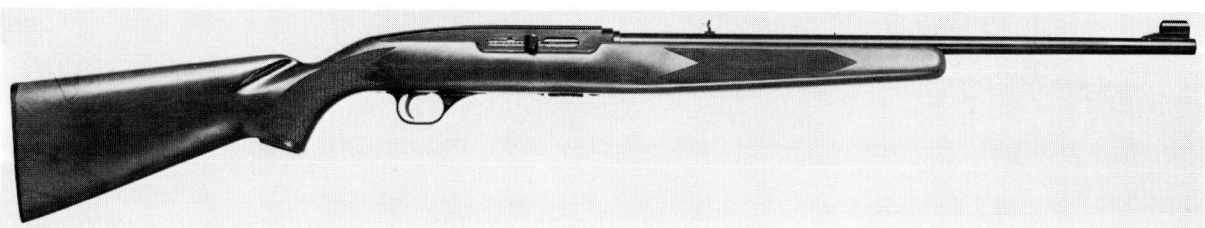

Winchester Modell 490.

Winchester-Flinten

Aus Platzgründen ist es nicht möglich, die zahlreichen Winchester-Flinten in aller Ausführlichkeit zu besprechen. Flinten haben in der Geschichte der Winchester-Waffen ihren festen und wichtigen Platz. Daher soll zur Abrundung dieses Werkes wenigstens eine kleine Übersicht auf diesen Bereich der Winchester-Waffen hinweisen.

Im Zusammenhang mit Flinten taucht der Name Winchester erstmals im Jahr 1878 auf. Damals wurden vom New Yorker Verkaufsbüro aus Querflinten von verschiedenen englischen Herstellern für den nordamerikanischen Markt eingeführt. 1884 wurde dieser Geschäftsbereich jedoch aufgegeben.

Ein Jahr später beschäftigte man sich mit der Idee, selbst eine Schrotflinte herzustellen. 1887 war es dann soweit, das Modell Winchester 1887 wurde vorgestellt. Eine Repetierflinte mit Lever Action-System und Röhrenmagazin, das vier Patronen aufnahm. Erhältlich war dieses Modell in verschiedenen Lauflängen in den Kalibern 10 und 12. Es handelte sich um die erste Waffe dieses Typs, die in den Vereinigten Staaten gefertigt worden ist. Hergestellt wurden vom Modell 1887 bis zur Produktionseinstellung im Jahr 1901 insgesamt 64 855 Stück.

Noch schneller als das Lever Action-System waren die in den 90er Jahren aufkommenden Slide Action-Systeme (Vorderschaft-Repetierer). Winchester sah sich daher veranlaßt, sein Programm entsprechend zu ergänzen. Vorgestellt wurde 1893 der Vorderschaftrepetierer Modell 1893 im Kaliber 12. Hergestellt wurde das Modell 1893 bis zum Jahr 1897 in einer Auflage von etwa 34 050 Stück.

Die Erfahrungen mit dem Modell 1893 führten 1897 zum neuen und verbesserten Modell 1897. Die Vorderschaftrepetierflinte Modell 1897 wurde in den verschiedensten Ausführungen bis zum Jahr 1957 in einer Auflage von etwa 1 024 700 hergestellt. Die Seriennummern begannen beim Modell 1897 nicht mit »1«, sondern es wurden die Nummern des Modells 1893 weitergeführt.

Nach der Produktionseinstellung des Modells 1887 (Lever Action) wurde mit dem Modell 1901 im Kaliber 10 im Jahr 1901 eine weitere Lever Action-Flinte, die überarbeitete Version des Modells 1887, vorgestellt. Bis zum Jahr 1920 wurden vom Modell 1901 rund 13 500 Stück hergestellt.

Im Jahr 1911 stieg Winchester in die Fertigung von Selbstladeflinten ein. Das Modell 1911 wurde bis zum Jahre 1925 in einer Auflage von 82 744

Stück hergestellt. Es war die erste Selbstladeflinte von Winchester.

Eines der ganz großen Flintenmodelle kam 1912 auf den Markt. Winchester stellte mit dem Modell 1912 seine erste Vorderschaftrepetierflinte ohne außenliegenden Hahn vor. Winchester hatte damit eine der erfolgreichsten amerikanischen Flinten vorgestellt. Bis zum Jahr 1980 wurden über 2 000 000 Waffen in den verschiedenen Varianten und Kalibern gefertigt. Technisch überholt war diese Waffe auch bei der Produktionseinstellung 1980 nicht. Nur die hohen Fertigungskosten zwangen zur Produktionseinstellung. Mit dem Modell 1912 lag eine der zuverlässigsten und besten Slide Action-Flinten aller Zeiten vor.

Als besonders preiswerte Alternative wurde 1920 das Modell 20, eine einschüssige Flinte, vorgestellt. Es handelte sich um eine Kipplaufwaffe mit außenliegendem Hahn. Im gleichen Jahr kam auch das Modell 36, eine einschüssige Flinte mit Zylinderverschlußsystem, auf den Markt. Als drittes Modell wurde 1920 die einschüssige Zylinderverschlußflinte Modell 41 vorgestellt. Es war eine etwas bessere Ausführung des Modells 36.

Im Jahr 1931 begann die Geschichte des Modells 21, der ersten bei Winchester in New Haven gefertigten Querflinte. Dieses Modell wird bis heute im Custom Gun Shop als Luxuswaffe in drei Ausstattungsstufen auf Festauftrag gefertigt.

Speziell für das Kaliber .410 wurde 1933 die Vorderschaftrepetierflinte Modell 42 vorgestellt. Das Modell 42 befand sich bis 1963 im Winchester-Programm.

Eine besonders preiswerte einläufige Hahnflinte folgte 1936 mit dem Modell 37, das es in allen gängigen Kalibern gab. Bis zum Jahr 1963 wurden etwas über 1 000 000 Stück hergestellt. Das Modell 38 erschien im gleichen Jahr. Es handelt sich hierbei jedoch um eine hahnlose Version, die allerdings nie in die Serienproduktion ging.

1939 suchte man nach einer Querflinte der mittleren Preisklasse und brachte das Modell 24 auf den Markt, das bis zum Jahr 1957 hergestellt worden ist.

Nur sehr kurze Zeit wurde das Modell 40, eine Selbstladeflinte mit Röhrenmagazin, in den Jahren 1940 bis 1941 ins Programm genommen.

Nach dem Zweiten Weltkrieg kamen nach längerer Unterbrechung auch wieder neue Modelle auf den Markt. 1947 startete man die Produktion des Modells 25, eine Vorderschaftrepetierflinte. Als im Jahre 1954 das Modell 25 aus dem Progrmm genommen wurde, kam das Modell 50, eine Selbstladeflinte, neu dazu. Produktionseinstellung für das Modell 50 war 1961 bei einer Stückzahl von rund 196 000.

Die nächste Flinte in der langen Winchester-Geschichte ist das Modell 59, wiederum ein Selbstlader.

1963 kam wieder eine der Sternstunden, was die Modellauswahl betrifft. Die Bockdoppelflinte Modell 101 wurde vorgestellt. Unzählige Spezialausführungen gibt es von diesem Modell, dessen Grundkonstruktion bis in die neuesten Serien der Winchester-Bockdoppelflinten erhalten blieb. An dieser Stelle wird aus Platzgründen auf diese Modellreihe nicht näher eingegangen, da diese Waffen nicht in New Haven, sondern in Japan hergestellt werden.

Aufgrund dieser Situation gehört die Fertigung der Bockdoppelflinten heute zur Olin-Gruppe, während die Fabrik in New Haven 1982 von der US Repeating Arms Co. übernommen wurde. Dort werden die Selbstlade- und Vorderschaftrepetierflinten gefertigt.

1964 wurde die Modellreihe 1200 ins Programm genommen. Es handelt sich um Vorderschaftrepetierflinten. Im gleichen Jahr kam als Alternative zum Modell 1200 die Modellreihe 1400 als Selbstladeflinten dazu. Beide Modellreihen zeichnen sich durch eine Vielfalt der verschiedensten Spezialwaffen aus.

Als Nachfolger für die einläufige Flinte Modell 37 kam 1968 das Modell 370 ins Programm. 1972 erfuhr das Modell 370 einige Detailverbesserungen und wurde künftig als Modell 37 A bezeichnet. Als man 1980 das Modell 37 A aus dem Programm nahm, waren 395 168 Stück hergestellt worden. Die Fertigung dieses Modells erfolgte in Cobourg, Kanada.

1974 stellte Winchester mit der Super X Model 1 eine besonders hochwertige, aus besten Materialien gefertige Selbstladeflinte-Modellreihe vor. 1978 kamen dann die Selbstladeflinten der Modellreihe 1500 XTR sowie die

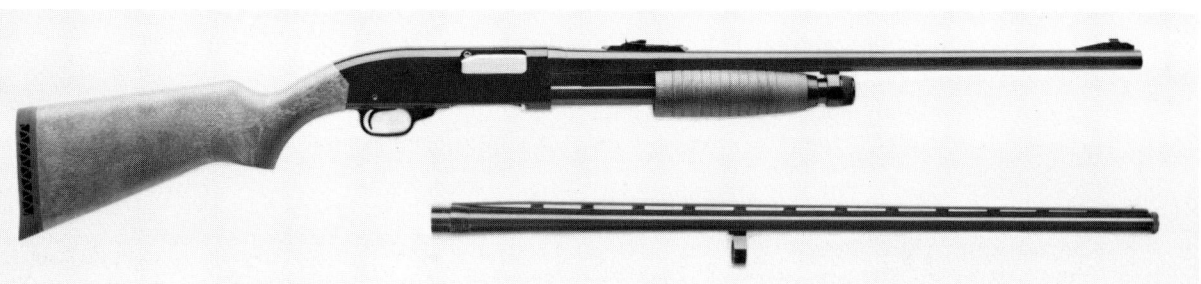

Winchester ist seit vielen Jahren für Vorderschaftrepetierflinten bekannt. Die Abbildung zeigt das Modell Ranger Deer Combination.

Winchester Modell 1300 Featherweight mit Winchoke im Kaliber 12.

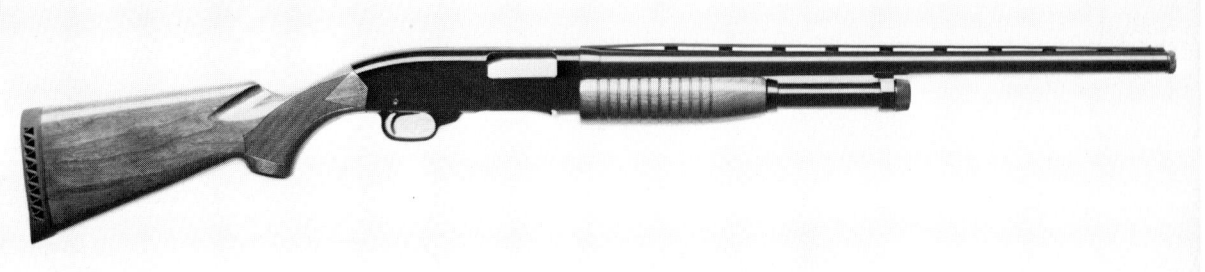

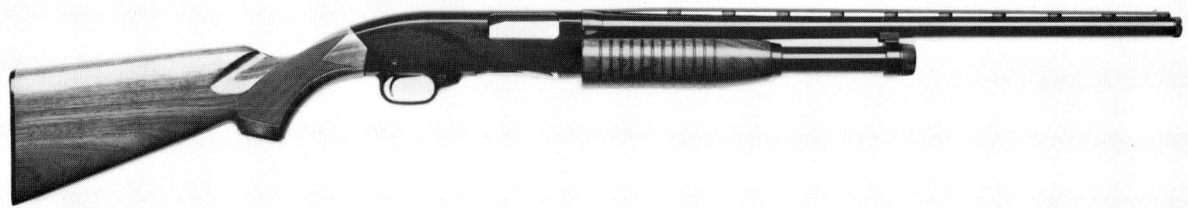

Winchester Modell 1300 Featherweight mit Winchoke im Kaliber 20.

Das Modell 1300 Magnum Waterfowl ist besonders für die Jagd auf Wasserflugwild entwickelt worden.

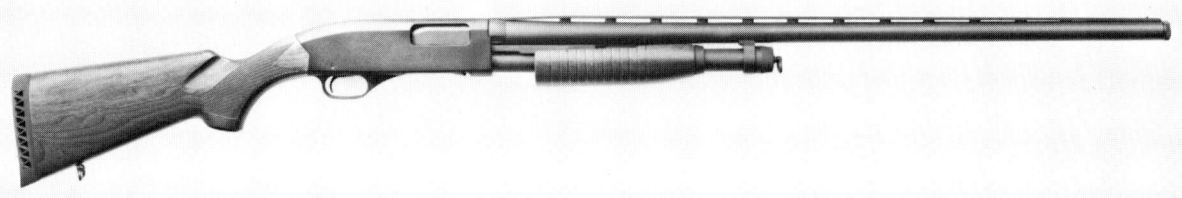

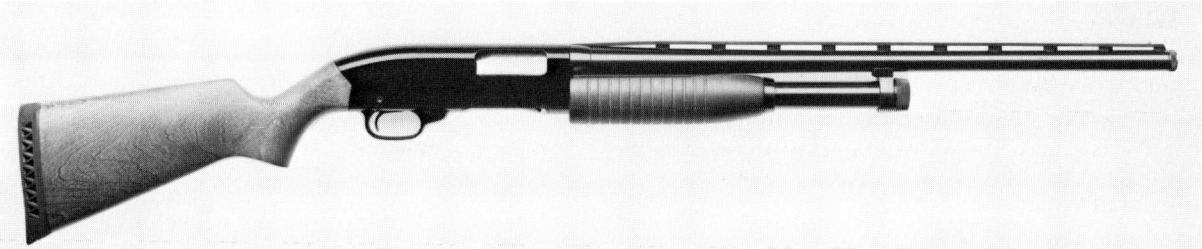

Modell Ranger Youth Vorderschaftrepetierflinte.

Auch das gibt es von Winchester. Vorderschaftrepetierflinten mit Pistolenschaft. Die
Abbildung zeigt das Modell Defender.

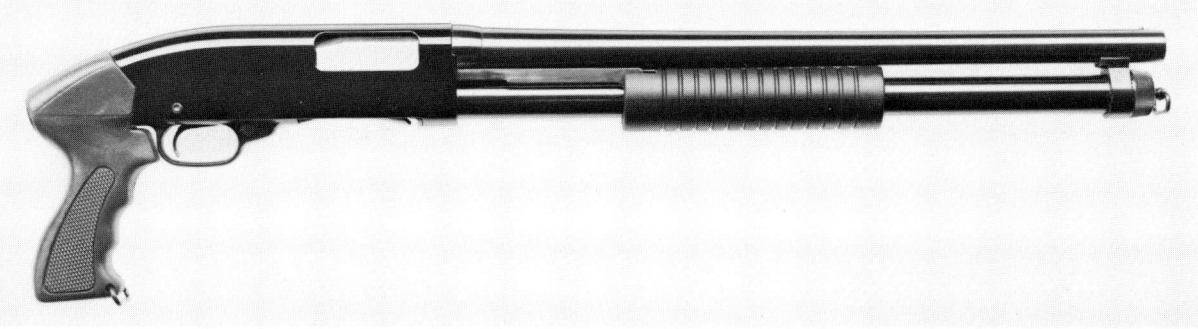

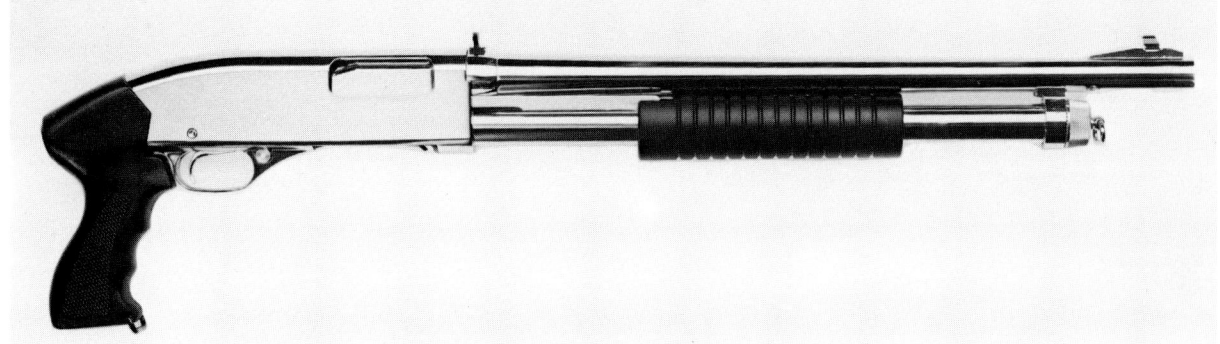

Modell Stainless Marine in der Pistolenschaftausführung.

Modell Stainless Police mit Pistolenschaft.

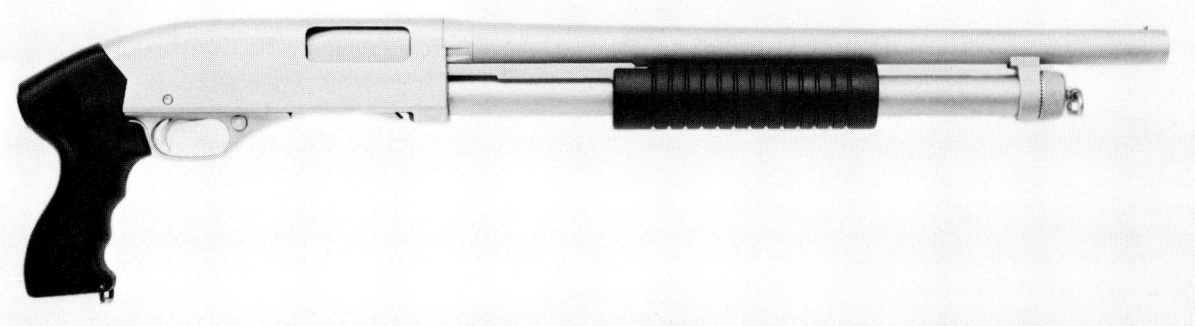

Vorderschaftrepetierer der Baureihe 1300 XTR dazu. Ebenfalls 1978 begann man mit der Fertigung einer Querflinten-Serie unter der Bezeichnung »23«, die aber wie die Bockdoppelflinten in Japan hergestellt wird und daher aus Platzgründen – wie auch bereits die Bockdoppelflinten – hier ohne weitere Berücksichtigung bleibt.

In den letzten Jahren stand bei der Flintenfertigung bei US Repeating Arms in New Haven der Vorderschaftrepetierer im Vordergrund. Im Jahr 1987 verzeichnet der Katalog von US Repeating Arms eine breite Auswahl an Vorderschaftrepetierern der Reihe 1300. Das Angebot reicht von der Jagdflinte bis zu den typischen Polizeiflinten. Ferner gibt es die besonders preiswerte Ranger-Serie. 1987 kamen auch erstmals Ausführungen mit Schichtholzschäften in Tarnfarben dazu. Bei den Selbstladeflinten gibt es in der Ranger-Serie einige Modellvarianten. Die bekannte Super X gibt es weiter im Custom Gun Shop, ebenso wie die Querflinte Modell 21.

212

Kriegsproduktion
während der Weltkriege

Während der beiden Weltkriege ruhte die Produktion von Jagd- und Sportgewehren teilweise. Weltweit lief die Rüstungsproduktion auf Hochtouren.
Alle namhaften Hersteller von Jagd- und Sportwaffen mußten Militärwaffen für die Streitkräfte des eigenen Landes und der verbündeten Nationen
in die Fertigung nehmen.

Während des Ersten Weltkrieges fertigte Winchester in den Jahren 1915,
1916 und 1917 für England das Modell Enfield No. 14 (Zylinderverschlußrepetierer) im Kaliber .303 British. Gefertigt wurden bei Winchester knapp
250 000 Stück der Enfield No. 14.

Für die US-Streitkräfte wurde während des Ersten Weltkrieges im Kaliber .30–06 der Repetierer US Model 1917 Enfield in einer Stückzahl von
über 500 000 hergestellt.

Im Jahr 1918 begann man mit der Fertigung eines leichten Maschinenge-
wehres, das auf einer Browning-Konstruktion beruhte. Eingerichtet für das
Kaliber .30–06 verfügte das Modell »Browning Light Machine Gun« über
ein 20schüssiges Magazin. Gefertigt wurden nur rund 47 000 Stück von diesem Modell.

Die drei genannten Modelle wurden auf dem Zivilmarkt nicht angeboten.
Es handelte sich ausschließlich um Staatsaufträge.

Mit dem Ausbruch des Zweiten Weltkriegs und der folgenden Verwick-
lung der Vereinigten Staaten in diesen Weltkrieg war es in New Haven wieder soweit. Die Jagd- und Sportwaffenfertigung trat hinter die Militärfertigung zurück. Zunächst wurde ab 1940 das von John C. Garand von der
Springfield Armory entwickelte Garand-Gewehr, mit der Bezeichnung US
Rifle Cal. 30 M1, gefertigt. Bis zum Kriegsende im Jahr 1945 wurden etwas
mehr als 500 000 Stück des Modells Rifle 30 M1 bei Winchester hergestellt.
Beim Garand-Gewehr handelt es sich um einen Selbstlader im Kaliber
.30–06. Bei Winchester hatte das Gewehr 30 M1 die Modellnummer 39.

Als Winchester-Entwicklung setzte man gegen das Garand-Gewehr 1941
das Modell 30. Allerdings blieb es bei diesem militärischen Selbstladegewehr bei den Vorversuchen. 1943 gab es mit dem Modell G 30R auf der Basis des Modells 30 nochmals einen Anlauf, aber auch dieser kam nicht über
den Versuch hinaus.

Neben dem Garand-Gewehr war das Modell US Carbine Cal. 30 M1 im
Kaliber .30 Carbine, das Militärgewehr in der Winchester-Produktion wäh-

rend des Zweiten Weltkrieges. Von dem handlichen Selbstladekarabiner wurden über 800 000 Stück an die US-Streitkräfte geliefert. Es kam dann noch das Modell US Carbine Cal. 30 M2 dazu. Es handelte sich praktisch um die gleiche Waffe wie beim Modell 30 M1, nur mit dem Unterschied, daß auch Dauerfeuer möglich war. Eine weitere Version war das Modell US Carbine Cal. 30 T3.

Die aufgeführten Modelle wurden nur im Staatsauftrag hergestellt.

Einen weiteren Abschnitt in der Fertigung von Militärwaffen bei Winchester stellt in den Jahren 1960 bis 1963 das Modell M14 im damals noch jungen Nato-Kaliber .308 Win. (7,62 mm Nato) dar.

Bücher:

American Ammunition and Ballistics, E. Matunas
Browning, Bill West
Cartridges of the World, Frank C. Barnes
Custom Guns, Ken Warner
Das Gewehr, G. W. P. Swenson
Das Patronenbuch, Fritz Siedel
Der Cowboy von A–Z, H. J. Stammel
Die Texas-Rangers, Dietmar Kügler
Die U.S.-Kavallerie, Dietmar Kügler
Famous Guns, Hank Wieand Bowman
Gun Digest von 1974–1986, John T. Amber/Ken Warner
Indianer, H. J. Stammel
Präzisions-Schießen, Hans J. Heigel
Revolver-Lexikon, Hans Peter Muster
Smith & Wesson, Roy G. Jinks
The Bolt Action, Stuart Otteson
The First Winchester, John E. Parsons
The History of Winchester Firearms, Barnes/Watrous
The Winchester Book, George Madis
Waffenlexikon, Lampel/Mahrholdt
Waffenmarkt-Jahrbuch Bände 1 bis 3, GFI-Verlag
Western-Museum, D. Kügler/G. Schmitt
Winchester – Complete, Bill West
Winchester – The Gun That Won The West –, Harold Williamson
Winchester '73–'76, David F. Butler
Winchester-Commemoratives, Tom Trolard

Fachzeitschriften:

American Rifleman
Deutsches Waffen-Journal
Guns
Guns & Ammo
Handloader
Internationaler Waffenspiegel
Jäger
Rifle
Safari
Schweizer Waffen-Magazin
VDB aktuell
Waffenmarkt
Waffenmarkt-Intern
Western-Journal